北京建筑大学高精尖学科建设 – 建筑学（2021 年）资助出版
项目编号 01068021004

中国设计院：价值与挑战

A History of Design Institutes in China

丁光辉　薛求理　著

丁光辉　译

中国建筑工业出版社

著作权合同登记图字：01-2021-3427号

图书在版编目（CIP）数据

中国设计院：价值与挑战 = A History of Design
Institutes in China / 丁光辉，薛求理著；丁光辉译
. —北京：中国建筑工业出版社，2021.11
ISBN 978-7-112-26714-9

Ⅰ.①中⋯ Ⅱ.①丁⋯②薛⋯ Ⅲ.①建筑设计—组
织机构—概况—中国 Ⅳ.① TU-242

中国版本图书馆 CIP 数据核字（2021）第 212202 号

责任编辑：程素荣

责任校对：王　烨

中国设计院：价值与挑战

A History of Design Institutes in China

丁光辉　薛求理　著

丁光辉　译

*

中国建筑工业出版社出版、发行（北京海淀三里河路9号）

各地新华书店、建筑书店经销

北京点击世代文化传媒有限公司制版

北京中科印刷有限公司印刷

*

开本：787毫米×1092毫米　1/16　印张：18¼　字数：405千字

2022年1月第一版　2022年1月第一次印刷

定价：**78.00** 元

ISBN 978-7-112-26714-9

（38073）

版权所有　翻印必究

如有印装质量问题，可寄本社图书出版中心退换

（邮政编码 100037）

内容摘要

　　本书从"流动"的视角梳理中国建筑设计院的历史演变，揭示了建筑实践与设计机构之间的互动轨迹和结构关系，展现了设计院的独特价值与使命——设计（应对）流动。作为国家进行建筑资源生产、分配和消费的组织，设计院建构了一种"差异化流动"实践。它们试图用设计来解决各种（物质、人力、知识等）资源在空间、地理层面的不平等分布，但同时也加剧了差异，形成了新的不平等状况。

　　作者从三个维度来交叉论述设计与流动的复杂关联：1）狭义上的建筑设计——设计院通过物质实践提供必要的空间基础设施来容纳人员、商品、资本、服务等社会要素的广泛流动；2）广义上的组织设计——政府官员、行业领导和专业人士对设计院本身进行机构调整来应对不断变化的社会需求；3）设计作为名词，是指建筑通过各种媒介，包括图纸、图像、文字、模型或多媒体等，形成可传播、可流动的设计知识。

　　全书以时间为顺序，以专题研究为主要内容，分别包括设计院的诞生、社会主义建设，改革开放初期的探索、21世纪的改革和转型、城市化过程中的使命与介入、高校设计院的产学研实践，以及设计院的中外合作及援外实践。设计院在70年的社会变革中，承担了"流动之舟"的双重职责（"载人"、"航行"）——前者是指物质空间的生产，后者是指建筑文化的创新，从而构成了一种关于流动的聚合体。这种实践融合集体创作与个人探索、强调实用主义与文化自觉、嵌入体制与思想解放的共存，塑造了一种混合科层特色与个人魅力的特殊组织。

目　录

作者中文版　序一

　　1990年之后，我国的经济体制进行了重大改革，原来国有的律师和会计师事务所纷纷改成私人所有，建筑设计院在市场经济的大潮中浮沉十年，外国设计公司、私人事务所不断涌现，但部属、省属、市属的大院依然是国家的重要资产，且在国家的生产建设、日常生活、减灾灭害和基础设施建设上发挥着日益显著的作用。中国特色的社会主义市场经济，在设计院的体制和运作上显露无遗。

　　建筑设计院对于我个人来说，是一个研究中国现代建筑的视角和切入点；又是我十分熟悉的成长环境。1980年，我进入同济大学建筑设计院工作，一块零号图板、一把丁字尺，在老师的带领下，参与了改革开放初期上海火热的建设工程，见证了设计院开始收费，在市场经济"下海"的尝试。我尊敬的导师陆轸教授（1929～2016）是1958年同济设计院的初创人员和行政领导，吴景祥教授（1904～1999）是1958年同济设计院的首任院长，1979年重新担任设计院院长，吴老亲自来到工地现场和设计小组，与年轻同事共同讨论技术问题。在陆教授和吴院长的引领下，我们的设计也得到谭垣教授（1903～1996）的指导。我能够在青年时期，受到中国第一代建筑师的教育和熏陶，真是三生有幸。我要特别感谢陆轸、宋宝曙、关天瑞、史祝堂、董彬君、吴庐生、顾如珍等前辈对我的指导、关怀和帮助。

　　1995年，我来到香港城市大学工作，其中一门课是《中国建筑实践》。此时，内地注册建筑师开始考试，设计院进一步转型，私人公司开创半边天下。我的上海实践成为教学财富，1999年，我撰写了中英文双语版的《中国建筑实践》一书，在一般书籍只能销售400册的香港，这本书一纸风行，销售5000册，各公司纷纷为员工购买，人手一册。2009年，我重写此书，由中国建筑工业出版社出版，海内外皆有好评。

　　2013年，朱剑飞教授撰写《中国建筑设计院宣言》，我协助朱教授整理部分材料，朱教授的真知灼见，他提出的许多问题和观点让我从一个大的理论框架来看待设计院的存在、运行和贡献。朱教授等人主编的 Routledge Handbook of Chinese Architecture，我和丁光辉博士有幸撰写"中国设计院"这一章。

　　在和青年才子丁博士的合作中，我们开始了中国援外建筑的研究题材，而设计院正是中国援外建筑的主力军。将中国的外交政策，通过建筑设计化作具体可感的美好人居环境，体现发展中国家的尊严，为大众提供活动和工作的场所，创造新的就业岗位。关于设计院的这些想法，以及我们对北京、上海、武汉、四川、广东等地设计院的追踪，编写成一本英文书——*A History of Design Institutes in China: From Mao to Market*，2018 年由学术出版社 Routledge 在伦敦和纽约出版。此书的三位评审员对本书给出批评性的建议，书中关于城市设计和绿色建筑的内容和一些篇章，就是根据评审建议增加的，感谢这三位不知其名的外国老师。九秩高龄的世界建筑泰斗、美国哥伦比亚大学肯尼思·弗兰姆普敦教授（Kenneth Frampton）和英国伦敦大学巴特莱特建筑学院穆雷·弗雷泽教授（Murray Fraser）在百忙之中阅读此书，给我们写了热情洋溢的推介（封底内容），深深感谢两位前辈。

在对设计院的关注和研究中，我们深得许多前辈和同仁的支持，感谢邢同和总建筑师、程泰宁院士、何镜堂院士、孟建民院士、崔愷院士不断地提供资料和指导。香港大学罗坤（Cole Roskam）教授关注社会主义建筑和公有制设计组织历史；同济大学华霞虹教授研究同济大学建筑设计院（集团）有限公司 60 年的发展历史；天津大学徐苏斌教授研究亚洲和中国近代建筑史。我们有幸参加他们组织的学术会议，并提供有关设计院的文章以及和代表交流，这些内容为我们的写作提供了非常宝贵的素材，感谢几位教授。

我的研究员和博士生则是数年间的合作者和"头脑风暴"对象，感谢肖靖、谭峥、李颖春、王颖、王翊加、贾巍、史巍、杨珂、殷子渊、刘新、臧鹏、常威博士，以及目前在读的孙聪、张璐嘉、陈家骏、高亦卓、陈颖婷和刘新宇同学。在英文版的基础上，我们将此书又写成中文，加入许多新的材料，我的学生肖映博，以设计机构特质和中国设计机构的体制变迁为博士论文题目，经过和肖博士的数年切磋，深化了我们的许多认识。肖博士将本书英文稿第 1～3 章翻译成中文，使得我们可以在此基础上修改和添加材料，感谢肖博士。本书第一作者丁光辉老师引入"流动"的视角，给那些耳熟能详的作品和事实，赋予了新的意义。丁老师对中国现代建筑现象的敏锐和洞察，串起了本书的逻辑和框架。丁老师建议在每章前增加"场景"，一些个人经历可以更加亲切地反映时代的特征，见微知著，我在这个行业跌打滚爬 40 年，目睹了中国社会和城市建筑的发展和巨变，写起经历来欲罢不能，只怕是喧宾夺主。和丁老师一起工作，时时受到启发，充满力量。当代通信便利，我们虽身处两地，却可时时联系，这是信息"流动"和传播的时代。

本书得到多方面的支持，感谢评审把关的专家们。只要继续有中国特色的社会主义航程，设计院的大船必将扬帆远航，劈浪前行。

薛求理

2021 年 6 月于香港

作者中文版　序二

　　每一位活跃在当代中国建筑界的人士都不可避免地需要和设计院打交道，不论是在国内执业的中外独立建筑师，还是建筑院校的师生，抑或是建筑文化的生产和传播者。一方面，设计院的影响无处不在，它们生产的各类项目产品，一般投资巨大，对城市景观的塑造起着重要作用，关乎广大民众的切身体验和利益；另一方面，关于设计院的实践又似乎无话可说，虽然设计院的作品也广泛发表在期刊、媒体上，但是很少有评论专门论述这些项目。这些作品更多是以工程介绍、设计说明的方式来呈现，从中难以窥视建筑师个人的思考与挣扎，更不必说这些实践与社会的复杂关联。学术界一般对明星建筑师的艺术性探索更感兴趣，而对大量的建筑生产不置可否。这种现象让人感受一丝困惑，也有必要换一种角度来重新认识。

　　2013 年底，我在英国诺丁汉大学完成了研究当代中国的实验性建筑与专业期刊的博士论文，随后在肖靖博士的介绍下，前往香港城市大学跟随薛求理教授开展博士后研究，第一个课题便是梳理中国建筑设计院的发展历史（论文收录在朱剑飞、陈薇、李华三位教授主编的 *Routledge Handbook of Chinese Architecture*）以及后来的设计院援外实践（文章发表在 2015 年的 *Habitat International* 期刊上）。2015 年 7 月，结束了为期一年半的博士后研究，我入职北京建筑大学，并开展新的研究。同时也感到关于设计院的课题值得深入研究，这就产生了写作一本英文专著的想法，在和薛先生的通力合作下，2018 年关于设计院的著作由英国 Routledge 出版社出版。

　　之后又经过几年的积累和反思，我们两位一致同意将该书翻译成中文，与读者分享中国设计院的故事。考虑到中英文学术界的语境差异，本书在英文内容的基础上做了大量的修订与补充（新增的部分主要包括第 3 章和第 8 章）。全书的结构是由两人协商敲定，具体章节写作的分工如下：丁光辉负责起草第 2 章（2.1、2.3、2.6）；第 3 章（3.1、3.3、3.4），第 4 章（4.1、4.2），第 5 章（5.1、5.2.3、5.2.4），第 6 章（6.1、6.2、6.3、6.4、6.6），第 7 章（7.1、7.2、7.3、7.5），第 8 章（8.1、8.2），第 10 章和第 11 章；薛求理教授负责起草第 2 章（2.2、2.4、2.5），第 3 章（3.2），第 4 章（4.3），第 5 章（5.2.1、5.2.2），第 6 章（6.5），第 7 章（7.4），第 8 章（8.3）；第 1 章和第 9 章为两人共同起草。待所有文本合在一起之后，双方分别对全书文稿进行补充、修订。

　　与英文版相比，中文版本具有两个显著区别。首先，我们对全书论述结构进行了梳理、扩展、整合与提炼，试图探究设计院的设计实践与社会流动之间的关系——我称之为"设计（应对）流动"。它包含三个层次：1）建筑设计应对人员、商品、资本、服务等要素流动；2）机构改革和组织设计来应对不断变化的社会需求；3）设计本身，包括图纸、图像、文字、模型等媒介，所体现的知识流动。

其次，在参照法国社会学家布鲁诺·拉图尔（Bruno Latour）的著作（《科学在行动：怎样在社会中跟随科学家和工程师》）基础上，我们把设计院和建筑作品看作一个充满流动的结构网络，在各个章节的开头增加了一些个人化的场景，描述了与设计院生产实践有关的日常活动。从第一次与业主接触到建筑建成之后，这个过程可以看作是从"任务的输入到产品的输出"，一个类似于科学诞生的复杂探索、竞争和博弈过程（拉图尔称之为"黑箱"，打开黑箱就像打开潘多拉魔盒，里面各种机关、冲突和矛盾一拥而散）。在建筑实践中，这些场景包括：建筑师研究任务书、集体讨论、方案构思、制作模型和文本，给甲方汇报、修改、再汇报、再修改，反反复复若干次，上报规划局审批、开展深化、施工图设计、技术交底、驻场监督、挑选材料、现场比对、竣工验收、投入使用，或者拍照发表、总结交流等。这个过程短则几个月，长则若干年。这些建筑生产背后的故事，揭示了作品诞生的复杂过程，或许可以帮助读者深入了解设计院的运作及其建筑师的日常工作。

引入"流动"视角和增加"场景"故事，其目的在于平衡"整体"与"局部"之间的关系。一方面，可以让"部分"更加具体、更接地气；另一方面，也有意识地从"局部"抽身，形成更加宏观的整体视野。这种尝试是我从过去研究经历中获得的一点启示，也部分受到马克思主义地理学家大卫·哈维（David Harvey）的启发，他在《巴黎城记：现代性之都的诞生》一书中对此研究方法进行了探讨。鉴于设计院是一个宏大的课题，有待各界同仁继续深入研究，从不同角度进行论述。本书的出版权当抛砖引玉，还请广大读者批评指正。

过去几年，我有机会在一些学术会议和专题讲座中，与建筑界同仁交流设计院的发展演变，也受到同行的启发。特别要感谢的是崔愷院士、张广源主任、景泉院长，他们邀请我做客中国建筑设计研究院读书会活动，回顾设计院的历史、探讨当下、并畅想未来，让我对这一课题有了深入的认识。同时，感谢任浩老师对我的研究给予的大力支持。本书部分内容曾在2018年郑时龄院士和华霞虹教授组织的国际会议上进行宣讲，感谢两位学者及其团队提供的宝贵支持和周到安排以及同济大学的《时代建筑》杂志，包括支文军主编、徐洁执行主编、彭怒副主编、邓小烨编辑、周逸坤编辑等人为论文出版所提供的协助。此项研究的部分素材，得益于黄居正主编、张轶伟博士、董艺博士、王明洁博士、吴中平博士、吴津东博士等提供的宝贵支持。感谢曲雷、何勍、李兴钢、张音玄、姜汶林、苏童、关飞、杨曦、刘宇光、周泽渥、刘森、刘艺、李洋、胡慧峰等诸位建筑师前辈、朋友的协助。

我十分荣幸与薛先生团队成员分享日常研究心得，并从他们各自的研究中不时汲取灵感，特别感谢肖映博博士、常威博士、孙聪博士和张璐嘉博士为本书出版提供的各种协助。同时感谢朱剑飞教授、冯仕达教授、张路峰教授、许懋彦教授、李华教授、鲁安东教授、张天洁教授、冯江教授、韩佳纹博士、宋科博士、王元舜博士、刘烨博士以及华新民老师对我的研究工作提供的各种建议和帮助。

感谢建筑师丁明禄博士的帮助，让我得以近距离、长时间观察设计院的运作与实践，加深了对建筑行业的认识。感谢研究生范青楠协助整理部分插图和参考文献。我在北京建筑大学的领导和同事，特别是张大玉教授、张杰教授、徐宗武教授、欧阳文教授、郝晓赛教授、蒋方副教授、陈雳副教授、王韬副教授和铁雷博士等，以及中国建筑图书馆和建筑与城市规划学院资料室的老师，在教学科研中提供了诸多支持，深表谢意。

本书的出版得到了北京建筑大学建筑与城市规划学院常务副院长金秋野教授、中国建筑工业出版社程素荣编审的大力支持与帮助。

本书的诞生记录了我在香港、北京和纽约等地的"流动"性思考，没有家人的大力支持与无私帮助，这项工作的开展难以想象。

丁光辉

2021 年 6 月于北京

第1章

绪论：设计（应对）流动

1945 年，美国建筑历史学家亨利-罗素·希区柯克（Henry-Russell Hitchcock）在英国的《建筑评论》杂志上发表了一篇题为《官僚建筑和天才建筑》的文章。他写道，前者是指大型组织机构生产的建筑产品（the architecture of bureaucracy），强调实用主义、效率和集体合作，没有明显的个人风格；后者是指天才建筑师设计的建筑作品（the architecture of genius），重视个人创意，充满艺术气质，拥有强烈的个人标签。[1] 前者的代表是阿尔伯特·康建筑师事务所（Albert Khan, Inc.），后者的代表是建筑大师弗兰克·劳埃德·赖特（Frank Lloyd Wright）。希区柯克的分类指向第二次世界大战后美国建筑界存在的两种典型建筑生产机构和产品，它们有着各自的市场，服务于不同的客户，也捍卫不同的目的，因此来说，评论的标准也不尽相同。

中华人民共和国成立以来，这两种互相补充的建筑生产模式同时存在于国有设计院体系之内，主要是因为设计院既拥有资深的建筑大师，也有大量的职业设计人员，它们共同工作，服务于国家和社会的不同需求。从严格意义上来说，设计院属于德国社会学家马克斯·韦伯（Max Weber）所指的科层组织（bureaucracy）：依靠一套完整的组织制度来运作，规模巨大，分工明确，追求效率，来完成大规模的建筑生产。[2] 与此同时，领军建筑师的个人标签和领袖魅力赋予设计院一种无形的光环，他们的作品是树立设计院特色的重要因素。设计机构中的一些创意从业者，努力超越建筑生产格式化般的单调，不断通过个人的想象力和集体主义的紧密结合，指导设计院的创作方向，为中国建筑文化的塑造做出了开创性的贡献。

本书并不试图对设计院的实践历史作全景式描述，也不是一部全面的当代中国建筑史，而是对国有设计院这一独特组织模式的专题论述。书中所选择的案例主要是为了全面探讨设计院的独特价值和面临的各种挑战。与其说这些作品具有一定的独创性，不如说它们较为典型地回应了本书关注的主要问题。[3] 本书讨论的重点在于设计院这种"个人与社会之间互动极为重要的中介"与探索性实践之间的复杂关系，以及这种互动诞生的可能性条件及其价值。[4] 论述试图在设计院实践的双重维度上保持谨慎的平衡，既关注那些注重效率、实用、集体协作的大规模建筑生产，也分析那些侧重艺术、文化、个人表达的探索型设计，以及二者重叠的模糊区域。在这样做的过程中，作者关注个人、设计机构和更大的社会、经济、政治、文化和意识形态之间的相互作用。这项研究试图回答一个关键问题：国有设计院是如何介入中国现代化历史进程及其呈现的价值和面临的挑战？在这个命题探究的过程中，出现了许多相关的子问题。

这些问题大致可以表述为：1）在特定的历史关头，设计院成立、改革和转型的动力是什么，以及它们的实践原则和历史使命？ 2）设计院在多大程度上为社会主义建设做出了物质和文化层面的贡献？ 3）在实践中，建筑师如何调和集体主义与个人主义、实用主义与文化承诺、嵌入体制与机构改革等之间的矛盾？ 4）设计院如何在国家——市场——社会的复杂网络中定位自己？

为了更好地理解设计院的作用及其发展历程，有必要将其产生的历史背景追溯到近代以来中国建筑行业的发展演变。鸦片战争（1840 年）以后，清政府与西方国家签订了一系列不平等条约，允许沿海城市开展对外贸易。[5] 从 19 世纪末开始，由外籍人士经营的建筑设计公司开始出现在开埠城市，如上海、天津、广州等地。[6] 20 世纪 20 年代，第一批留学西方的建筑师陆续回国，其中一些人开设了自己的建筑事务所，他们后来被称为"中国第一代建筑师"。[7]

在 1937 年日本开始全面侵华之前，中国建筑师在上海、天津、武汉、南京、广州等城市充分发挥自己的才能，公司业务获得了强劲的增长。此后随着战争的全面爆发，私人建筑设计公司受到越来越多的监管，要么为国民政府的规划系统服务，要么被限制在由西方人管理的国际定居点。[8] 第二次世界大战结束之后，国内又爆发了内战。总而言之，从 1938～1949 年间，中国一直陷入在战争、动荡和灾难之中，几乎没有实质性的大规模建设。

1949 年中华人民共和国成立后，决心走社会主义道路并与苏联结盟。按照苏联模式，中国在 1953 年制定了第一个五年计划，其中涉及私有财产和企业向公有制模式转移。这时，城市私人设计公司逐渐被淘汰，取而代之的是国有设计院。新成立的设计院，一般都有成百上千人，规模比旧的私营机构要大得多。和其他社会主义体制下的"单位"一样，这些设计院的管理方式也是自治的。他们经营自己的食堂和员工宿舍，有些甚至有托儿所、幼儿园和农场。凭借其协调大型设计专业团队的能力，设计院能够满足社会主义工业化建设的需要。[9] 众多在部、省、市、区设立的设计院负责设计了首都及各省会城市、地区和县城的大多数建筑。作为中国外交战略的一部分，这些设计院还为亚洲和非洲等发展中国家完成了数百个援建项目。"文化大革命"期间，许多设计院被迫关闭，直到 20 世纪 70 年代中后期，设计院才恢复了经营能力，并逐渐在建筑实践中恢复了支配地位。[10]

20 世纪 80 年代初，中国实行改革开放政策，逐步转向市场经济，设计院开始注重经济效益，投入到了市场竞争的海洋之中。从 1980 年开始，中国的国内生产总值以超过 7% 的速度增长，也付出了一定的环境和自然资源的代价。各级政府和私人业主在基础设施和新城建设、旧城改造、机场、火车站、大剧院、会议中心、星级酒店、甲级写字楼、商业综合体、大学城等大型建筑方面投入了更多资金。近几十年来，世界上 60% 的建筑工地位于中国，而这些项目大多由国有设计院承担。20 世纪 90 年代，尽管国有设计院仍然占据主导地位，但私人设计公司获准重返市场。2001 年中国加入世界贸易组织以后，越来越多的外国建筑师开始在中国实践。如今，国有设计院、民营事务所和外国设计公司并存，在许多情况下，它们还有紧密的合作。近些年来的许多地标建筑，方案多是由国内外知名建筑师创作，本地设计院负责施工图设计。例如，北京中央电视台总部就是由荷兰大都会建筑事务所（OMA）和华东建筑设计研究院合作完成。无独有偶，中国美术学院象山校区是由独立建筑师王澍、陆文宇主持的业余建筑工作室与杭州市建筑设计研究院联合完成的项目。

早在古代，政府部门中便有官员专门负责建筑事务，编撰官式建筑营建手册，并将这些知识传授给下一代。在当代，国有设计院也肩负着同样的任务：通过实践、研究和出版规范，继承、拓展和传递建筑设计的知识。70 年来，设计院的实践从根本上改变了中国社会的面貌，改善了人们的日常生活条件和人居环境，是现代化建设不可或缺的重要力量。

1.1　设计院的意识形态、经济和文化基础

影响设计院产生和存在的第一个因素是意识形态。19 世纪，马克思对欧洲工业革命所引起的骇人听闻的社会问题进行了批判。马克思主义对社会经济不平等问题的回应是消灭私有制，控制生产资料，从而建立一个相对公平的社会——在这种社会中，所有人共同拥有财产。[11] 20 世纪初，列宁在苏联探索诞生于资本主义社会中的社会主义思想，表达了一种鲜明的乌托邦理想。根据这种观点，世界各国的工人阶级可以通过推翻现有的资本主义私有制来摆脱经济奴役。

在马克思主义理论的指导下，中国特色社会主义的目标是创造一个平等的社会秩序。实际上，共产主义的平等和平均主义的理想引起了农民、知识分子和小资产阶级的关注，他们为共产主义革命提供了巨大的支持。1949 年前成立的私人设计公司将权力集中在少数人手中，通常是创始合伙人，并保持着明显的地位差异。1949 年后建立的国有设计院服务于国家而非个人，这一点显然对很多人更具吸引力。对许多建筑师来说，中华人民共和国的成立将为他们实现职业梦想提供更好、更稳定的工作机会。[12]

第二个因素与经济体制有关。社会主义社会强调全民和国家所有制，而非私有制。为了尽快把新中国从一个以农业为主的社会转变为高度工业化的社会，政府实行了中央计划经济。国家计划和组织生产，决定工农业产品和物质劳动和非物质劳动的分配。[13] 国有设计院为实现社会主义建设目标发挥了重要作用。随着私营部门逐步退出，中央和地方政府成为唯一的投资者和客户。同时，设计院不再收取设计费，专业人员按专业岗位领取工资，享受设计院的各种福利。

20 世纪 90 年代，随着社会主义市场经济体制的逐步建立，大多数国有设计院由事业单位改造为股份制民营企业。一些著名设计院被并入由国家控制的大型设计集团。设计院成为政府干预经济、社会和文化发展的一种工具，在灾后重建、海外建筑援助和国内重要战略性项目建设方面承担着巨大责任。就中国的政治和经济体制而言，设计院将在国内和全球设计市场发挥越来越重要的作用。

第三个因素与个人价值、职业需求和专业知识等文化问题有关。在这方面，荷兰社会心理学家吉尔特·霍夫斯泰德（Geert Hofstede）提出的文化模型，可以作为一个了解国有设计院内专业人员行为和态度的有用框架。[14] 由于设计院是官方组织，加入设计院意味着端起了一个"铁饭碗"，这是员工应对生活中不确定因素、减少压力和对未知事物恐惧的一种方式。即使在市场经济较为完善的今天，工作稳定性也是许多人加入国有设计院的一个重要原因。

图 1.1　设计院是出图生产的社会主义集体，图为 1974 年，上海万人体育馆建成前夕，上海民用建筑设计院设计组在万人体育馆前留影

来源：上海市建筑设计研究院

　　由于任何项目的设计都很难由一个人完成，因此迫切需要不同人、不同组织甚至不同国家之间的紧密合作（图 1.1）。在设计院内部，个人价值的追求必须与团队目标和集体利益相一致。特别是在毛泽东时代，老一辈设计人员为了国家需求，往往不惜牺牲个人利益，坚定服从政府安排。例如，20 世纪 50 年代初，华东建筑设计院的数百名设计人员被调到北京和西安，支持国家建设；70 年代的"三线建设"也出现了类似的情况，技术人员凭着集体主义信念为设计院的发展和国家的建设做出了重大贡献。21 世纪头 20 年同样见证了设计院冲锋在前，应对各种突发事件和国家战略需求，全力提供设计支持，展现了专业人士的担当和奉献。

1.2　关于组织研究的理论框架

结构 – 能动性之争

　　"结构"（structure）与"能动性"（agency）是一对描述人类行动的概念和理论范畴，它们一直是社会学研究中争论的焦点论题之一。学术界一般有三种主张：一是整体取向突出"结构"的观点；二是个体取向强调"能动性"的观点；三是试图突破主、客二元对立的"中间路线"的观点。[15]"结构"通常指独立于个体并能影响或制约个体的各种外部环境因素，比如社会阶层、宗教信仰、性别、种族、文化观念等。如果我们把国有设计院看作成一个组织"结构"，那么"能动性"是指个体（建筑师）在结构范畴内所拥有的独立自主选择和展开行动的能力。

作为一种高度集中的资源组织模式，设计院对建筑师的行为有一定的制约、约束作用。在特定的历史时期，设计院的主要功能是服务于国家的社会、经济建设，其运作模式是以满足这种内在需求而制定的。与此同时，体制内建筑师的个体行为也在不停地影响设计院的发展演变（或者说结构的再生产）。当设计院的组织结构不利于建筑师发挥创造性和自主性时，一些个体在不打破组织基本架构的基础上，探索新的组织模式，如个人负责的工作室模式，试图在设计院的平台支持下，探索个人创作空间。个体的能动性受到设计院组织结构的塑造，同时也发挥一定的主动性来影响设计院组织结构的现状。体制内建筑师既是设计院组织结构生成的结果，也是影响组织系统再生产的媒介。本书不但关注个体建筑师如何能够突破组织结构的诸多限制、谋求最大限度的创造性发展，同时研究设计院如何突破已经形成的结构体系进行改良、改革。

治理－自由之争

设计院改革的过程实际上是根据当时的历史情况，重新调整内部治理的方式和策略，这里面既有关注集体的、大规模的人员和现象，以及这些现象的总体效果，也有关注个体人员的生存、生产细节和深度。这种治理方式成为一种极其重要的权力技术，其目的是多生产财富，多创造效益（经济的、社会的、环境的、文化的等层面），提高设计院和员工的利益、财富、地位、价值、健康和生命体验。设计院作为一种权力运作模式，既有体现权力"生产性"的自由一面，也有体现权力"压制性"的规训一面。一方面，设计院用一种技术官僚的思维方式（经济产出最大化）统一管理；另一方面，它还需要鼓励个性化、原创性的个人探索。这种总体化的技术统治与个体化的技术治理是一对内在矛盾，也是设计院运营的挑战所在。历史发展表明，对这种张力的调整是一种动态过程。[16]

比如，在 20 世纪 80 年代初，设计院与许多国有企业一样，存在严重的平均主义思想，干多干少一个样的社会主义大锅饭心态。其治理过程是重新调整资源、财富、物质的分配规则、策略和机制。对外，设计院逐步摆脱靠财政拨款的依赖状态，开始参与市场化运作，自负盈亏。对内，设计院逐步精简人员，提升专业人员的比重，实行产值与待遇挂钩的制度——多劳多得，提高全体设计人员的工作积极性，并把这种制度内化到机构与个人的思想深处。除了激励集体员工的表现外，在 2000 年以后，设计院更加强调领军建筑师的个体价值，树立个人品牌，鼓励参与竞争，培育差异性优势。设计院把与项目有关的决策权力或自由下放到生产所或工作室，以便形成更加民主高效的空间治理模式。

在不同的历史阶段，治理需要建构不同的概念、话语、范式来强化其合理性。比如，收入与产值挂钩，个人工作室等概念就是在设计院的历史发展中建构出来的，是服务于治理实践的，是治理在不同阶段找到的不同理由。随着市场、社会情况的转变，这些概念也处于动态调整之中。比如，过分强调产值也会损害设计人员对长期价值的追求，换句话说，完全以短期逐利为核心，会弱化设计院的原创能力。长此以往，难以在设计行业保持竞争优势。同样，随着个人工作室的创建和运行，设计院也面临着年轻人员的流动、职业上升问题，如何促进新人成长，给予年轻人更大的自由发展空间，已经成为新的挑战。

场域

　　如果我们把建筑实践作为一种场域（field）——一种具体的、物质建构的、充满动态竞争的权力关系领域，那么，在很长一段时间内，国有设计院（也包括高校设计院）是这个场域内的主要角色。20世纪90年代以来，随着建筑职业化改革的推进，部分国营设计院进行了私有化股份制改造，民营设计企业、境外建筑公司开始崛起，他们与一些经过重组后的大型设计院一起，构成了一个更加复合多样的建筑设计实践网络。在这个场域内，不同立场、不同背景的建筑师既有竞争，也有合作，既有支配者，也有挑战者。

　　如果把建筑实践这个场域进一步细分，那么国有设计院本身也可以视为一个子场域。成立初期，设计院的人员构成较为复杂，内部存在不同出身的设计阶层（资、工、农、兵、学、商等），也存在不同学科、不同工种的专业人士（建筑、规划、结构、水、暖、电、市政、总图、概预算等）。这些专业人士具有不同的知识立场，伦理观念和审美判断，这些潜在的差异、对立和冲突均被掩藏在设计院的系统之内。与此同时，设计院也存在地域差异，位于不同地区、城市、行业，服务于不同业主的需求，需要适应不同的气候条件和社会经济状况。

1.3　既有研究回顾

　　在西方，建筑设计实践的组织可以追溯到文艺复兴晚期。随着18世纪的工业革命兴起，建筑设计服务模式从一个为社会贵族精英服务的建设系统，转变为一个为富裕的中产阶级服务的专业人员体系。[17] 建筑师经营他们自己的设计公司，或者作为唯一的委托人，或组建合伙事务所或公司。绝大多数建筑师作为私人实践，服务于众多客户的不同需求。当然，也有一些建筑师仍然为国家工作。例如，英国政府有自己的建筑部门，必要时该部门仍然需要雇用本地建筑师参与项目设计。[18] 伦敦郡议会（London County Council，LCC）下属的建筑办公室曾经是英国最大的公共设计机构，从20世纪40年代到70年代，几乎贡献了伦敦一半的设计。[19] 在美国，随着第二次世界大战后城市建设需求的激增，设计公司作为一个新的专业实体应运而生，通常与知名建筑师开设的工作室有完全不同的运营机制。这些大型设计公司（如Skidmore，Owings & Merrill，SOM）的特点是产品的一致性或匿名性，区别于"大师"的标签式创作。[20] 第二次世界大战后，中国香港地区的工务署（Department of Public Works）和以后派生出的建筑署（Architectural Services Department）形成有近千人的政府机构，专营政府投资的公共建筑。[21]

在苏联以及同一阵营的东欧几个国家，国有设计单位在为本国的建设方面发挥了重要作用。然而，这些努力很少在英文学术界中得到宣传。冷战结束后，社会主义时期的苏联、东欧建筑研究才逐渐在西方学术界兴起。安德斯·阿曼（Anders Aman）揭示了东欧国家是如何从苏联模式的"社会主义现实主义"（Socialist Realism）中学习艺术、规划和建筑方法的。苏联庞大的工业和基础设施建设显示了社会主义巨大的军事和经济潜力，似乎也展现了"社会主义新人"对自然的掌控。这种巨大规模的发展计划提供了一种国际和国内宣传的形式，将经济和功能理性结合起来。[22]

正如尼尔·李奇（Neil Leach）所说，共产主义制度带来了空间和劳动方式的转变，从根本上改变了社会和建筑实践。[23]苏联在大型预制房屋建设方面取得的成就与西欧战后重建的努力不相上下。扎雷科尔和库利奇（Zarecor and Kulić）分别考察了战后捷克斯洛伐克和南斯拉夫的建筑设计发展模式。1948年，捷克斯洛伐克的私人建筑师事务所被改造成一个国有设计机构（Stavoprojekt），在1973年的鼎盛时期有23000名员工和76个办公室。工业化和预制化是战前发展起来的新的前卫形式。在南斯拉夫，为了应付大规模的重建，每一名专家工程师负责10栋建筑的设计。南斯拉夫脱离苏联轨道后，从20世纪50年代开始，设计院和建筑师在工作和收入方面开始"自我管理"，因此享有更多的自由和利润。[24]

2012年，英国皇家建筑师学会旗下的《建筑学报》（*The Journal of Architecture*）以"冷战转移：第三世界社会主义国家的建筑与规划"为主题，专门报道了苏联和东欧国家对亚洲和非洲进行的"建设援助"。这些建设工作是在同一个背景下进行的，在一些地方，中国设计院也在为基础设施和民用建筑做出了积极贡献。

改革开放以来，关于当代中国建筑的中英文出版物逐渐增多。[25]然而，大多数出版物倾向于以彩色图片来报道知名建筑师的个性化作品而非主流设计实践背后的故事。在这些出版物中，很少关注设计系统的转型演变或这些创作背后的组织机制。自1993年以来，每年出版的《中国建筑业年鉴》为人们了解建筑业的现状和发展变化提供了宝贵信息。这些年鉴中的数据由官方部门收集，具有一定的权威性。在20世纪50年代初期，约超过1万名设计专业人员为5亿人口的国家服务。当国有设计院于1956年开始运作时，专业人员的数量跃升至10万人。1980年实行开放政策时，中国有35万勘察设计专业人员，他们在新旧建筑改造与建设中完成了大量的施工工作。在21世纪的第二个十年中，有170万名勘察设计人员致力于满足14亿人口的物质需求。[26]中国建筑师与总人口的比例仍约为西方国家的十分之一，但设计院不仅满足了中国的人居环境需求，而且及时地实现了国家的政治议程。

近年来，关于设计院的研究成果陆续发表在期刊、专业书籍和学位论文上，大多是中文，也有一些是英文。这些研究大致可以分为三个方面：1）关于设计院历史发展的回顾与总结。比如，张钦楠详细回顾了华东建筑设计院的创建历史，认为这类国有设计院在20世纪50年代整合了国家的主要设计力量，为实施"一五"计划做出了重要贡献。同时，他认为，随着社会主义市场经济的兴起，设计机构的多元化是必然趋势。[27]21世纪头十年见证了民营和外资设计公司的扩张以及国有设计院的改革，均证明了这种判断是正确的。与此同时，一些大型设计院如中国建筑设计研究院、北京市建筑设计研究院、清华大学建筑设计研究院、华东建筑设计院等机构分别在其 50、60 或 70 周年院庆期间，组织全院人力，出版专著，从设计创作、历史演变、科研攻关等不同角度概述和记录各自设计院的行业贡献。[28] 这类系列著作收集了较为齐全的内部资料，往往呈现普通人难以接触到的珍贵稀有素材，为行业同仁提供了诸多鲜活信息和生动故事。由于是内部人士编辑撰写，这些书籍倾向于突出成绩，缺乏一定的"观察距离"（critical distance），在论证方面稍显不足。

2）关于设计院历史演变、实践作品、设计伦理、组织特征与运作机制的综合讨论。彼得·罗（Peter Rowe）与王冰回顾了近百年来中国建筑业的历史发展，并把其分为三个阶段：1949 年之前；1949～1976 年；改革开放至今。[29] 罗坤（Cole Roskam）着重描述了 20 世纪 80 年代出现的三个探索性、个人创办的建筑事务所，将它们的发展放在改革开放的历史背景下，深入分析了它们对中国设计行业变化的影响。[30] 韩佳纹将中国建筑设计研究院置于社会主义单位的行列，并将其总建筑师崔愷的实践与刘家琨和都市实践的作品进行了对比分析。[31] 同时，她也关注设计院与个体建筑师之间的各种非正式合作网络，揭示了"炒更""挂靠"这类不规范设计合作模式的存在意义。[32]

2004 年，同济大学的《时代建筑》杂志出版了一期专刊，讨论国有设计院的转型问题。薛求理在他的文章中描述了中国设计院的特点，指出这些设计院必须逐步进行结构改革，才能满足迅速变化的行业需求。[33] 朱剑飞写道，设计院在实践中呈现出独特的理论意义，即国家与个人、国家与社会、国家与市场、实用技术与艺术创新之间充满动态互动。他基于设计院多元的实践现状，提出了一种新的设计伦理——设计机构强调合作与互动，同时认为，设计院是国家主导的市场经济的有益组成部分。[34] 李士桥认为，设计院制度是中国传统等级分类的延续。正如每个行业都应该（从这个角度）划分为不同的类别和等级一样，建筑设计也应该如此。[35]

3）关于个别设计院的专题案例研究。李峰考察了中国建筑设计研究院的历史发展，分析了该集团近几十年来创作的主要建筑作品，用一个详细的案例分析来说明设计机构的演变。他认为，该设计院采用集体机制为国家和社会服务，创造了一种"批评性实践"。[36] 2009 年，《建筑创作》期刊出版了一部多卷本的中国当代建筑 60 年丛书，其中一卷探讨了设计机构。编者特别挑选了 17 家国有设计院和民营设计公司，并邀请董事或总建筑师总结其经营发展历程，从创办者或经营者的角度为读者提供了一手资料。然而，这本书很少关注建筑师个人，以及他们在设计机构的发展中所发挥的作用。作为一种特定类型的建筑设计模式，高校设计院，特别是由建筑学教师经营的设计工作室，在中国的建筑生产中发挥了重要作用。在回顾这些工作室的组织结构时，贾璐总结了各类设计工作室的优缺点，肯定了它们在教学和科研中的积极作用。[37] 华霞虹和郑时龄对同济大学建筑设计院的发展历史做了详细的专题研究，记录了同济院发展的一系列重要的历史时刻，剖析了这个享有盛名的高校设计院 60 年来的发展际遇、实践作品与学术贡献。[38]

　　以上这些学术研究提供了重要的信息，有助于读者了解国有设计院的发展演变和历史使命。鉴于分散在中国各地的成百上千家设计院在 70 年的历史进程中生产了大量的项目，这些项目深刻影响了当代中国的城乡环境，迄今为止关于建筑生产机制与机构发展的学术研究还远远不够。假以时日，随着各大设计院对自身历史的日益重视，不难想象越来越多的专题研究将会涌现。与现有成果相比，本书具有三个区别性特征：

　　1）没有单独聚焦某一家设计院并进行深入的、长时间段的案例研究，而是根据社会发展情况，选择某一时期富有代表性的设计院，论述其设计实践和主要贡献，试图呈现一定的广度和丰富性。当然，这不可避免地在研究深度上有所牺牲。同时，由于大多数章节的案例分析聚焦在北京、上海和广州等大城市的设计院；从地域范围上来讲，无法兼顾中西部地区的设计院及其实践。

　　2）为了避免研究偏向关于机构组织模式的抽象理论探讨，本书的论述试图在社会、机构、实践和建筑师之间保持一种动态平衡，即广泛关注设计院与社会变革的关系演变，同时也重视建筑师个人所表现出的开拓精神和创造才能。[39] 对建筑作品的分析，既不是重复建筑师的设计说明，也不是发散式的建筑鉴赏，而是试图把对建筑作品的分析置于宏观的建筑生产机制，从外部语境来审视单个作品在整个生产环节中的独特意义。这种融合历史语境——理论视角——作品评论三个维度的研究也有自身的缺点：无法对单个作品进行全面深入解读。鉴于研究的对象是设计院而非单一作品，这种难以避免的局限或许可以容忍。

　　3）或许更为重要的是，全书的论述重点围绕"流动"而展开，探讨设计（院）与社会流动的互动关联，关注要素流动的动机、方向、过程、意义和影响。引入流动作为一个主要理论视角有以下三重考虑，从时间角度来看，把设计院的实践看作成一个动态演变、而非静止封闭的发展过程；从空间层面来说，设计院是跨地域知识交流和跨文化观念互动的产物；从体验角度来讲，设计院的从业者不断经历着各种流动，诸如机构重组、人员调动、观念变迁、技术传播等现代性带来的变化。

1.4　设计院与"流动转向"

　　近 20 年来，国际人文社科研究出现了一种所谓的"流动转向"（mobility turn），开始强调一种动态的观点来理解世界，以区别于以往那种以静态视角来认识周遭世界（包括边界、领域、场所、景观等）。[40]"流动"一词具有广泛的包容性，它既包含微观的身体层面也涉及宏观的全球尺度。在某种程度上来说，流动并不是一个新的社会现象，但是学术界逐渐开始重视、审视全球化时代各种流动——如跨境旅游、就业、上学、气候变化、传染病防治、商品贸易、交通和互联网等基础设施的兴建等——所带来的各种结果，这里既有好的一面如促进经济发展、改善生活水平，也带来新的生态灾难、紧急卫生事件和各种社会不公正、不平等现象。[41]

　　作为一个新的研究角度，流动有助于作者观察和探讨建筑生产要素是如何在设计院这一平台之上、在流动的过程之中产生新的社会实践、文化形态、空间语言，形成复杂的社会网络，进而塑造微妙的社会关系。[42] 设计院这种实践模式本身可以说是全球流动的产物，同时也在不停地参与、塑造社会性流动，因而形成了一个"流动的聚合体"（a constellation of mobility），是运动、意义和实践的相互作用。[43] 与设计院有关的各种流动并不是自由无序的，相反，它们受到各种内外因素的制约，但是从根本上来说，它的成立、发展、转型，以及境内外的实践均与中央政府的管控有密切关系，是对不同时期政策导向的一种应对。

设计（应对）流动包含三层含义：第一，把设计理解为狭义的建筑设计，设计院通过物质实践提供必要的空间基础设施来容纳社会上人员、商品、资本、服务等要素的流动；第二，把设计看作成广义的策划和重组，政府官员、行业领导和专业人士对设计院组织本身进行调整来应对不断变化的社会需求；第三，设计作为名词，是指建筑通过各种媒介，包括图纸、图像、文字、模型或多媒体等，形成可传播、可流动的设计知识。建筑本身一般是固定的、难以移动的，但是构成建筑的基本要素，如人员、商品、服务、资金和媒介，通过设计院的整合，形成了一种关于流动的实践（the practice of mobility）。设计院与流动的关系可以总结为以下六种情况，他们分别构成了本书探讨的基本架构：

1）设计院是中国在 20 世纪 50 年代"一边倒"全面学习苏联模式的结果。伴随着设计院组织模式的跨国转移，中苏之间还存在大范围内的人员、商品、知识、资本的流动——虽然中国也派人到苏联学习考察，商品出口到苏联换取援助资金，更多情况是设计人员、技术规范、行业理念、高级产品等从苏联流向中国。这些流动要素，经过设计院这一平台的"过滤"或"加工"，转化成有形的物质环境，同时也打上了苏联理念的烙印，构成了 20 世纪 50 年代独具特色的建筑与城市景观，如新建工业厂区、工人新村、"十大建筑"等。

2）设计院是社会流动的一个组成部分，其内部人员一直处于流动之中。在成立之初，设计院的技术人员来自全国各地，他们根据国家的需要，被征调参加各地的设计实践。虽然早期的户籍制度限制了城乡之间人员自由流动，但是设计人员是为数不多的能够参与到社会流动的一个群体。这里面既有主动的（支援东北和西北建设），也有被动的。改革开放之后，建筑师又是率先参与社会性流动的一批人——到境外开展合作设计、出国进修访学交流、到沿海城市创办分院、跳槽开办民营企业、在设计院内部成立个人工作室和专业化团队。这些活动从一定程度上解放了建筑师的思想，促进建筑创作水平的提升。

3）设计院是应对社会流动的中坚力量，为社会流动提供物质支持。从 1972 年中美两国开始外交接触以来，一度封闭的中国社会开始转向开放，无论是内部流动还是与外界互动的频率，均是逐年增加（以广交会为代表）。这种趋势通过"改革开放"政策得以制度化，到今天，一个充满流动活力的社会已经成为新的常态。可以说，全国各地的城市化运动一方面为人员、商品、资金和服务提供了活动舞台，另一方面，也加速了这些生产要素的内部流动。在城市化过程中，无论是新区扩张、城市聚集、交通枢纽打造，还是城市公租房和新农村建设、灾后异地安置、建设抗疫医院、推广绿色建筑、疏解首都功能，均可以看到设计院的身影，它们为了应对社会流动带来的挑战，发挥了不可替代的社会功能。

4）设计院积极参加中外合作设计，是建筑领域全球化的主要参与者，也是国际设计流入中国的操盘者。虽然 20 世纪 50 年代苏联建筑师与中方同行合作设计了一些工业和民用项目，但是大规模、高强度的中外合作设计是 20 世纪 80 年代以来的一个新现象。由于法律规定，境外设计公司需要与本土设计院合作，才能够提供设计服务。在中外合作设计过程中，设计院承担着"适配器"角色，协调境外设计师的理念、业主的诉求、本土设计规范和现有技术力量。通过加强与国际公司的合作，设计院学会并适应了在跨国市场竞争中做出新的贡献。

5）设计院是中国援外建筑实践的重要力量，也是中国设计、设备材料、规范标准和文化观念流动到境外地区的主导者。在冷战时期，设计机构的命运和方向往往与国家政策（包括对外政策）的变化紧密相关。比如第二次世界大战后，美国政府启动了马歇尔计划，以支持欧洲战后重建。同时，苏联和东欧国家（例如东德和波兰）继续支持在中国以及中东和非洲发展中国家建设学校，工厂和公寓楼。这些发展努力主要是作为政治献礼提供的。日本政府以类似的做法向亚洲国家捐赠了建筑项目，部分是为了补偿其先前的战争罪行。过去 60 多年间，中国在欠发达国家援建了 1000 多栋不同类型的建筑，包括会议中心、政府机关、医院、机构总部、学校、体育场馆、剧院、火车汽车站等。援建工程在国家的对外援助和外交战略中发挥了特殊作用。改革开放以后，建筑援外与经济援助，债务减免和扩大市场准入相结合，体现了中外双方日益紧密的经济合作，政治和文化交流。中国的建筑援助任务均由国有设计机构承担，其中一些设计得到了所在国的高度赞赏。这些项目亦提供了一些颇具创意但价格合理的设计实例，以较低的预算实现了外方需求。援外建筑项目体现了较为明显的跨国"流动"特征，也受到政策导向的影响，展现了一种"革新的现代主义"（transformational modernism），它们既是中国社会变革的产物，也是一种因地制宜的积极尝试。

6）高校设计院是促进知识在教学、科研、生产实践之间流动的平台，也是传承、探索建筑文化的重要载体。改革开放之前，建筑设计专业人才大都来自八大院校。这些学校不仅培训了建筑师，而且教职员工和学生们自己也致力于制定满足现代中国需求的城市规划和建筑设计。这种情况引起了一种独特的中国现象：将生产、教学和研究结合起来的机构——基本上每一所建筑院校都有自己的附属设计院。它们的存在有力促进了专业知识在教学、科研和实践等不同领域的流动，最大限度地提升了设计智慧在社会发展中的作用。高校设计服务各类公共和私人业主，加速了城市化进程并促进经济增长。在此过程之中，学者型建筑师将生产实践作为实用工具或媒介，努力整合教学和研究，力图在社会主义市场经济的背景下为自身和所属机构积累文化和经济资本。

在流动之外，设计院存在着一种相对稳定的内在结构，一种矛盾的辩证法。设计院的组织特征包含以下三个方面：从生产模式上来说，设计院是集体创作与个人探索共存；从生产动机上来看，设计院在实用主义与文化承诺之间摇摆；从意识形态和制度安排上来说，设计人员在嵌入体制的同时保持一定的思想解放。

注释：

1　Henry-Russell Hitchcock. The Architecture of Bureaucracy and the Architecture of Genius[J]. Architectural Review，No. 101（January 1947）：4-6.

2　Max Weber. Bureaucracy//Economy and Society：An Outline of Interpretive Sociology[M]. Ed. Guenther Roth and Claus Wittich. New York：Bedminster Press，1968：956-1005.

3　意大利建筑学家曼弗雷多·塔夫里（Manfredo Tafuri）认为，为了更好地探讨建筑背后的各种问题，历史学家必须放弃自己关于建筑作品的偏见，转而强调历史进程中一系列相互关联的事物，而非单个建筑师的作品。原文：As to the problems of architecture, it is more interesting to note cycles — series of things — rather than individual works of architects. The historic cycle tells us more than stylistic taxonomies. Manfredo Tafuri，"There is No Criticism，Only History，" an interview conducted in Italian by Richard Ingersoll and translated by him into English, Design Book Review, 9（Spring 1986），8-11. https://www.readingdesign.org/there-is-no-criticism

4　杨宇振. 超越东西之间：当代中国建筑史的写法 [J]. 建筑与文化，2011（07）：41-43.

5　John King Fairbank J K.Republican China, 1912-1949[M]. Cambridge University Press, 2007.

6　Jeffery W. Cody. Exporting American Architecture，1870-2000[M]. London and New York：Routledge，2003；薛求理. 世界建筑在中国 [M]. 香港：三联书店（香港）有限公司，2010.

7　杨永生. 中国四代建筑师 [M]. 北京：中国建筑工业出版社，2002.

8　杨秉德等. 中国近代城市与建筑 [M]. 北京：中国建筑工业出版社，1993.

9　薛求理. 中国建筑实践 [M]. 北京：中国建筑工业出版社，2009.

10　邹德侬. 中国现代建筑史 [M]. 天津：天津科学技术出版社，2001；Peter Rowe, Kuan Seng. Architectural Encounters with Essence and Form in Modern China[M]. Cambridge，MA：MIT Press，2002.

11　Karl Marx, Friedrich Engels. The Communist Manifesto[M]. New York：W. W. Norton，1988.

12　建筑师张镈（1911-1999）在 1949 年之前曾经是基泰工程司的合伙人，他于 1951 年从香港搬到北京，加入了北京市建筑设计院。张镈. 我的建筑创作道路 [M]. 杨永生主编，天津：天津大学出版社，2011.

13　高等教育的组织和招生名额也由国家规划，毕业生根据国家需要分配工作。

14　Geert Hofstede. Culture's Consequences：Comparing Values，Behaviors，Institutions，and Organizations across Nations[M]. Thousand Oaks，CA：Sage Publications，2001.

15　陈学金. "结构"与"能动性"：人类学与社会学中的百年争论 [J]. 贵州社会科学，2013（11）：96-101.

16　从广义上来看，这种张力也存在于中国社会治理的方方面面。比如，对科学研究的治理，一方面，以数量与奖金挂钩的思维来鼓励科研人员多写、多发论文；另一方面，国家对这种重数量不重质量的模式弊端也有所警觉，试图打破简单的官僚思维，鼓励个性化的原创探索。

17　Geoffrey Makstuti. Architecture：An Introduction[M]. London：Laurence King Publishing Ltd，2010.

18　David Chappell，Andrew Wilis. The Architect in Practice[M]. Hoboken，New Jersey：Wiley-Blackwell，2005.

19　Nick Beech. Humdrum Tasks of the Salaried Men：Edwin Williams，A London County Council at War[J]. Footprint—Delft Architecture Theory Journal，2015（09）：9-26.

20　Michael Kubo. The Concept of the Architectural Corporation[G]//Gilabert E F I, Lawrence A R, Miljački A, et al. OfficeUS Agenda. Zürich：Lars Müller Publishers，2014：37-45.

21　Charlie Xue. Hong Kong Architecture 1945-2015：From Colonial to Global[M]. Singapore：Springer，2016.

22　Anders Aman. Architecture and Ideology in Eastern Europe during the Stalin Era：An Aspect of Cold War History[M]. Cambridge，MA.：MIT Press，1993.

23　Neil Leach. Architecture and Revolution：Contemporary Perspectives on Central and Eastern Europe[M]. London and New York：Routledge，1999.

24　捷克斯洛伐克相关信息来源：Kimberly Zarecor. Manufacturing a Socialist Modernity：Housing in Czechoslovakia，1945-1960[M]. Pittsburg：Pittsburg University Press，2011；南斯拉夫相关信息来源：Vladimir Kulić. The Self-managing Architect：The Modes of Professional Engagement in Socialist Yugoslavia//Design Institutes：Building a Transnational History[C]，2017.

25　Charlie Xue. Building a Revolution：Chinese Architecture since 1980[M]. Hong Kong：Hong Kong University Press，2006. Ruan Xing. New China Architecture[M]. Singapore：Periplus，2006. Layla Dawson. China's New Dawn：An Architectural Transformation[M]. Munich and London：Prestel，2005. Li Shiqiao. Understanding the Chinese Cities[M]. Los Angeles：Sage，2014.

26　在中国的大多数统计记录中，设计和测绘被归为一个贸易部门。从这些数据中，我们无法分辨出这一类专业设计人员的数量。有关 21 世纪的数据，吴涛. 中国建筑业年鉴 -2015（总第 26 卷）[M].《中国建筑业年鉴》杂志有限公司，2016. 20 世纪 50 年代的资料，来源自董鉴泓. 第一个五年计划中关于城市建设工作的若干问题 [J]. 建筑学报，1955（03）：1-12. 刘秀峰. 创造中国的社会主义的建筑新风格 [J]. 建筑学报，1959（Z1）：3-12. 其他参考文献：窦以德. 中国建筑设计及管理的现状与前瞻 [J]. 建筑学报，1997（03）：50-51，67. 叶如棠. 中国建筑学会四十年的回顾与展望 [J]. 建筑学报，1994（01）：8-13. 龚德顺等. 繁荣建筑创作座谈会发言摘登 [J]. 建筑学报，1985（04）：2-21，82. 孔祥祯. 国家建设委员会孔祥祯副主任的讲话 [J]. 建筑学报，1957（03）：1-5，13. 谷牧. 关于设计革命运动的报告（1965 年 3 月 16 日）// 中共中央文献研究室. 建国以来重要文献选编 [A]. 北京：中央文献出版社，1998：271-272.

27　张钦楠. 五十年沧桑：回顾建筑设计院的历史 [G]// 杨永生. 建筑百家回忆录. 北京：中国建筑工业出版社，2003：100-106.

28　王金森主编. 中国建筑设计研究院成立五十周年纪念丛书 1952-2002 历程篇 [M]. 北京：清华大学出版社，2002；庄惟敏主编. 清华大学建筑设计研究院成立五十周年纪念丛书 1958-2008 纪念文集 [M]. 北京：清华大学出版社，2008；北京市建筑设计研究院有限公司编. 北京市建筑设计研究院有限公司纪念集 [M]. 天津：天津大学出版社. 2019；华东建筑设计研究总院、《时代建筑》杂志编辑部. 悠远的回声——汉口路 151 号 [M]. 上海：同济大学出版社，2016.

29　Peter Rowe，Wang Bing. Formation and Re-formation of the Architecture Profession in China：Episodes，Underlying Aspects，and Present Needs[M]//Alford W P，Kirby W，Winston K. Prospects for the Professions in China. Oxford：Routledge，2011：257-282.

30　Cole Roskam. Practicing Reform：Experiments in Post-Revolutionary Chinese Architectural Production，1973-1989[J]. Journal of Architectural Education，69，1（2015）：27-38.

31 Jianwen Han. Socialism and the Market：Reshaping China's Architecture in a Globalizing World[M]. London and New York：Routledge，2018.

32 韩佳纹 . 当代中国建筑师职业意识和轨迹的复杂性解析 [J]. 新建筑，2020（03）：96-99.

33 薛求理 . 中国建筑实践 [M]. 北京：中国建筑工业出版社，2009.

34 朱剑飞 . 形式与政治：建筑研究的一种方法二十年工作回顾，1994-2014 [M]. 上海：同济大学出版社，2018：192-207.

35 Li Shiqiao. The Design Institutes and the Chinese State//Design Institutes：Building a Transnational History[C]. University of Hong Kong，2017.

36 Li Feng. "Critical" Practice in State-owned Design Institutes in Post-Mao China（1976-2000s）：A Case Study of CAG（China Architecture Design and Research Group）[D]. Melbourne：The University of Melbourne，2010.

37 贾璐 . 高校建筑学院教授工作室发展研究 [D]. 天津大学，2012.

38 华霞虹，郑时龄 . 同济大学建筑设计院 60 年 [M]. 上海：同济大学出版社，2018.

39 作者注意到杨宇振也曾提到研究 "个人、机构、产品" 的重要性，因为它们是构成建筑文化研究的关键要素。杨宇振 . 树木与森林：当代中国建筑文化研究初议：兼谈建筑教育与建成环境 [C]//2009 全国建筑教育学术研讨会论文集 . 2009：33-38.

40 John Urry. Sociology Beyond Societies：Mobilities for the Twenty-first Century[M]. London and New York：Routledge，2000；Mimi Sheller and John Urry. The New Mobilities Paradigm[J]. Environment and Planning A. 38，2（2006）：207–226.

41 Peter Adey，David Bissell，Kevin Hannam et. al.：The Routledge Handbook of Mobilities[M]. London；New York，Routledge，2014.

42 Michael Guggenheim and Ola Söderström. Re-shaping Cities：How Global Mobility Transforms Architecture and Urban Form[M]. London and New York：Routledge，2010.

43 Tim Cresswell. Towards a Politics of Mobility[J]. Environment and Planning D：Society and Space，28，1（2010）：17-31.

第2章

组织重塑与人员流动：设计院的诞生实践

场景：1959年9月15日凌晨，毛主席视察北京火车站施工工地，听取建筑师陈登鳌的工程汇报。而此时，陈登鳌的心情十分激动，难以平复，紧张之中介绍了工程设计的主要情况，对国家第一次建设如此巨大规模的工程，还没有十足的信心和足够的经验。毛主席听后指示说，我们现在做的事情都是第一次，十月革命胜利是第一次，我国革命胜利也是第一次，在这以前只有一些小经验……你们设计这个车站以前也只有一些小经验吧！北京站建设得很好嘛……以后再做也就行了。建筑师直接向最高领导人汇报项目进度，这在中国近现代历史上很少见，这段经历让陈登鳌难以忘却。陈登鳌在1949年之前接受建筑教育，毕业后加入私人建筑师事务所，1949年之后受邀加入刚刚成立的国营设计院，担任建筑师。他出身好，作风正派，业务过硬，身体健康，颇受重用，先是在20世纪50年代承担重要政治工程的设计，20世纪60年代又主持援外建筑项目，具有难得的国际实践经历，为20世纪中国建筑的发展做出了重要贡献，他的探索与国营设计院的发展紧密相连。[1]

国有设计院，顾名思义是国家进行建筑资源生产、分配和消费的组织。它是20世纪50年代初，中华人民共和国学习苏联模式优先发展重工业、实行计划经济的产物。到50年代末，人们普遍认为，国有设计院比旧的私营设计公司要优越得多，后者被认为是过时的资本主义生产方式的代表。一个国家的大规模工业建设，显然需要集体奋斗和高效率的设计。张钦楠指出，在成立初期，设计院"拳头式"的组织整合各方面的设计力量，根据全国建筑需要，统一分配了熟练劳动力，为国家的建设和发展做出了重要贡献。因此，这种设计组织方式得到了大多数专业人士的支持。[2]

本章考察了20世纪50年代国有设计院的兴起，分析了它们与苏联设计组织模式以及社会主义"五年计划"的联系，然后讨论设计院在建设工业基地、大型居住区、行政办公建筑的实践与作用。

设计院建立的过程，也是一个设计组织重塑、技术人员流动的过程。为了应对"一五计划"对专业人才、技术知识、建造效率的复合需求，中央和地方政府决定组建国有设计院，在组织模式上，仿照苏联设计院，把建筑、结构、水暖、机电、测量、概算、总图等不同工种统一到一个单位之内；在人员构成上，充分吸收社会上分散的设计专业人士，同时培训新的技术人员，组合成一支精干的专业设计队伍，根据国家计划经济体制需要，进行调配以充实各地方的设计力量；在设计理念上，由于苏联专家的到来，他们对工业厂房、居住区、机构建筑和城市规划的技术知识和美学观念深入移植到中华大地；在意识形态上，设计院作为国营单位，提供全方位的工作、生活、福利设施，展现了一种集体主义的实践方式。

2.1　建筑行业简史

在中国，由政府管理的建筑组织历史悠久，可以追溯到商朝（约公元前 1600～1046 年）。周王朝和诸侯设有负责官方建筑营造的司空。《周礼·考工记·匠人》记载了建筑工程建造的基本规章制度——"匠人营国，方九里，旁三门。国中九经九纬，经涂九轨，左祖右社，面朝后市，市朝一夫"。在随后的历朝历代，虽然名称不同，但这样一个国家机构一直存在，负责重要建筑工程的实施，如秦朝设将作少府，汉、唐、宋朝设将作监，元朝设将作院，明朝设工部，清朝设"算房"和"样房"。[3] 由于建筑规模相对较小，建筑类型较为简单，在 19 世纪中叶以前，房屋设计和建造都是由匠人负责完成。官方编撰建筑文献，如宋《营造法式》和清《营造则例》，提供了建筑的营造规范和手册，同时，所涉及的营造技术和诀窍是由一代又一代匠人手口相授传承下来的。

19 世纪中叶，中国向西方敞开国门，随后建造了贸易港口，城市逐步发展起来以容纳更多的人口和服务于商业活动。来自美国、欧洲和澳大利亚等地的外国建筑师和营造商在中国上海、天津、广州和香港等港口城市从事建设活动，建造了一大批公馆、洋行、工厂等建筑，这些构成了半殖民时代的文化遗产。

中国现代意义上的建筑行业直到 20 世纪 20 年代才开始出现，当时第一代留学西方的建筑师回国开始专业实践，并从事建筑教育和学术研究。[4] 一开始，归国留学生大多在上海、天津等沿海城市的西方设计公司工作，随后自己开设公司，积极参与各地的规划设计和建设。当时，他们的建筑实践方式与西方同行基本上没有重大区别。1948 年，大约有 20 家中国建筑设计公司（通常只有几个人，最多 30 人）在上海、南京、天津、北京、重庆和广州开业。除此之外，许多技术人员和绘图员还以各种身份工作，包括监督设计和施工管理等。[5]

1949 年前后，大约有 100 名执业建筑师携家眷去了香港和台湾地区[6]。而更多的人决定留在大陆，认为革命的成功将导致文化的更新。选择留下来的专业人士和知识分子大多痛恨国民党统治的腐败无能，渴望建设新的生活。由于连年战争对经济造成了严重的破坏，因此，恢复经济、重建城市、巩固政权，对当时的中国来说至关重要。

2.2　设计院的出现

中华人民共和国成立之初，新政权面临着由于长年战乱而崩溃的国民经济，百废待兴，严重缺乏资金、物资和管理知识。与 1937 年相比，1949 年的农业生产减少了 20%，工业生产减少了 50%。自 1947 年以来的两年里，由于通货膨胀，商品价格上涨了 5000% 以上。[7]

按照共产党人的理想，商品的生产和分配应该由集体或政府来控制，私有财产应该被消灭。国民经济恢复的第一步是没收"官僚资本家"和农村地主的财产。1949 年 3 月，党的七大第二次全体会议宣布："没收官僚资本给无产阶级人民共和国，使国家抓住经济命脉，建立国有经济"。[8] 这种"官僚资本"包括工厂、矿山、商店、银行、铁路、邮政局、电报、电力、电话、自来水、码头、航运等公用事业，曾受国民党或外国势力控制。与此同时，外国资本家及其代理人都被驱逐了。在农村，地主的农田和房屋被没收。通过这一系列的行动，政府很快获得了大量财富，掌握了国家经济的主要来源。

在没收官僚资本家和农村地主财产的过程中，政府允许国营、合作社和私营企业并存。在 1949 年的《中国人民政治协商会议共同纲领》中，私营经济活动被描述为"在新民主主义过渡时期是必要和可接受的"。在 1949 年的 1530 万工人当中，67% 受雇于私营部门。[9] 一年后，《私营企业暂行条例》出台，规定了保护私营部门的条件。[10] 这一政策很快刺激了私营经济的发展，有效稳定了社会。[11]

为了应对日益庞大的建筑项目与规模需求，建筑师和私人公司的业主合作，作为商业伙伴协同运作，直到后来被国有化。1951 年 2 月，上海、杭州和南京的五家设计公司成立了一家名为"联合顾问建筑师工程师"的事务所，约有 15 名建筑师和工程师参加。[12] 合伙人签订协议，约定如下：1）不损害国家利益；2）不违背职业规章；3）不破坏合作精神；4）不妨碍集体行动；5）不诋毁同仁名誉；6）不推迟应尽责任；7）不谋个人名利；8）不企图学术自私。[13] 这家合资公司的基地设在华东地区，但服务范围延伸到东北、华北和西北地区。公司为新疆边远地区规划新城，并在新疆和山西设计纺织厂。

在北京，政府也创建了一批国营设计企业，包括 1951 年成立的中央直属机关修建办事处设计室、国营永茂设计公司等。当时需要建造政府办公建筑，而新兴的设计机构发挥了重要作用。在 1949 年之前，主流建筑师和工程师对社会主义几乎没有了解，也没有什么关联。然而，新中国成立之后，政府诚恳地邀请有才华的专业人士加入公共部门，并给他们与私营企业相当的工资，提供舒适的住房、社区和个人服务以及特殊的餐饮照料。[14]

1951～1953 年，一些省会城市如成都、昆明、南京和沈阳等地，也在公共部门建立了类似的设计机构，负责自己省份的建筑业务。国有设计公司很快就显示出了规模优势。例如，1951 年，重庆有 21 家设计公司，其中 5 家国有企业平均拥有 12 名设计人员，16 家私营企业平均拥有 3.4 名设计人员。政府把这些设计公司分为五类。甲级公司至少有 15 名设计人员，他们所能承担的项目规模没有任何限制。B 类公司至少有六名设计人员，他们被授权负责预算在 300 亿元（旧人民币）以下的项目。C 类公司至少有两名设计人员，可以监督 5 亿元或更少的项目。此外，这些公司还受制于其他条件，例如保持良好的公司业绩纪录。[15] 显然，小型私营企业在市场上处于劣势。

这种私营部门、国有企业和合作社之间的共存局面并没有持续多久。1952 年初的"三反"和"五反"运动，打击了政府腐败和私营企业的犯罪活动。尽管这些运动开始时有着良好的愿望，但最终摧毁了大部分私营经济。[16]

1952 年 4 月，中共中央发出《三反后必须建立政府的建筑部门和建立国营公司的决定》，加强了对建筑设计和施工的控制和管理。[17] 大规模政治运动严重影响了私营经济的发展，相当数量的私营公司被解散，并入国营或公私联营企业。[18] 1956 年，大约 3000 万工人中只有 0.5% 留在私营部门。[19] 这一系列的"社会主义改造运动"在六年内基本消灭了中国的私营经济。

《决定》发布不久，华东建筑设计公司于 1952 年 5 月 19 日正式开业。这个国营设计公司的前身是几个月前成立不久的上海市建筑设计公司，其成立与金瓯卜（1919～2002）有密切关系。1950 年，他被派到上海负责监督私营企业。在北京的一次会议上，陈云副总理要求他筹建一家国有设计公司，以满足新兴工业部门的需求。回到上海后，金瓯卜招募年轻的建筑和工程专业人才，并邀请资深专业人士，给予他们优厚的待遇。前面提到的上海联合建筑师和工程师事务所的许多合伙人都被招募了。成立初期，公司有 200 多名员工，包括建筑、结构、机电、成本估算、测量和岩土工程评估方面的专业人士。几位知名建筑师，如赵深、陈植、吴景祥、王华彬等都加入了这家刚刚起步的国有企业。金瓯卜在建筑师协会的帮助下组织了一次专业会议，宣传一个伟大的建筑时代已经到来，加入该公司将为国家和个人带来收益。这次会议后，许多与会者加入了公司。

金瓯卜的角色和贡献与两个因素有关：1）专业科班出身。民国时期他曾在之江大学建筑系求学，熟悉本专业情况，结交各方专业人士；2）政治忠诚可靠。他在大学时曾经是一位地下共产党员，有强烈的担当和责任心，组织能力出色。可以说，金瓯卜是一位典型的专业干部，这一点区别于刘秀峰、袁镜身、林西等自学成才的技术官员（technocrats），但是他们均善于与建筑师通力合作，对中国建筑学的发展有重要影响。[20]

在 20 世纪 50 年代初，很少有高中毕业生能够进入大学。为此，华东建筑设计院从 1953 年 1 月开始，为 450 名青年人举办了专业培训班，培训内容包括建筑学、建筑结构、制图、给排水和电气、机械设备、测量、土地评估、施工和成本估算。经过六个月的培训，一些学员回到了原公司上班。经过考核，华东设计院录用了 261 名合格人员。此外，经过多年的工作实践，一些自学成才的学员亦逐步成长为工程师或高级工程师，还有一些被派往北京或其他省份支持新公司的组建。

1952 年底，华东设计院共有职工 479 人。公司已完成建筑设计项目总建筑面积达 1136039 平方米，其中工业建筑占 28.2%，民用建筑占 71.8%。1953 年，职工人数达 1044 人（不包括支援机械工业部 100 多人），到 1954 年 6 月，共有员工 1178 人。由于其较快的发展速度，该院派遣了 500 多名技术人员，支援中央设计院，另外派遣 500 多名技术人员支援西北、西南和东北的设计院。[21] 即使在 21 世纪，一家拥有 1000 多名员工的设计公司，按照国际标准，也会被视为一家大型公司。

华东设计院承担的军事建设项目涉及军事基地和机场设施，此类设施的大跨度壳体结构和材料需要在安装前进行测试。因此，1952 年 10 月，华东设计院与同济大学合作，在同济校

图 2.1　上海华东院汉口路办公楼，1952 年和民用院在外滩的办公楼，1956 年
来源：上海现代建筑集团

区建立了一个材料研究实验室。1953 年 2 月，与南京工学院（今东南大学）联合成立了"中国建筑研究小组"，对中国传统建筑进行调查研究。

　　华东设计院成立之初，得到了上海市政府的坚定支持，上海市政府允许设计院在江西路与汉口路交界处，占用了一座原商业银行大楼——由华盖建筑师事务所（赵深、陈植、童寯）于 1947 年设计、1951 年竣工，位于上海一个独特的商业区内。这座具有现代主义风格的大楼与附近的公园和教堂相得益彰，其内部为员工的设计和画图活动提供了良好的环境条件（图 2.1）。三年后，上海市政府规划委员会组建了上海市民用建筑设计院，成为上海又一家大型设计机构。上海民用院办公大楼建于 20 世纪 10 年代的外滩，甚至到了 80 年代，这座大楼的电梯——看起来像笼子一样的滑动铁栅栏门——仍在使用。因此可以说，社会主义建设计划是在旧租界的建筑里构想出来的。[22]

2.3　五年计划与设计院

　　1952 年 8 月 7 日，中央人民政府委员会举行第十七次会议决定成立建筑工程部。[23] 同年 10 月，陈云副总理在中央财经委员会会议上发表讲话，预言"1953 年将是大规模经济建设的一年，而基础设施建设是全国建设的重点"。[24] 1953 年，中国启动了第一个五年计划，这是一个强调大规模工业化建设的社会经济发展计划，这一过程需要大量的专业技术管理人员，而拥有少量员工的私营建筑公司很难应对这一挑战。在 20 世纪 30 年代前后，苏联在实行五年计划的过程中也面临同样的情况，随后成立的大型设计院便是应对专业人员分散的策略。[25]

　　依照苏联模式，国有设计公司被重组为设计院，通常包括民用建筑、工业建筑、结构、机电和总图设计办公室。所有这些建筑单元置于同一单位，便于集中调配、统一管理、协同工作，既照顾了"社会主义大家庭"中的职工，又服务于全国范围内的工业化建设。在设计院的组织结构中，总建筑师或总工程师相当于私营公司的设计总监，院下属的设计室负责各种类型的建筑设计，技术室主要编制标准详图，而情报中心类似于图书资料室。每个国有设计院都是一个单位，包含技术、财务、行政办公室以及其他附属分支机构，如餐饮服务、幼儿园、职工宿舍等，职工子女可以享受医疗保健和其他福利服务。[26]

1953 年，全国国有设计院只有 78 家，远远不能满足实际建设任务的需求。中国政府因此邀请苏联给予援助，苏联派出了 42 个设计小组，其中 30 个被派往东北地区，制定扩大发电和钢铁工业的建设计划。20 世纪 50 年代，中国仅仅有 8 所大学开设建筑学专业，合格的专业人才数量远远不够。在清华大学和同济大学，苏联专家帮助制定了建筑和规划课程。[27] 在大学的协助下，一些设计院纷纷开办了专业培训班或夜校来加速培养建筑专业人才。与上海的华东设计院类似，北京于 1956 年开办了一所建筑设计培训学校，1961 年获得了教育部的认可，在 20 世纪 60 年代初培训了建筑、结构和机电工程专业的数百名学生。[28] 在特定时期，设计院承担培训年轻建筑师的重要任务。

从 1949～1959 年的十年间，北京完成的建筑总面积达 2700 万平方米。这个数字相当于 1949 年以前北京总的建筑面积，换句话说，十年就建了一个新北京（图 2.2）。[29] 这些新建筑基本上都是由设计院设计的。从 1953～1966 年，北京市建筑设计院完成的建筑面积达 2650 万平方米。这些建筑包括旅馆、住宅、医院、教育、商业、办公以及工业或军事设施等。[30] 在时任建筑工程部副部长周荣鑫看来，只有国有设计院才能适应社会主义建设，也是建筑师表达创意的理想场所。设计院具有多个工种的组织构架、分工明确、协作紧密的特点，这对大

图 2.2　20 世纪 50 年代北京西郊的城市建设

来源：中华人民共和国建筑工程部，中国建筑学会编辑．建筑设计十年 [M]．中华人民共和国建筑工程部，1959

规模建筑生产十分有利。[31] 周荣鑫认为，以前的私营设计公司无法设计复杂的项目，只能服从资本家的意愿，而设计院的建筑师致力于满足群众和国家的需要，这凸显了社会主义制度的优越性。

中央部委、省、自治区、直辖市和各地级市、区、县纷纷成立国有设计院，这反映了各级政府在计划经济条件下，为建设项目配置人力资源的强大决心。[32] 特别需要指出的是，各部委，如机械、航空航天、冶金、煤炭、石油、化工、电子、纺织、核工业等均设立专属设计院，明确揭示了中央政府实施快速工业化建设的宏观战略。这些设计院专门承担特定行业的建设任务，例如食品行业的冷藏库，电子行业的厂房，以及冶金行业的钢铁厂或科研实验室设计等。

从地域层面来看，设计院遍布华北、东北、西北、华东、中南、西南各个大行政区，以及南京、杭州、武汉、西安等省会城市（总共约 30 个）。与许多苏联模式的研究所一样，设计院的组建原则往往是基于政府主导的，设计任务由上级省或部委分配。值得注意的是，这些机构所提供的服务往往不直接产生经济效益，因为当时整个国家被视为一个单一的经济实体。例如，四川的设计院主要为四川省服务，湖南、福建等省的设计院也是如此。铁道部设计院只为铁路系统及相关工程服务。国家对专业技术职称和职级进行考核，按照技术水平和管理职责对设计人员进行行政管理。[33] 行政人员还负责技术人员的招聘、晋升工作。1949 年以前由私人设计公司采用的美国建筑制图标准，则完全被苏联的规范所取代。在新的制度下，建筑师只负责提供设计图纸，弱化了现场监督权，从而失去了建筑项目全过程管理的机会。[34]

虽然设计院占主导地位，但私营设计公司直到 1957 年才完全消失，那时社会主义改造也基本完成。尽管仍有不少人私底下有抵触情绪，私营企业的设计人员大多都加入了国有设计院。在随后的"整风运动"中，各级政府通过"团结、批评、教育、改造"等渐进式方式，对专业技术人员和知识分子进行社会主义教育。通过不断的政治学习和思想改造运动，广大设计人员产生了强烈的、新的社会责任感，逐渐把目标转移到社会主义建设上来。虽然官僚主义和专业化运作之间的矛盾依然存在，但是很快被设计院的快速扩张所掩盖了。

2.4　工业基地

在寻求改造落后的、以农业为主的社会过程中，共产党领导人认为，迅速扩大、增强工业和制造业是国家实现现代化的最快途径。毛泽东指出"中国落后的主要原因之一是缺乏现代工业"，并设想"用十年到十五年的时间，在中国建立一个现代工业和现代农业基地，以获得相对充足的物质基础"[35]。1950 年，新政府宣布了工业强国的中国梦[36]。推动工业化和现代化曾是国父孙中山先生的愿景，他在 20 世纪 20 年代曾描述过类似的愿望。然而，正是在共产党领导下，第一个五年计划决定在 17 个省确定设立了 156 个工业项目，范围从钢铁厂到汽车制造厂。[37] 这些工业基地的建立，从根本上改变了中国的制造能力，促进了冷战时期国家的工业生产（图 2.3 和图 2.4）。[38]

　　这一时期的重工业项目，大多是在数千名苏联专家的支持帮助下规划设计的。当时，苏联把大量先进的成套设备、工业和建筑设计蓝图带到尚不具备相关技术技能的中国。设计院

图 2.3　20 世纪 50 年代北京木材厂，1957 年
来源：侯凯源摄；孙昊德博士提供

图 2.4　20 世纪 50 年代北京金属结构厂，1958 年
来源：侯凯源摄；孙昊德博士提供

刚成立时，中国建筑师与苏联同事合作，共同创造了工业建筑和附属住宅项目。早期有影响的工业基地之一是位于东北长春的第一汽车制造厂。[39] 这个由莫斯科斯大林汽车厂等数十家设计单位设计的工厂建在城市西郊 176 公顷的农村土地上。一条六车道的中央公路把工厂隔开；装配线车间位于道路两边。车间多为大跨度单层工业厂房。1956 年，这家工厂开始运作，并生产出第一辆"解放牌"卡车。

依照苏联提供的规划图纸，工厂里建了食堂和礼堂，并在附近的街区规划了一个工人住宅区。[40] 每一个街区都由建筑围合，中央是大片绿地，商店位于街道的前面和拐角处。这些红砖坡顶住宅楼由华东工业建筑设计院总建筑师王华彬于 1954 年领衔设计，建筑布局部分受苏联规划模式的影响（图 2.5 和图 2.6）。[41] 这种"大街坊"式的规划设计手法在中国被反复采用，沈阳、洛阳和武汉等城市的其他工业附属社区也用了类似的方法。住宅区包括林荫大道、公园、庭院和防护林，这种质量和景观在过去的中国，未曾见过。它绿化区宽敞，公共场所充满活力，四层砖木结构的宿舍具有传统的建筑主题，如大坡屋顶和装饰元素，但可能标准和造价稍高，王华彬被迫在 1955 年的反浪费运动中自我批评（图 2.7 和图 2.8）。[42]

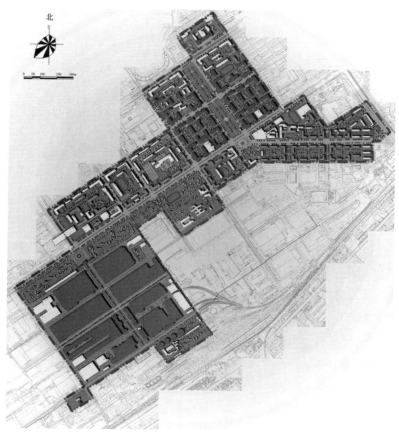

图 2.5 长春第一汽车制造厂总平面图

来源：长春第一汽车制造厂展览室

23

图 2.6　长春第一汽车制造厂厂区，1953 年
来源：尚鸣摄，2016 年

图 2.7　长春第一汽车制造厂住宅楼沿街立面，1953 年
来源：丁光辉摄，2019 年

　　第一汽车制造厂及其附属居民区被称为"汽车城"，这里的"城"是指一个自给自足、功能齐全的生活和工作社区，有商业娱乐设施、学校、幼儿园、医院、旅馆和体育馆。工人和

图 2.8　长春第一汽车制造厂住宅楼转角处，1953 年
来源：丁光辉摄，2019 年

他们的家人把工厂当作自己的家，并为此感到自豪。人们乐于努力工作，因为他们的家庭得到了很好的照顾。这种生活方式在一定程度上体现了共产主义的集体生活理想。效仿这座汽车城，其他城市也出现了专注于石化工业或重型机械制造业的厂区。例如，1959 年，洛阳拖拉机一厂建成，工厂和居民区的规模与长春一汽相当。

　　虽然 156 个工业项目的设计大部分是由苏联技术人员协助完成的，但中国的专业人员逐渐掌握了精密工程所必需的设计技术和方法。工业厂房（主要是单层、大跨度设施）规模巨大，可容纳移动式起重机、熔炉、锅炉和纺纱机等。城市建筑的创作往往与社会主义美学观念相联系，而设计工业项目的建筑师则往往倾向于直接展示结构、材料、空间的建造逻辑。在没有多少意识形态约束的情况下，他们专注于实际问题，平衡功能性、舒适性和经济合理性。

　　从 1964 年开始，中国政府将上千个（重工业、军工）工厂从沿海城市迁往内地山区，以避免可能遭到敌人的轰炸，此计划称为"三线建设"——在四川、江西和湖北等 13 个省的山区建立了许多工业城镇。所有这些工业发展的规划都要求原材料和产品的合理流通。这些建筑需要有较大跨度以适应大规模的操作。建筑材料需要耐用，能承受高温和高压冲击负荷。因此，建筑师和工程师必须开发新的建筑技术，并为所涉及的任务确定最合适的材料。[43]

　　到 20 世纪 70 年代末，政府向内地调动石油、化工、钢铁等专业技术人员、工人和他们的家属。16 年间，国家 40% 的基建投资用于三线，建设钢铁、石油、重化工工业，建立了 1100 多个厂矿企业。尽管"文化大革命"导致了国家经济发展支离破碎和社会混乱，但三线建设改变了中国的工业布局，使中西部地区的产业和交通成型。在此期间，大批年轻的设计人员和毕业生到前线工作；他们以高效率和灵活性为工业建筑设计做出了巨大贡献。许多项目同时进行规划、设计和施工，在紧迫情况下完成这个国家战略任务。参与其中的技术人员、建设者和决策者表现出非凡的奉献精神、自我牺牲精神、纪律和智慧。厂区和生活区建在山沟或坡上，建设依循地形，也产生了不少规划建筑上合理和独特的设计（图 2.9 和图 2.10）。

　　鉴于许多工业项目是通过合作设计创建的，而且缺少当时的记录，因此很难区分每个设计院的具体贡献，也难以确定谁是设计者。例如，四川省攀枝花市的钢铁厂，是由全国几十家设计院联合设计，数十万敬业的工人和士兵在几年内建成的。20 世纪 80 年代，当中国与海外重新接轨时，这些工业基地大多停产，其生产能力受到市场竞争的挑战。近年来，大量的工业项目被废弃，其美学价值和社会经济价值逐渐显现。例如，在重庆，有几个工业项目被列为历史遗产，并被重新开发为旅游目的地（如 816 地下核工程主题景区）；专门从事工业遗产保护的学者也参与了这类项目，有关这一主题的文献也有了相当大的增长。

图 2.9　三线建筑，湖北 238 工厂
来源：高亦卓博士摄

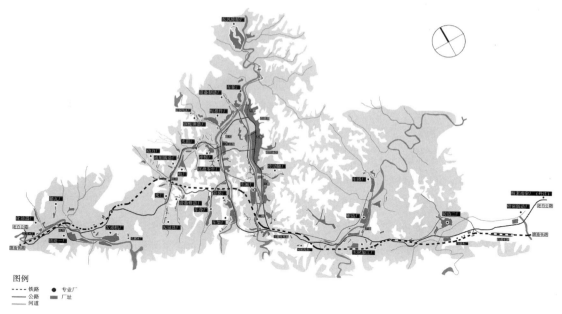

图 2.10　三线建筑，湖北十堰汽车城规划
来源：高亦卓博士绘制

2.5　社会主义理想社区

　　新工业基地的建立涉及大量工人的转移和安置，有时在一个地区有 10 万人甚至更多。虽然国家提倡"先生产后生活"，但工人及其家属必须得到妥善安置。毛泽东主席曾说过，"依靠工人阶级""为人民服务""改善民生"的重要性，因此，许多新的工业基地也建设了包括公寓、宿舍、学校、幼儿园、商店、邮局、医院等在内的住宅区。[44]

　　与当时西方国家大规模的社会住房建设项目同步，中国政府开展了工人住宅区的建设，旨在为支持工业生产的劳动力提供住房。从 1950 ~ 1998 年，中国没有房地产市场。住房是通过国有公司或单位分配给雇员的。在建造住房单元时，服务的便利性和靠近工作场所是首要考虑因素。在经济原则方面，新建工人住房和住宅区能够部分实现现代主义先驱的理想。这些工人新村大多为每户分配一个房间，两个家庭共用一个厨房和厕所。以 21 世纪的标准来看，这些住宅可能并不理想。然而，对于那些以往住在没有电力、自来水或污水处理系统的棚屋里的人来说，这些工人新村宛如"天堂"。

　　历史上，20 世纪 30 年代国民政府从日本引进的新村社区设计模式，尝试运用新村概念在南京、广州和上海修建低收入私人和政府雇员居住区。与传统的家庭别墅模式不同，新的集体住宅为中国城市居民带来了更现代的城市生活方式。这种居住区的规模和密度在中国以前是从未所见的。在某种程度上，它们体现了"集体生活"的理想，尽管所涉及的生活水平相对较低。20世纪50年代的新村建设是这一努力的延续，但更符合社会主义理想，即用免费提供的基本、廉价的建筑来满足普通大众的需求。[45]

20世纪50年代初，人民政府开始在大城市为工人和干部建造住房。例如，1953年由建筑师汪定曾主持设计完成的上海曹杨新村，就成为一个被广泛宣传的例子，表明党和国家致力于改善工人阶级的生活条件。[46] 1951年，上海市市长陈毅决定为工人建房，并优先考虑分配给"劳动模范"。副市长潘汉年主持拟建的曹杨新村项目，该项目位于上海西北郊一块占地24公顷的地块上。开发区与工厂厂区并不紧密相连，但城市规划师们希望这个住宅区能利用城市的公共设施。该计划包括4000个单元，总建筑面积约11万平方米。每一个住宅单元的设计标准是人均居住面积为4.5平方米。2~3层的住宅楼用砖（墙壁）和木（梁和地板）建造，红色屋顶瓦和浅黄色的外墙抹灰。建筑师根据美国"邻里规划"原则（Neighbourhood Planning），结合道路、景观和蜿蜒的溪流自由布置住宅楼和商业配套设施。建筑之间间距10~12米，主要道路18米宽，车辆道路9米宽，人行道4.5米（图2.11）。

除了住宅楼，新村还有一个中心区域，建造了商店、银行、邮局、文化建筑、市场、小学、幼儿园以及医院，社区中心服务于500~600米半径内的居民区。绿化规划把原来的溪流和河流连接起来，形成一个两公里长的环水区域，并沿着河岸设计了开放空间。绿化约占土地利用的30%。每个居民都可以享用10.5平方米的绿化空地。

曹杨新村的建设暂时缓解了大量工人缺乏住房的压力。然而，这一设计也给广大普通人群创造了一个"花园城市"，而它相对高的密度又区别于欧美城市的独栋、双拼或联排住宅区。1952年6月29日，一条公交线路延伸到曹杨。在新建的曹杨新村举行了庆祝大会，居民们和上海市副市长潘汉年出席了会议。居民们由衷地"感谢共产党和毛主席"，快乐地搬进了他们梦寐以求的房子。

曹杨新村被宣传为中华人民共和国的成就和典范。从1954~1990年，超过10万名外国客人访问了该地区。解决居住问题，向来是德政的象征。[47] 除了"劳模"工人外，其他行业或社会团体后来也迁入曹杨，包括教授、医生、工程师、基督徒和干部等。[48] 曹杨新村在20世纪50年代初建造时，欧洲城市正在进行大规模的战后重建，香港地区也正在修建大型安置性或公共住房。香港公有住房的标准和设计与同期上海的住宅发展恰好作了比较有趣的对比。[49]

新村的原型很快就传遍了上海和其他城市。从1952年开始，上海建造了2万户工人住宅，并在控江、鞍山、天山等地建设了几个职工新村。这些新村中，有的是市政府建设的，有的是国有企业组织建设的。大多数单位是为工人家庭建造的。20世纪50年代，工人住宅的标准是4平方米/人。一套有两间卧室的住宅通常分配给两个家庭，每个家庭有3~4人。中国传统是三代同堂，这些新工房显然只适合小型亲子家庭。

上海工人住房的设计主要由1956年正式成立的上海市民用建筑设计院承担。其总工程师陈植（1902~2002）和汪定曾都曾对住宅问题有深入的研究，持有现代主义的设计思想，希

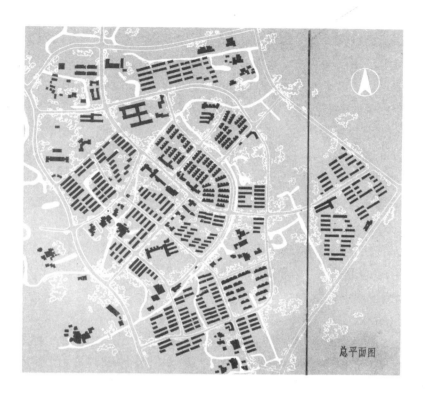

总平面图

图 2.11　上海市曹杨新村，1952 年

来源：中华人民共和国建筑工程部，中国建筑学会编辑 . 建筑设计十年 [M]. 中华人民共和国建筑工程部，1959

望通过建筑为底层人民谋取福利。[50] 关于上海的居住问题，陈植写道：

> 上海的居住建筑带有残酷的阶级烙印，一方面是少数洋商、买办、官僚、地主、资本家的花园住宅、高层公寓，现代化城市的一切设备，应有尽有。另一方面是一百六十万左右的劳动人民，被贫困所驱，住的是铁路两旁，或是四周荒地，或是靠近污水沟的小巷。他们为上海建造了多少高楼大厦，而他们自己住的是年久失修或早已该拆的危险房屋。他们为上海的高等住宅区载满了绿荫，而他们居住的地方为有害气体、工业废水包围……住宅建设是国民经济的组成部分之一，投资多，数量大，占地面积广，是关系着广大人民生活的一件大事。如何根据生产力发展的条件，尽可能地满足广大群众居住上的要求，如何随着生产力的提高逐步提高居住的标准，就是有关多快好省的关键性问题。[51]

为了解决住房短缺，在市政府的支持下，上海民用建筑设计院在住宅建筑设计方面发挥了主导作用，为上海工业的快速发展服务。1958 年，上海在离市中心 30 公里的卫星城闵行规划了机电厂。1959 年 4 月，随着施工的开始，设计团队日夜绘制蓝图。同年 10 月，31 栋大楼竣工，每栋楼高 4 ~ 5 层。底层包括餐厅、服装店、照相店、钟表店、收音机店、水果店、"冰室"、公共浴室、邮局、电影院和公园。上层为住宅，建筑面积为 1.49 万平方米。在计划经济体制下，商铺的设置由市政府协调安排，使居民能够获得日常生活所需的大部分服务。闵行街道呈现出一派欣欣向荣的宜人景象，吸引了大批工人在此定居。这个住宅项目为中国各地的卫星城树立了良好的榜样（图 2.12）。

图 2.12　上海市机电工业卫星城闵行一条街，1959 年

源：下图为林峰摄，2016 年

继 20 世纪 60 年代闵行一条街成功之后，设计团队在张庙设计了一条商业和住宅街，以服务于上海东北部的钢铁厂及其周围的地区。同时，民用院还为蕃瓜弄做了规划——这是苏州河沿岸的一个老棚户区，此前有 16000 名工人阶级（来自邻近省份的劳工和难民）居住在一块 6 公顷的土地上。蕃瓜弄于 1963 年被改建为一个现代化的居住村，有一排排 4～5 层的楼房，一个中央花园，绿树成荫，有电力、自来水供应，还有一个污水处理系统。这些居民是"被解放"的工人及其家属，他们以前生活在不人道的条件下。新建社区被广泛推崇为"光明的社会主义社会"和"黑暗罪恶的旧社会"之间对比的一个典型例子。[52]

与上海做法相呼应的是，北京市政府在西郊建设了新的住宅区。其中一个是 1953 年建成的百万庄小区。它由北京市建筑设计院总建筑师张开济参考苏联式的街区布局设计。[53] 作为政府干部的住所，它的标准比工人住宅区更高。建筑材料精挑细选，木质扶手和窗框至今质量完好。3～4 层楼高的红砖坡屋顶建筑环绕着庭院，中心是一片绿色的草坪和儿童游乐场。这一计划确保了中央花园的安静环境，以及一个友好、可防御的空间（图 2.13 和图 2.14）。

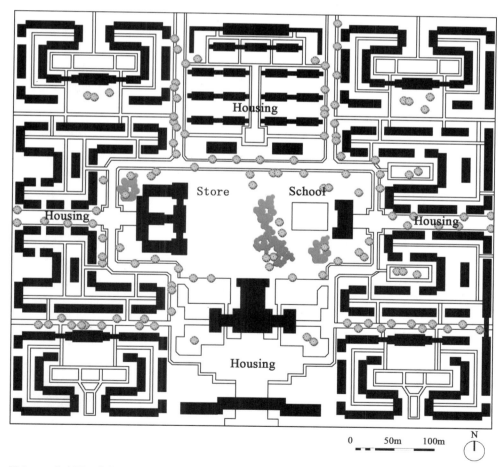

图 2.13　北京百万庄小区，1954 年

来源：臧鹏博士根据原图纸重绘

图 2.14　北京百万庄小区北区现状

来源：丁光辉摄，2016 年

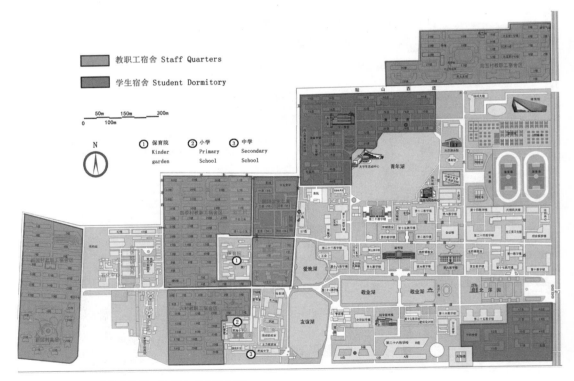

图 2.15　天津大学校园教职工和学生宿舍区分布

图 2.16 天津大学校园 20 世纪 50 年代教职工宿舍
来源：薛求理摄，2011 年

与此同时，天津和沈阳也在建新的工业基地。这些地方的住宅区规划，遵循相似的经济和功能原则，它们部分地受到"田园城市"的影响，部分遵循"大街坊"规划布局。在社会主义计划经济体制下，职工工资低，但享受国家提供的一系列福利服务，包括住房、儿童教育和公费医疗保障等。高等院校、科研院所等大型用人单位，承担了员工福利的大部分负担。这些单位为工人提供了大部分的生活必需品。在经济困难时期，设计院保留部分员工从事日常建筑设计，同时组织其他员工种菜或捕鱼。这种灵活的、自力更生的生产方式，是社会主义生产单位的特点之一。[54]

大学和研究机构通常位于郊区，拥有大片土地。比如，清华大学和天津大学就在自己校园内按照新村模式建造职工宿舍。天津大学于 1952 年建成教职员宿舍，1980 年以后又有更多的建筑建成（图 2.15 和图 2.16）。这些建筑大多朝南向，行列式布局，以接受更多的阳光。教职员工和学生宿舍的距离较近，便于教师与学生和学校事务密切接触。在清华大学，附属小学、幼儿园和市场也被安置在校园内。工作人员和他们的家人在市场上购买食品和其他日常用品。教师家属住在校园内，广泛利用学校的娱乐和体育设施，把校园视为自己的家。这种独特的"单位"模式与欧美国家的居住区有很大不同。

2.6　行政机构办公建筑

　　20世纪50年代，新的市政当局需要建立公共集会和其他仪式活动的设施——这种建筑被称为"（大）礼堂"或会堂，可以举行会议、公开演讲、表演和电影放映。1931年，广州孙中山纪念堂落成，创造了一个既有传统特色又有现代表演功能的原型。随后，共产党在延安也建了一座类似的但规模较小的礼堂建筑。革命成功后，西南大区政府在重庆也开始积极筹建城市会议厅。

　　1951年，四川建筑师张家德（1913~1982）提出了一个方案——可容纳4000人的礼堂呈圆形设计，直径44米，高55米，屋顶为三层琉璃瓦，像北京天坛（建于1530年）。[55] 与天坛和广州中山纪念堂不同，重庆市大礼堂周围有大型的附属建筑，使建筑群显得更加宏伟。当时西南地区领导人刘伯承、邓小平、贺龙等支持这一设计，并在一块占地6公顷的丘陵地带用钢制空间桁架建造（图2.17）。

　　重庆市大礼堂是最早被誉为"民族形式、社会主义内容"的建筑之一，成为重庆山地上的一颗明珠，可举办许多重要的会议和演出。除了大礼堂，张家德用相似的方法和风格设计了四川大学的主楼。类似的是，1955年，北京、上海在苏联专家的帮助下建成了中苏友好大厦（图2.18和图2.19）。随后，中国建筑师参照这两个建筑，分别在广州和武汉也建造了类似

图2.17　1954年重庆市大礼堂

来源：薛求理摄，2016年

图 2.18　北京中苏友好大厦，1955 年

来源：丁光辉摄，2017 年

图 2.19　上海中苏友好大厦，1955 年

来源：薛求理摄，1985 年

大楼。大厦的功能是举办展览和会议，但设计手法都源自奢华的俄罗斯宫殿，为官方建筑的威权开创了样板。

20 世纪 50 年代中期，资本主义企业基本被消灭，社会主义改造成功，人们认为共产主义在中国可以很快实现。1958 年发起的"大跃进"，力图将中国从落后的农业国尽快转变为先进的工业化国家，但这一目标却难以一蹴而就。[56] 1958 年 8 月在北戴河召开的中共中央政治局扩大会议，决定了两大目标：在农村建立人民公社，在北京完成一系列宏伟的地标性建筑。人民公社将集体农业制度化，而标志性建筑是政治议程的醒目宣言。这两个目标都是从共同的激励中产生的，鼓励和加快社会主义建设。

1959 年，首都"十大建筑"的建成，是庆祝中华人民共和国成立十周年而构思的献礼项目，也是北京旧城中心景观改造的一部分。[57] 作为中国社会主义伟大建设成就的一个体现，这一工程具有巨大的政治和文化意义。在决定建造这些建筑不久，政府从各大设计院和建筑院校调动了许多设计人员，邀请他们提交设计方案或提供咨询。这种难得的机遇吸引了大批建筑师，他们渴望运用专业知识来表达对国家的奉献。

在这些宏伟建筑建成之前，首先是规划在北京市中心的天安门广场——从东到西宽 500 米，南北长 800 米。场地上原有许多旧建筑被彻底清理重建，最多可让 100 万人聚集游行、举办节日庆典。天安门广场成为当时世界上最大的公共广场（图 2.20）。

在"十大建筑"中，在天安门广场西侧的人民大会堂无疑是最引人注目的，因为它象征着党的领导和人民的期望（图 2.21）。[58] 在征集计划的一个月内，北京 34 家设计院和来自全国各地的多名设计人员和建筑专业学生为此次竞赛提交了 84 份方案和 189 个立面图。[59] 最初，拟建大楼的功能相当模糊，只涉及容纳 1 万人的礼堂、5000 人的宴会厅和一些办公室。这种

图 2.20　1959 年，北京天安门广场
来源：中华人民共和国建筑工程部，中国建筑学会编辑 . 建筑设计十年 [M]. 中华人民共和国建筑工程部，1959

图 2.21　1959 年，北京人民大会堂
来源：中华人民共和国建筑工程部，中国建筑学会编辑．建筑设计十年 [M]．中华人民共和国建筑工程部，1959

概括性的描述给设计师留下了很大的想象和猜测空间。时任北京市委副书记刘仁在研究了这些要求并亲自考察现场之后，觉得此前公布的 7 万平方米的建筑面积要求，不能容纳拟议中的功能，其规模也不能充分体现领导人设想的宏大。后来，刘仁在没有告知其他入围建筑师的情况下，指示北京规划局的建筑师扩大建筑规模。[60]

　　在下一阶段的方案比选中，清华大学毕业的青年建筑师陶宗震（1928～2015）与其北京市规划管理局的技术领导赵冬日（1914～2005）、沈其合作，提交了一份大幅修改的方案。[61]与其他方案不同的是，这个新方案的建筑面积为 17 万平方米，比紫禁城的总建筑面积还要大。不管是好是坏，这个设计都有独特的吸引力。毫无疑问，它体现了建筑师对政治的非凡敏感性和对上级领导人思想的洞察力。然而，这个获胜方案在思想上和实践上都提出了许多挑战。

　　一方面，建筑学家梁思成提出了强烈的批评，他认为这种融合了西方古典建筑语言的折中设计方式，绝不适合表达社会主义社会的新精神。让他担心的是，立面只是放大了基本的建筑元素，而没有考虑人的感受。他的批评得到了陈植、赵深、吴景祥、黄作燊、冯纪忠、谭垣等专家的呼应，他们都是上海备受尊敬的建筑师。这六位建筑师向周恩来总理提交了一份联合声明，表达了他们对这一设计的非人性的关注和反对。[62]

　　另一个问题是，突然扩大的项目规模不仅需要大量增加投资、材料、劳动力和施工设备，而且还带来了复杂的结构和机械挑战。更重要的是，政府要求在 1959 年 10 月 1 日，即中华人民共和国十周年国庆日之前的 11 个月内建成大会堂。对于设计师、建设者和施工经理来说，

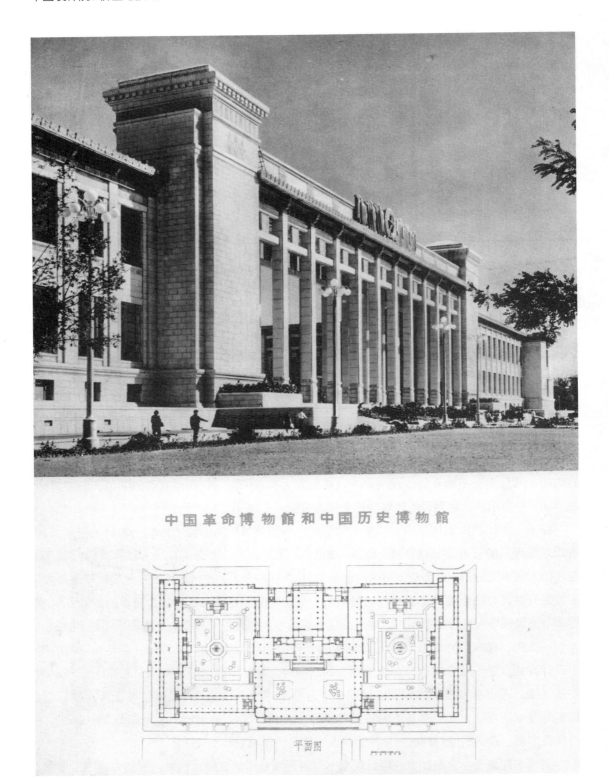

图 2.22　北京部分"十大建筑"，中国革命历史博物馆，张开济等设计

来源：中华人民共和国建筑工程部，中国建筑学会编辑．建筑设计十年 [M]．中华人民共和国建筑工程部，1959

图 2.23　北京部分"十大建筑"，北京火车站，陈登鳌、杨廷宝等设计
来源：中华人民共和国建筑工程部，中国建筑学会编辑 . 建筑设计十年 [M]. 中华人民共和国建筑工程部，1959

这个期限似乎是一项不可能完成的任务。

　　就设计的争论而言，党的高级领导人，特别是周恩来总理、万里（北京市副市长）和"十大建筑工程"执行者的直接干预，对工程的正式定位起到了决定性作用。周恩来认为，所有的精华，无论是中国的、西方的、古代的还是现代的，都可以被采纳。这一主张含蓄地支持了折中主义美学，并解决了争端。

　　为确保工程如期完工，政府从全国各地挑选了数万名技术娴熟的建筑工人，从 23 个省份的工厂订购材料和部件。建筑工地一周七天，昼夜不停地运转，即使是在新年和春节假期也如常开工。人民大会堂长 340 米，有 1 万个座位，礼堂大厅有两层挑台，跨度 76 米，没有柱子，上面覆盖着钢桁架屋顶。内部安装了最先进的建筑设施，包括照明、空调、音响和一个用于同声翻译的耳机系统。在建造这个巨大的室内空间的过程中，满堂竹脚手架完全覆盖了整个大厅，直至天花板。本着"共产主义大合作"精神，所有参与的施工队在 11 个月内高效地完成了这些伟大的建筑，实乃建筑界的奇迹。一批工人和工程领导者因表现突出而被授予"劳动模范"的称号。

　　"十大建筑"的建造显示了共产主义国家为实现其政治议程而分配和调动设计资源、材料和劳动力的决心和能力。在各种资源稀缺、建筑资源配置极不均衡的时期，这种伟大工程常常被称赞为社会主义优越性的体现，即集中力量完成重大项目的能力。这种集中国家优势力量的出击，使北京从一座有着千年历史的古城变成了一座现代化的首都（图 2.22 和图 2.23）。在中国文化传统中，宏大和雄伟一向被尊为皇家宫殿的建筑原则，以体现政府的强大权力。紫禁城和历代皇宫的规模展现了雄伟的尺度。这一传统在坚持人民当家做主的社会主义计划经济条件下，得到了另一种体现。

注释

1 李沉 . 陈登鳌忆毛主席和周总理 [G]// 马国馨主编 . 建筑中国六十年 事件卷 1949-2009. 天津：天津大学出版社，2009，282-283. 陈登鳌（1916-1999），江苏无锡人，生于上海。1937 年毕业于上海沪江大学建筑系。1937-1948 年在上海及南京从事建筑设计工作。1949 年之后在建筑工程部北京工业设计院先后任工程师、设计组长、副主任工程师、副总工程师、援外工程专家组总建筑师，院副总建筑师、顾问总建筑师。

2 张钦楠 . 五十年沧桑：回顾建筑设计院的历史 [G]// 杨永生 . 建筑百家回忆录 . 北京：中国建筑工业出版社，2003：100-106.

3 《建筑创作》杂志社、天津大学出版社编著 . 建筑中国六十年 - 机构卷 [M]. 天津：天津大学出版社，2009.

4 Thomas Kvan, Liu Binyan, Jia Y. The Emergence of a Profession：Development of the Profession of Architecture in China[J]. Journal of Architectural and Planning Research，2008，25（3）：203-220. Rowe P. G., Wang B. Formation and Re-formation of the Architecture Profession in China：Episodes，Underlying Aspects，and Present Needs//Alford W P，Kirby W，Winston K. Prospects for the Professions in China[A]. Oxford：Routledge，2011：257-282.

5 中华人民共和国成立前设计事务所数量信息来自多个信息源，例如：《建筑创作》杂志社、天津大学出版社编著 . 建筑中国六十年 - 机构卷 [M]. 天津：天津大学出版社，2009. 赖德霖，王浩娱，袁雪平，司春娟 . 近代哲匠录：中国近代重要建筑师、建筑事务所名录 [M]. 北京：中国水利水电出版社，知识产权出版社，2006.

6 根据王浩娱的研究，二战与国共内战期间，有 67 位著名建筑师前往香港躲避战火。Wang, Haoyu. Mainland architects in Hong Kong after 1949：A Bifurcated History of Modern Chinese Architecture[D]. The University of Hong Kong，2008.

7 陈明显编 . 新中国五十年 [M]. 北京：北京理工大学出版社，1999.

8 同 7，14.

9 国家统计局，国家统计局社会统计司 . 中国劳动工资统计资料 1949-1985[M]. 北京：中国统计出版社，1987：26-27.

10 中国人民政治协商会议第一届全体会议 . 中国人民政治协商会议共同纲领 [M]. 北京：人民出版社，1952：3.

11 马立诚 . 大突破：新中国私营经济风云录 [M]. 北京：中华工商联合出版社，2006.

12 娄承浩等 . 陈植：世纪人生 [M]. 上海：同济大学出版社，2013：119-120.

13 同 12.

14 比如，1951 年，来自上海的建筑师董大酉被邀请担任西北建筑设计公司负责人，月薪 1200 多元，那时公司总经理才 300 多元。在生活方面，公司提供一套四合院供其一家居住，安排有南方厨师专门负责饮食，并有男女工友各一人照顾他们的起居，还享用公司唯一一辆汽车。王元舜 . 口述历史：杨家闻先生的回忆 [J]. 建筑技艺，2013（01）：250-253；王元舜 . 大行政区制度背景下董大酉在西北建筑设计公司建筑实践初探与思考 [J]. 时代建筑，2018（05）：34-37.

15 20 世纪 80 年代中期，在全国范围内颁布了类似的对设计事务所进行分类的制度。Hu Xiao. Reorienting the Profession：Chinese Architectural Transformation between 1949 and 1959[D]. Lincoln：University of Nebraska，

2009：78-80.

16　1952 年的"三反"主要集中在政府官员身上，涉及反贪污、反浪费、反官僚主义。"五反"以私营工商业者为重点对象，涉及反行贿、反偷税漏税、反盗骗国家财产、反偷工减料、反盗窃国家经济情报。孙瑞鸢.三反五反运动 [M]. 北京：新华出版社，1991.

17　据建筑工程部编制的 1952 年企业单位目录记载，当年中国建筑业具有编号的企业仅有 62 家。国家统计局. 建筑业持续快速发展，城乡面貌显著改善——新中国成立 70 周年经济社会发展成就系列报告之十 [EB/OL]. http://www.stats.gov.cn/tjsj/zxfb/201907/t20190731_1683002.html. [2019-7-31].

18　T. J. Hughes, D. E. T. Luard. The Economic Development of Communist China 1948-1958[M]. London, New York and Toronto：Oxford University Press, 1959：84.

19　国家统计局社会统计司. 中国劳动工资统计资料 1949-1985[M]. 北京：中国统计出版社，1987：26-27.

20　刘秀峰（1909-1971），曾任中华人民共和国建筑工程部部长。袁镜身（1919-2010），曾任北京工业建筑设计院院长。林西（1916-1993），曾任广州市负责城市建设的副市长。刘玉奎、袁镜身等 编著. 刘秀峰风雨春秋 [M]. 北京：中国建筑工业出版社，2002. 袁镜身. 建筑漫记 [M]. 北京：中国建筑工业出版社，1991. 谢宇新，陈小鹏，林和平. 忆林西：献给向绿色生态追梦的前辈 [M]. 广州：广东人民出版社，2016.

21　华东建筑设计研究总院、《时代建筑》杂志编辑部. 悠远的回声——汉口路 151 号 [M]. 上海：同济大学出版社，2016.

22　关于华东建筑设计院的段落信息来源于：金瓯卜. 全国第一家国营建筑设计院成立情况 - 庆贺华东建筑设计院成立五十周年 [G]// 杨永生. 建筑百家回忆录. 北京：中国建筑工业出版社，2003：107-110.

23　建筑工程部是隶属于国务院的部级机构，主管建筑工程等工作，各省市设建筑工程局，归建筑工程部领导。

24　同 22，107.

25　关于苏联设计院的资料，俄语文献，И.А. Казусь. Советская архитектура 1920-х годов：организация проектирования. - М.：Прогресс-Традиция，2009. [I.A. Kazus. Soviet Architecture of the 1920s：Design Organization[M]. Moscow：Progress-Tradition, 2009.] 作者感谢俄罗斯学者 Karina Hasnulina 博士提供的资料。

26　David Bray. Social Space and Governance in Urban China[M]. Stanford：Stanford University Press, 2005.

27　沈志华. 苏联专家在中国 [M]. 北京：新华出版社，2009.

28　沈勃. 回忆建筑设计院创建岁月 [G]//《建筑创作》杂志社、天津大学出版社编著. 建筑中国六十年 1949-2009. 事件卷. 天津：天津大学出版社，2009：351-358.

29　王栋岑. 北京建筑十年 [J]. 建筑学报，1959（Z1）：13-17.

30　北京市建筑设计研究院成立周年纪念集编委会编. 北京市建筑设计研究院成立 50 周年纪念集 [M]. 北京：中国建筑工业出版社，1999：42.

31　周荣鑫. 深入开展建筑界的反右派斗争 [J]. 建筑学报，1957（09）：1-4.

32　在"三反"和"五反"运动之前，建筑教育工作者被允许私下或公开地从事实践活动。此后，许多教育工作者与自己所在的大学或其他公共部门合作完成建筑设计项目。薛求理. 中国特色的建筑设计院 [J]. 时代建筑，2004（01）：27-31. 肖毅强，陈智. 华南理工大学建筑设计研究院发展历程评析 [J]. 南方建筑，2009（05）：10-14.

33 设计专业人员的专业资格和职称包括助理工程师、工程师、高级工程师和教授级高级工程师。20 世纪 50 年代中期以后，没有"建筑师"这个头衔，只有"工程师"头衔。

34 因为一切都属于国家，所以工作人员没有必要互相监督。这在当时或许不会影响建筑工程质量，但是 20 世纪 90 年代市场经济逐步建立时，建筑师不负责监督工程实施，而由第三方来负责项目监理，给工程项目质量带来问题。21 世纪 10 年代政府重新建立建筑师负责制，试图让建筑师承担更大的责任，包括项目建造的监督权。张钦楠 . 五十年沧桑：回顾建筑设计院的历史 [G]// 杨永生 . 建筑百家回忆录 . 北京：中国建筑工业出版社，2003.

35 陈晋编 . 毛泽东读书笔记精讲 [M]. 南宁：广西人民出版社，2017；毛泽东 . 毛泽东选集，第五卷 [M]. 北京：人民出版社，1977，479；并参考了朱阳、郭永钧主编 . 毛泽东的社会主义观 [M]. 北京：人民出版社，1994：242-244.

36 毛泽东 . 毛泽东选集，第三卷 [M]. 北京：人民出版社，1953：254.

37 董志凯，吴江 . 新中国工业的奠基石：156 项建设研究 [M]. 广州：广东经济出版社，2004，211.

38 毛泽东时期打下的物质基础对近几十年的改革开放具有战略意义，Y. Y. Kueh. China's New Industrialization Strategy：Was Chairman Mao Really Necessary?[M]. Cheltenham and Northampton, MA：Edward Elgar, 2008.

39 从 1932 年至 1945 年，长春是日本统治下的满洲国首府。有关长春的现代建筑，Edward Denison, Guangyu Ren. Ultra-Modernism：Architecture and Modernity in Manchuria[M]. Hong Kong：Hong Kong University Press, 2016.

40 韦拉，刘伯英 . 从"一汽""一拖"看苏联向中国工业住宅区标准设计的技术转移 . 工业建筑，2019（7）：30-39；韦拉，刘伯英 . 从"一汽""一拖"看从美国向苏联再向中国的工业技术转移 . 工业建筑，2018，48（8）：23-31.

41 王华彬（1907—1988）福建福州人，1927 年毕业于清华学校庚款留学生预备班，赴美国欧柏林大学留学，在宾夕法尼亚大学建筑系进修获硕士学位。1933 年回国，在上海市中心区域建设委员会建筑师办事处任助理建筑师，董大西建筑师事务所建筑师。1937—1948 年先后担任沪江大学和之江大学教授，并首任之江大学建筑系主任，1945 年在上海中央信托局任总建筑师，1952 年在华东建筑设计公司工作，先后任华东工业建筑设计院总工程师、北京工业建筑设计院总工程师、中国建筑科研研究院总工程师。娄承浩，薛顺生编著 . 历史环境保护的理论与实践——上海百年建筑师和营造师 [M]. 上海：同济大学出版社，2011：94-96

42 王华彬 . 我们对东北某厂居住区规划设计功过的检查 [J]. 建筑学报，1955（02）：20-23.

43 Gangyi Tan, Yizhuo Gao, Charlie Q. L. Xue & Liquan Xu. "Third Front" Construction in China：Planning the Industrial Towns during the Cold War（1964–1980）[J]. Planning Perspectives,（2021）, DOI：10.1080/02665433.2021.1910553

44 毛泽东 . 毛泽东选集，第五卷 [M]. 北京：人民出版社，1977.

45 关于新村研究，《时代建筑》专刊，2017 年第 2 期。如李颖春 . "新村"一个建筑历史研究的观察视角 [J]. 时代建筑，2017（02）：16-20.

46 汪定曾（1913-2014）1935 年毕业于上海交通大学，获得土木工程学士学位，并于 1938 年在伊利诺伊大学香槟分校获得建筑学硕士学位。战争期间，他在重庆一家银行的房地产办事处工作。抗日战争结束后，他回到上海，在市政府工作，签发建筑许可证，并为上海制定总体规划。1950 年任上海市规划委员会副主任，后来任上海民用建筑设计院的总建筑师。上海建筑设计研究院编 . 建筑大家汪定曾 [M]. 天津：天津大学出版社，2017.

47　关于香港地区的公屋建设，薛求理 . 营山造海——香港建筑 1945-2015 [M]. 上海：同济大学出版社，2015；Leung Mei-yee. From Shelter to Home：45 Years of Public Housing Development in Hong Kong[M]. Hong Kong Housing Authority，1999.

48　关于曹杨新村，孙平主编 . 上海城市规划志 [M]. 上海：上海社会科学出版社，1999；杨辰 . 从模范社区到纪念地——一个工人新村的变迁史 [M]. 上海：同济大学出版社，2019.

49　20 世纪 50 年代，香港地区政府为难民建造大量临时住宅，这些住宅大楼七层高，H 形状，每个成人可配的面积为 2.23 平方米，比大陆的标准低。Charlie Q. L. Xue，Hong Kong Architecture 1945-2015：From Colonial to Global[M]. Singapore：Springer，2016.

50　陈植、赵深和童寯三人皆毕业于美国宾夕法尼亚大学，20 世纪 30 年代在上海开设华盖事务所。娄承浩、陶玮珺 . 陈植 [M]. 北京：中国建筑工业出版社，2013.

51　同 50，61.

52　蕃瓜弄的情况，部分源自作者的调查，部分来自匆匆客 . 从苦难中重生，蕃瓜弄的变迁 [EB/OL]. 文学城，http：//www.wenxuecity.com/blog/201510/68128/200216.html. [2016-08-28].

53　张开济（1912-2006），1935 年从南京中央大学毕业，战争期间在重庆和上海的多家设计公司工作。20 世纪 50 年代初加入国有设计院后，他用了十年时间在北京设计了许多重要建筑。社会主义建设高潮给他的职业生涯提供了宝贵机会。

54　天津市建筑设计院的个案，源自《建筑创作》杂志社、天津大学出版社编著 . 建筑中国六十年 - 机构卷 [M]. 天津：天津大学出版社，2009.

55　20 世纪 30 年代，张家德从中央大学建筑工程系毕业，他的老师谭桓、陈植、童寯等 20 年代主要在宾夕法尼亚大学学习，他对中西古典建筑的训练来自中央大学和他的导师杨廷宝（1900-1983），在战争期间和战后，他一直在四川省工作。陈静，陈荣华 . 经典是怎样炼成的——记重庆市人民大礼堂光荣诞生 [J]. 重庆建筑，2019，18（10）：9-16.

56　Frank Dikötter. Mao's Great Famine：The History of China's Most Devastating Catastrophe，1958-62 [M]. London，Berlin and New York：Bloomsbury，2010.

57　曲万林 . 1949—1959 年国庆工程及经验启示 [C]// 张星星主编 . 当代中国成功发展的历史经验：第五届国史学术年会论文集 . 北京：当代中国出版社，2007：280-289.

58　Hung Chang-tai. Mao's New World：Political Culture in the Early People's Republic[M]. Ithaca，N.Y.：Cornell University Press，2011. 从晚清始，慈禧就有建大会堂的念头，一直到民国也未能实现。张复合 . 中国第一代大会堂建筑——清末资政院大厦和民国国会议场 [J]. 建筑学报，1995（5）：45-48.

59　关于大会堂的建设过程，朱涛 . 大跃进中的人民大会堂 [J]. 建筑文化研究，2012（1）：92-152.

60　赵冬日于 1941 年毕业于东京早稻田大学，负责人民大会堂和新天安门广场的深化设计工作。他在 20 世纪 40 年代就和刘仁有工作关系，在工作上受到刘仁的大力支持。而赵在北京院的同事张镈，同样在人民大会堂的设计建造中起到了举足轻重的作用。张镈于 1934 年毕业于中央大学建筑系，经过在北平（北京）、天津、南京、重庆、广州与香港等地近二十年设计实践，对建筑设计和结构工程有了深刻的认识，在人民大会堂项目中他所设计的万人大会堂和五千人宴会厅都具有良好的空间感。张镈 . 我的建筑创作道路 [M]. 北京：中国建筑工业出版社，1994.

61 关于陶宗震的初步方案设计，陶宗震口述，王凡整理 . 天安门广场规划和人民大会堂设计方案是怎样诞生的 [G]// 王兆成主编 . 历史学家茶座 2 第 5-8 辑合订本 . 济南：山东人民出版社，2010.

62 娄承浩、陶玮珺 . 陈植：世纪人生 [M]. 北京：中国建筑工业出版社，2013.

第3章
标准规范与设计写作：设计院的知识流动

场景：1960 年，建筑工程部北京工业建筑设计院建筑师朱恒谱被调到院内技术管理室，此前，他曾因"政治"问题被免去了留学苏联的资格、调离设计一线，进而下放四川。20 世纪 60 年代初，由于国家面临严重的经济困难，设计院没有太多的生产任务，总建筑师林乐义建议编写一套建筑设计常用的《建筑设计资料集》，一来可以消化一部分技术力量，二来为建筑行业做些贡献，把任务分配给了技术室，并组织一组人由林乐义直接指挥，从 1960 年一直干到 1966 年，在"文革"之前出版了第一集总类部分。朱恒谱回忆说："林乐义回国的时候，自己带了一大批书，我们整理资料集的时候，非常有意思的是，他每天来的时候都有新主意、新想法，这个老头真聪明，真是厉害。后来跟他熟了以后，到他家里去才知道，他家里有一屋子的国外专业书籍，包括这一类的百科全书，他晚上回去看一点什么内容，来了就说给我们，听起来就是新东西。"资料集的编写过程充分体现了设计院的工作模式：明确的"金字塔式"组织管理方式，总建筑师挂帅，中青年建筑师全力以赴；广泛邀请国内专家审阅把关；这是一种集体劳动的结晶，同时隐含了个人的卓越才华。可以说，这套工作模式一直沿用至今，各地设计院组织编写的各类标准、规范、导则、手册等，作为一种"流动"的知识，有效促进了建筑行业的发展和提升。[1]

场景：1980 年以后，我开始向《世界建筑》《建筑师》《新建筑》和《建筑学报》等杂志投稿，也帮助陆轸、戴复东和其他老师整理书稿。文字必须誊写在绿色稿纸上，每页 500 格，因为没有复印，所以一般用复写纸，一式两份。图必须用墨水画，图上文字，用铅笔写。这些图到了杂志社和出版社，编辑会按比例缩小，钢笔写仿宋字，或贴字上去。如果是文字和墨线图，制成的是锌版，如果有照片，则照片部分是铜版。如果是彩色的，则需要四个版。在没有电脑的岁月里，建筑知识的生产是手工和原始的。因为建筑知识生产的局限，印刷作品数量有限，有限的印刷品，如《建筑设计资料集》，在行业里产生了较大的权威性，成为当时的"天书"。（薛求理）

自成立伊始，国有设计院负责设计工业厂房、居住区、办公楼、学校、医院等各类重要建筑，除此之外，设计院建筑师还参与制定标准设计图纸，撰写《建筑设计资料集》、编制标准规范、发表专业文章等任务。这些看似在设计主业之外的活动具有一个共同的特征：它们都是关于建筑的表达或再现方式，是一种媒介，而非建筑本身，其目的在于打破单位和地域限制，确保设计知识在更大范围内流动和传播。

知识流动是指组织内部或组织之间进行知识、经验交换，以达到知识扩散、积累或共享目的。这一概念初步描述了知识流动的主体（设计院、建筑师、官员、编辑等）、过程（绘图、写作、开会交流、出版）及功能（通过出版进而扩散、积累及共享知识成果），以便更好地影响业界和同行。[2]

设计院编撰的各种标准图集、设计规范、资料集等技术文件都是一种集体知识的结晶，其目的在于促进知识的流动，提高设计质量，惠及整个建筑行业。标准图集是一种替代性的、可以立即复制使用的现成图纸，其效果比较直接，便于快速解决大规模建设过程中的效率低下问题并保证一定的技术水准；资料集是一种图文并茂的指导性纲要，技术人员稍加变通就可以应用到各类项目设计当中；当建筑师没有太多设计经验时，资料集收集的案例和做法可以给予直接启发。设计规范以语言文字的方式提供了柔性的、弹性的边界或明确了不可逾越的"底线"，以便保证建筑物的安全、适用。[3]中国幅员辽阔，在很长时期内，建筑技术人员远不足以应付各地量大面广的工业和民用建筑任务。在这种情况下，标准设计和资料集就起到了及时的规范和指导作用。[4]

除了这种集体的协作，设计院还生产出另一种流动的知识——建筑师个人发表的各类文章，这类写作通常是总结性的、启发式的。虽然不会有立竿见影般的行业影响，但是有助于促进个人实践反思以及建筑文化的凝练。建筑师的个人文章著作权（署名）是国有设计院的一个显著特征，这区别于国内外私人设计公司。建筑师的设计写作可以"将个人经验和知识转化为能够用语言、文字、图形、图像描述的内容，从感性知识提升为理性知识，将经验转变为概念"，将隐性知识转化为显性知识，从而启发更多人，发挥实用价值。[5]

3.1　倡导标准设计

除了创作个性化、标志性建筑以外，设计院还参与另一种建筑设计任务——大量的工业厂房、普通住宅、宿舍和办公楼。前者追求艺术性、象征意义以及独特的空间造型，后者需要在较低造价的情况下解决使用空间的有无问题。面对"一五计划"对建造环境的迫切需求，以及基本建设资金的紧张局面，社会上对标准设计有强烈的呼声。一方面，这是本土现实条件的客观需要；另一方面，也与苏联等国家的探索实践有关。作为计划经济模式的产物，标准设计成为政府控制建筑资源分配的一种有效手段。[6]

早在1952年，东北工业基地的建设便率先呼吁大力开展标准设计，以便加快施工进度，同时节约投资。[7]1953年，曹言行在《科学通讯》期刊上撰文介绍苏联建筑工程发展的方向——设计标准化、材料工厂化、施工机械化。[8]他不但指出标准化、工厂化和机械化的好处——降低施工成本、加快建造进度、提高设计质量，而且认为这些实践不会降低建筑的艺术性，反而有助于建筑师发挥创造性——建筑师可以在现有的标准库里认真挑选反复组合创作，进而提高艺术水平。在实际工作中，作科学研究和标准设计的建筑师与作实际设计的建筑师通力合作，共同解决问题。他在文中呼吁道：

苏联在建筑上所走的道路也是我们中国在建筑上所要走的道路；苏联在建筑上关于设计、材料、施工的发展方向，就是我们中国建筑的发展方向。如果我们能很好地掌握这个方向，那么我们所走的弯路就会少些，中国的建筑事业就会发展得更快一些。[9]

在"一边倒"学习苏联的时候，双方的人员往来、中方的出版翻译工作引进、推广了苏联先进的建筑设计和施工经验。1954 年 2 月，建筑工程部设计总局在北京召开全国标准设计会议。建工部副部长万里提出，统一认识、交流经验、学习苏联、提高技术水平，做好标准设计。建工部工业及城市建筑设计院副院长汪季琦作了《三年来的标准设计工作报告》，指出标准设计还处于开始学习编制和应用阶段。1952 年，北京、东北、华北、中南、西南和中央设计院先后编制了标准设计。1953 年利用标准设计的施工面，东北地区占 34%，华北地区占 22.64%，缓和了设计赶不上施工的矛盾。建工部设计局局长秦仲芳在会议报告中强调，克服独创一格、标新立异的思想障碍，动员建筑师、工程师做好标准设计这项工作。[10]

随后，《建筑学报》开始密集发表关于标准设计的论文。[11] 1955 年第 2 期，它刊登了国际建筑师协会执行委员、波兰建筑师海伦娜·锡尔库斯（Helena Syrkus）关于标准设计的报告，说明了当时建筑界对标准设计的兴趣与重视。这是因为无论是西欧资本主义国家如荷兰、法国等，东欧的社会主义国家如苏联、波兰和东德，抑或是中国，都面临着战后大规模的住宅重建任务。这也是住宅设计强调标准化的社会背景。锡尔库斯在报告中指出：

对标准设计的原则是完全不能否定的，同时也不可以对当前的必要性加以丝毫怀疑。恰恰相反，这是我们这一领域内的创造性工作不可缺少的一项，因为它就是住宅工业化的前提。建筑师的习惯可能使他们偏向个别设计，但是绝大部分的住宅必须用大量工业化的方法来建造。[12]

她同时引用法国建筑师奥古斯特·佩雷（Auguste Perret）的话来反驳这样的观点——建筑的标准化、规格化和工业化会消减建筑艺术的特点，并使得建筑师成为无用之人。与这篇报告同期刊登的还有一篇文献——中国建筑学会代表团团长沈勃和团员戴念慈撰文介绍 1955 年 6 月德意志民主共和国建筑师协会第二次全国代表大会的情况。会上，苏联建筑师缅任采夫介绍了自己负责的莫斯科西南区建设，并认为要完成大量的设计，必须采用标准设计。[13]

1955 年 6 月至 8 月，建工部设计局各工业建筑设计院编制完成了民用建筑方面的住宅、宿舍和办公楼的定型设计，在此基础上又进行了标准设计，包括 3～4 层的住宅设计，3～4 层长中短三种直线型宿舍，容纳 300 人、500 人及 800 人的食堂，以及容纳 400 人和 700 人的办公楼。方案分别考虑平屋顶、坡屋顶、温水集中供暖、蒸汽集中供暖以及楼梯、楼板等构件的预制等不同情况。[14] 同年 8 月，《建筑学报》第 1 期介绍了一种降低标准后二区住宅的定型设计。[15] 在论文的开头，建工部北京工业建筑设计院的建筑师李椿龄写道：

近年来，标准设计工作在学习苏联先进经验和帮助完成国家的建设任务方面，是获得了一定成绩的。但是，由于唯心主义的设计思想，盲目的搬用苏联最新的建筑标准，严重的追求形式，对劳动人民生活不深入体验闭门造车的结果，以往的 301，302 住宅设计，远远脱离了现实的国家经济条件与劳动人民的生活水平，浪费了国家的投资，而且使很多盖成的房子，不适合劳动人民的需要，劳动人民常常住不起。[16]

尽管上述这段话批评所谓的 301，302 住宅设计脱离了实际情况，但是没有指出 301 和 302 住宅到底是什么样子。这里或许可以推测，由华东工业设计院规划设计的东北一汽宿舍区住宅在许多层面与上述提到的案例相接近。一汽宿舍区规划采用苏联当时流行的大街坊模式，建筑物沿着道路四周布置，用地中央形成大面积的绿地和公共服务设施，在街区层面形成完整的城市形象，在单体层面，采用内楼梯模式，一个楼梯间服务 2~4 户或更多，人均居住面积 4.5 平方米、6 平方米、9 平方米不等。为了塑造高低起伏的建筑群体形象，建筑转角处设置高耸的飞檐阁楼，同时采用简化版的传统建筑的装饰元素、纹样和图案，如台基、栏杆、斗栱、漏窗、藻井、飞檐、脊吻等，以塑造富有传统特色的形式语言。这种设计模式不但出现在长春，而且被应用到其他新兴工业厂区，如洛阳第一拖拉机厂，所带来的后果就是上文所指出的浪费现象以及不适合广大群众的实际需要。

为了避免这些问题并严格落实 1955 年中央提出的"坚决降低非生产性建筑的标准"，李椿龄提出了一种简化版的 55-6 二区标准住宅设计图，其基本特征是：7 开间，面宽 23.2 米，进深 10.4 米，层高 3 米，内走廊布局，楼梯居中，厨房和厕所位于走廊两端，屋顶采用苏联式人字屋架，地面是现浇钢筋混凝土楼板，四坡陶瓦屋顶，砖砌檐口，清水砖墙，水泥勒脚，木门木窗，红墙青顶或红顶青墙（图 3.1）。优点是：设备集中、干扰少、造价低，可以灵活组合成街坊式布局。

单纯从平面上来看，这一版定型设计确实满足了节约投资的国家政策，但是在建筑师丁宝训看来也存在几个问题，比如，居住条件拥挤，卫生较差，几户合用厨房和厕所，十分不方便，平面难以改造以适用于未来改善居住环境，过道狭窄，卫生间紧张，单体组合成群体之后，整体比例失当，艺术效果不够理想。[17] 所有这些问题，丁宝训认为，是建筑师片面追求降低造价、过分追求提高建筑系数（K 值 = 居住面积 / 建筑面积）的结果，同时忽视了对 5 开间或 6 开间单元的研究。为此，他提出一套 305 住宅设计，以适应一般高级干部的使用要求。305 住宅面阔 5 间，一梯两户，厨房和厕所均是独立分布，互不干扰，同时在外观装修和内部建造方面与 303 住宅基本一致，造价并没有太大区别（图 3.2）。

需要指出的是，305 住宅方案是对 303 住宅的一种补充，而非替代，因为它的大户型设计是针对高级干部家庭，并没有解决广大普通工人拥挤的居住状况。为了解决 303 住宅的一些缺点，上海市民用建筑设计院建筑师徐之江做了一些改进，其主要改动之处在于厨房和厕所的位置分布——重新把二者放在楼梯间两侧，调整了灶台、水龙头、桌面、便池的具体位置，以便更好地通风和采光，并降低层高至 2.8 米，但是仍然保持了内走廊式布局。[18]

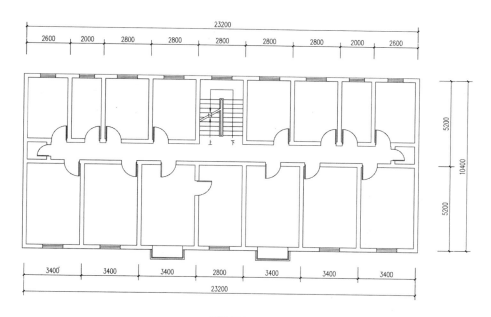

方案2：$\dfrac{居住面积\ 147㎡}{建筑面积\ 248㎡} = 59\%$

图 3.1　李椿龄，一种简化版的 55–6 二区标准住宅设计

来源：《建筑学报》，1955 年第 1 期，第 96 页，范青楠重绘

1955 年 12 月，建筑工程部城市建设局开展城市住宅和宿舍的标准设计全国性比选，大部分所入选的方案依然是内楼梯布局。针对这种局面，北京市建筑设计院总建筑师华揽洪构想了另一种替代式方案——多层小户型外走廊布局，并于同年 11 月在北京右安门建造了甲乙两种户型的实验性住宅。[19] 在总体造价和人均居住定额面积（4 ~ 4.5 平方米）不变的情况下，外廊式住宅具有以下优点：1）在一居室和两居室之间增加了 1.5 居室的中间选择；2）每一户至少有一个房间有良好的日照采光；3）房间有穿堂风；4）在合用厕所和浴室的同时，保证每户有独立的（尽管很小）厨房（图 3.3）。[20]

坦率地说，建筑师也意识到一些局限性，比如，冬季时，外廊容易积雪或堆放杂物；前期实验时，单位面积造价略高，后期大面积推广时，通过改进设计可以降低一些；外廊式住宅的 K 值略微比内走廊方案稍低。但是它带来的是更灵活、更多样、更舒适的居住模式，同时在艺术效果上也更接地气——建筑群的整体比例和空间造型均具有传统建筑文化的特色。在住宅建造方面，华揽洪开展了一些替代材料的实验性做法，比如，采用混凝土预制窗框，屋顶使用混凝土预制小梁，隔墙和吊顶采用竹龙骨等，均是为了减少木材使用并降低造价。

为了从理论角度来验证外廊式住宅的优点，华揽洪专门写了一篇论文（发表在《建筑学报》1956 年第 3 期），来对比分析内廊式与外廊式住宅的居住模式、空间组合以及居住舒适度等特征。[21] 他的结论是，外走廊方案在通风采光、空间组合灵活性以及使用适应性等方面均有一定的优势，是对内走廊标准设计的一种替代，但是并不是说内走廊住宅一无是处。

305住宅是五開間單元，一個樓梯每層服務二戶，一戶有三室，一戶有四室，均有自己的廚房、厠所與過道。另外每戶各有儲藏室一小間。開間為 3.20，進深為 6.00（見圖2，4）。

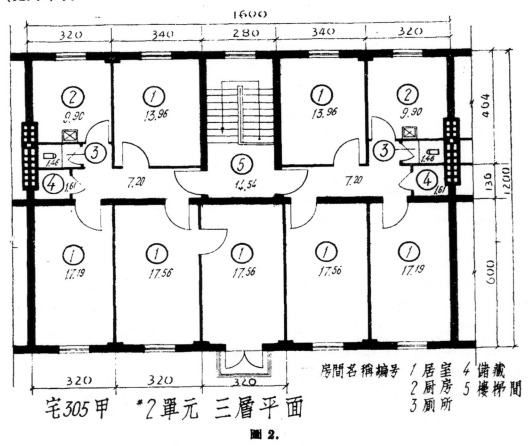

宅305甲 ＃2 單元 三層平面

圖 2.

（一）　303，305 住宅技術經濟指標比較

房 屋 類 別	$K=\dfrac{居住面積}{建築面積}$	$K_1=\dfrac{居住面積}{有效面積}$	$K_2=\dfrac{体積}{居住面積}$	每平方公尺建 築面積造價	每平方公尺居 住面積造價
宅303	59%	69%	5.0	46.80元	78.90元
宅305	58.4%	67.2%	5.1	49.00元	83.90元

图 3.2　丁宝训，305 住宅设计平面

来源：《建筑学报》，1955 年第 2 期，第 53 页

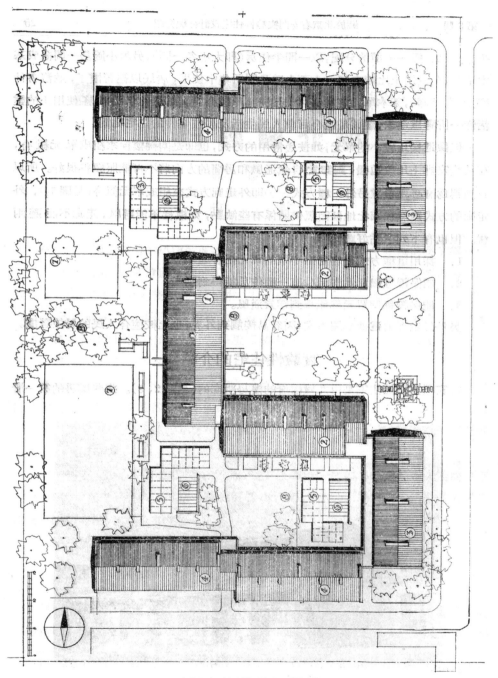

圖 2. 總 平 面 佈 置 圖

圖例　①　甲种住宅(第一期工程)　②　甲种宿舍(第一期工程)　③　乙种宿舍(第一期工程)
　　　④　丙种宿舍(第二期工程)　⑤　小庫房　⑥　晒衣台　⑦球場　⑧　兒童遊戲場

图 3.3　北京右安门实验住宅，1956 年

来源:《建筑学报》，1955 年第 3 期，第 26 页

　　1956 年，华揽洪有机会在更大尺度上来探索外廊式住宅的实际效果。当时北京市房屋管理局邀请他在崇文区（现为东城区）幸福大街东侧设计一个居住区，容纳天安门附近的回迁居民。同时，业主带来了一些规划草图，带有浓重苏联色彩的大街坊布局和标准图，以供参考。这些规划布局和单元布置方式与他当时思考观念相左，于是华揽洪在此项目上大胆延续右安门实验住宅的庭院式布局和外廊式居住单元，以便应对低收入住户的小户型多样化需求和节约造价的要求。

　　与他的同事张开济的百万庄小区项目不同，幸福村街坊规划灵活安排了 3～4 层住宅、商店、学校、诊所、室外庭院活动场地等配套设施（图 3.4）。[22] 从设计思想上来讲，华揽洪对建

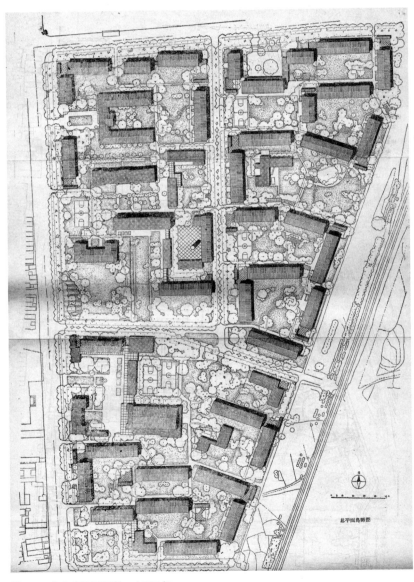

图 3.4　北京幸福村街坊，1957 年

来源：《建筑学报》，1957 年第 3 期，第 62 页

图 3.5　北京幸福村街坊，1957 年

来源：丁光辉摄，2017 年

造豪华公共建筑的倾向持批判态度，在设计实践上，他试图做一个实验性的设计，这与设计院的常规机构项目有所不同。通过使用包括砖和木材在内的基本材料，建筑师创建了一系列可以看到花园的住宅单元（一居室、二居室、三居室），满足不同住户的空间需求（图 3.5）。居住区采用普通建筑材料，强调水平延展的优雅造型，精心考虑的细节，都体现了华揽洪将现代主义语言与传统建筑遗产融为一体的能力，这一技能此前曾在北京儿童医院项目中展示过。

　　华揽洪提出的外廊式住宅方案并非完美无缺，但是它得到一些建筑师的认可。建筑师徐之江认为，外廊式住宅在南方地区有较强的适应性，同时，针对现存的一些问题，他提出了一些设计改进优化思路，如调整部分建筑朝向、减少双面走廊、减少门窗数量、调整房间内部布局，可以降低朝向不好的房间数量，并降低造价。[23] 同样，一些年轻建筑师如彭一刚和屈浩然在外廊式方案基础上，提出面向南方气候条件的外廊式小面积居室方案，试图扩展这种"紧缩"居住模式的地域适应性，来应对住宅短缺的局面（图 3.6）。[24] 同时，针对外廊的保温、防风、遮雨、干扰等潜在问题，华揽洪在北京市设计院的年轻同事宋融和刘开济也提出了一种面向北京地区的单元式、短进深、小户型布局——1 梯 3 户（2 居室、1 居室、2 居室），每户有自己的厨房和厕所，部分大居室有阳台。[25] 所有这些实践和设计方案都试图打破单元式住宅布局的常规做法，补充完善标准设计的图库，让居住者更有尊严。尽管如此，在 20 世纪 50 年代至 80 年代，由于人口增长，住房短缺，内楼梯式标准设计主导了全国大部分地方的工厂、单位的福利居住建筑，上述这些探索性设计没有得以大规模推广（图 3.7）。可以说，"住宅标准设计堪称中国现代城市集合住宅的原点"，也塑造了几代人的"筒子楼"居住记忆。[26]

在街坊布局上，过去也有不少分歧的看法，有人主张周边式，有人主张行列式，也有人主张混合式。我们认为这些方法都可以采用，而问题在于建筑师如何结合到拟建地区的地形及气候条件来作正确的选择，而不是"硬套"。

我们认为结合到当地的地形及气候条件自由地布置街坊是更容易满足多方面的要求。这对于我国南方的一些中心城市，更具特殊意义。

图 3.6　彭一刚、屈浩然，面向南方气候条件的外廊式小面积居室方案

来源：《建筑学报》，1956 年第 6 期，46 页

图 3.7　上海地区的住宅标准设计，1959 年

来源：中华人民共和国建筑工程部，中国建筑学会编辑. 建筑设计十年 [M]. 中华人民共和国建筑工程部，1959

　　除了住宅的标准设计，设计院还编制了另一些标准图集——不同气候地区的外墙保温、建筑通风、屋顶防水、基础处理等节点设计，试图形成一整套标准构造做法。在以追求经济性为优先事项的情况下，标准设计图纸有效节约了资金，加快了施工进度，提高了设计质量，对国民经济发展和人民生活条件改善有显著促进作用。同时，这也带来一些负面问题，让建筑师失去了艺术处理的动力和空间，导致单调的建成环境。

　　面对标准设计带来的潜在问题，1957 年，留学英国的城市规划师、时任北京市建筑设计院副总建筑师陈占祥在"百花齐放、百家争鸣"运动期间发表了一篇文章，声称国营设计院僵化的官僚体制致使建筑设计沦为了非创造性的体力劳动。他对设计院的建筑生产必须服从配额、规范和标准化等要求颇为不满。即使这些要求被用来提高生产效率，来自不同行政管理部门的干预和审查，也严重限制了建筑师的自主性和创造性。[27] 但是，建筑工程部副部长周荣鑫强烈反对这一说法。他举例说，仅仅是 1956 年，北京市设计院筹建的项目总面积达 186 万平方米。[28] 这一重大成就令人信服地证明，新中国在改造城市面貌方面比 1949 年以前的国民政府要成功得多，而新的国营设计院也比以前的私营设计公司更有效率。

　　在相当长的一段历史时期内，由于物质短缺的影响，标准设计平面和构件比较单一、有限，加上建筑业工业化水平较低，所以形成了单调的人居环境。但是，20 世纪 50 年代标准设计的大力推行，有助于用较低的成本解决基本居住问题，其艺术表现力与建筑师的探索密不可分。

3.2　编写《建筑设计资料集》

　　20 世纪 50 年代末期，"大跃进"带来了基本建设投资的大量增加和街边后院小型钢铁厂的激增，而这些都是以牺牲农业发展和自然环境为代价的。随后的经济衰退迫使中央政府制定新的经济战略。1960 年的"调整、巩固、充实、提高"政策，试图解决工业、农业发展不平衡的困境，同时减少城市建设投资规模和国有企业的人员数量。[29] 在建筑设计领域，表现为设计项目数量大幅减少，设计业务萎缩，设计力量闲置，最终专业人员的数量急剧下降。[30] 为了应对这种局面，建筑工程部北京工业建筑设计院金瓯卜、林乐义、戴念慈、陈登鳌等人，组织数百名专业人士编辑完成了《建筑设计资料集》。[31] 这套工具书的编写，主要参考了西方国家出版的制图标准和设计手册，包括日本的《建筑设计资料集成》（1937 年开始编撰，1942 年出版）、美国的 *Architectural Graphic Standards*（John Wiley & Sons，1932 第一版）、*Time-Saver Standards* 系列丛书（McGraw-Hill，1946 成书，之前在杂志上发表过），以及德国和法国出版的相关资料。[32]

　　经过编写组近两年的不懈努力，资料集的编写工作进展顺利。1962 年底，《建筑学报》开始刊载了部分内容，受到读者的热烈欢迎，纷纷要求尽快成书。随后，设计院请来梁思成、董大西、王华彬、张镈、张开济、汪坦等专家提意见。1964 年，《建筑设计资料集》第一集面世（图 3.8）。1966 年，第二集已经印刷完成，等待装订，第三集也完成了大部分稿件，但是"文

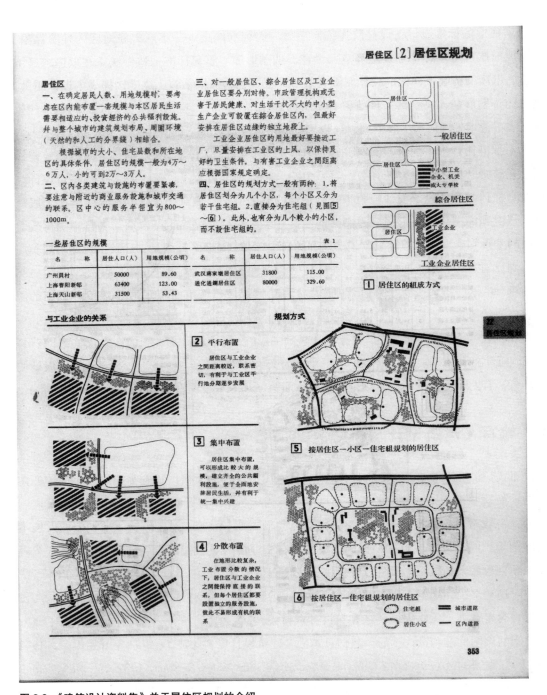

图 3.8 《建筑设计资料集》关于居住区规划的介绍
来源：建筑工程部北京工业建筑设计院编.建筑设计资料集.第一集 [M].北京：中国工业出版社，1964

革"爆发，出版工作停滞，直到 1973 年，才出版第二集并重印第一集。"文革"后期，林乐义重新组织人马，编制出版了第三集。20 世纪 90 年代初，《建筑设计资料集》印数超过 20 万册。1987 年，中国建筑工业出版社把资料集的修订事宜提上日程，并组织全国各地的专家学者，根据建筑业的快速发展情况，扩充资料集的内容。

1994 年，第二版出版了九卷本。第一卷是总类，基本延续第一版第一集的主要内容，包括测量、人体工程学、模块、绘图规则、阴影透视、色彩、形状、标志、楼梯、电梯、防火、防爆、防辐射、防腐蚀、无障碍设计、建筑经济、气候和阳光。其他卷以建筑类型为分类、编排依据，包括住宅、学校、办公楼、文化馆、电影院、剧院、博物馆、展览馆、图书馆、商业娱乐、酒店、银行、法院、医院、福利、殡葬、体育、交通、物流、工业、市政等建筑类型，同时加上园林和景观绿化。[33] 该系列丛书参照日本的《建筑设计资料集成》，以图为主，辅以文字，包括对主题的简要介绍，许多手工绘制的小插画，例如关于体育场的大小、剧院的视线以及图书馆和医院的组成等。第三版有几十家设计院和建筑高校通力合作，撰稿人对自己所写的内容，或有设计实践，或有这一方向的研究。上万名参编人员历经八年编写完成，于 2017 年发行。从内容和影响层面来说，《建筑设计资料集成》与清末张锳绪编写的《建筑新法》（商务印书馆，1910）具有许多类似之处——都是通过文字和绘图的方式简明扼要地介绍建筑设计的基础知识并总结不同类型建筑的设计要点，具有宣传普及建筑学专门知识的重要作用。[34]

编制资料集在某种程度上也是一种"建筑设计"，它需要有参考样书，收集资料，用简明的图解和精炼的文字来概括各种建筑类型的设计要点，然后制图、编排、审核、调整、印刷、装订、出版和发行，甚至还有读者意见收集。数据收集是设计工作不可或缺的核心要素，为了全面介绍建筑行业，特别是 1949 年以来的最新建设成果，编辑人员要去各大设计院了解情况，收集代表性项目资料。这套工具书为中国设计人员提供了设计原则和详细图纸，它是行业主管部门、设计院以及各大科研院所参编人员、出版社编辑等群体共同劳动的成果，也是集体智慧的结晶。

《建筑设计资料集》既是知识流动的产物，也是知识流动的载体。首先，它的出现直接参考了发达国家的技术经验，借鉴了国际通行的图文结合的编撰方式。其次，它也记录了不同建筑类型的设计要点，传授了基本的设计知识、方法技巧和技术标准，使年轻的专业人士能够迅速理解基本原则，并掌握如何将自己的想法付诸实践。总体而言，这些书在有效提高设计质量和建筑科学方面发挥了至关重要的作用。

3.3　制定标准规范

建筑标准和规范的产生反映了专业知识的跨境流动与本土适应的动态调整过程。[35] 在 1949 年之前，中国的建筑工程普遍采用英美国家的标准规范，这有几个主要原因：1）西方国家的建筑师和工程师在中国开设专业事务所承接工程项目，自然采用他们熟悉的标准规范；2）近代以来很多中国建筑师留学西方、在洋人事务所就业、熟悉西式业务流程，他们开设的设计公司大多采用西方标准；3）早在 20 世纪 20 年代，中华工程师学会就开始系统翻译、引进、介绍美国的建筑标准规范，这对中国同行开展业务有很大的帮助。[36]

　　20 世纪 50 年代初期，随着"一边倒"学习苏联，以及抗美援朝、反美运动，英美建筑文化受到清算，苏联先进的技术经验受到推崇，采用苏联的设计图纸、标准、规范成为主流。《人民日报》先后发表文章，呼吁"在建筑设计上摆脱资本主义影响，从速规定我们自己的规格和规范"。[37] 大规模的工业厂房建设首先需要确定结构设计规范，而直接翻译、采用苏联现成标准规范无疑是最直接有效的做法。从 1952 ~ 1955 年，苏联的《钢筋混凝土结构设计规范》《砖石及钢筋砖石结构设计规范》《地震区建筑规范》等先后被翻译成中文，直接指导工业区建设。[38] 东北人民政府工业部根据苏联的先进技术规范制订了"建筑物结构设计暂行标准"。根据这个新标准，可以为国家节约大量的材料和资金。如东北工业部土木建筑设计公司按照新标准进行设计后，仅混凝土一项，1952 年就能为国家节约 100 亿元左右。[39]

　　与此同时，建筑工程部也迅速组织力量编撰适合国情的标准规范。建筑工程部建筑科学研究院刚在北京成立时，就有一个专门研究建筑标准的部门，负责制定建筑法规和设计标准，例如单层工业厂房的房屋模块、跨度和柱网尺寸，以及内部声学和外墙隔热——南、北、东、西部地区有不同的气候环境条件。通常条件下，省级设计院采纳中央政府的法规 / 标准，并发布了供地方使用的实践说明，这些条例协调了各省市项目建设的技术进步。而规范的制定，直接影响了各地混凝土板预制品厂和门窗厂的产品和目录制定。这些目录在设计院中，人手一册。大部分设计必须在目录中选定产品，图纸上标注产品编号。一直到 21 世纪，市场化和"创新"的呼声高涨之时，现浇混凝土和非标准的设计，才越来越多。

　　1955 年，建筑工程部在参考苏联经验的基础上，编制出版了中国自己的《建筑设计规范》（图 3.9）。其前身是 1952 年政务院财政经济委员会总建筑处编著的《建筑设计规范初稿》，1954 年，华北行政委员会建筑工程局修订为《建筑设计试行规范》。[40] 规范主要内容包括：总纲、建筑设计通则、防火及消防、居住和社会公用建筑、生产及仓储建筑，以及附篇的临时建筑。比如，设计通则对宏观的建筑布局、配套设施分布、建筑单体与城市道路、绿化的关系，以及微观的建筑尺寸（长、宽、高）、间距均做了详细的规定。这个小册子是我国第一部关于建筑设计的官方指导文件，也为后续制定各种类型建筑设计规范提供了依据，具有特殊意义。[41]

　　同样是 1955 年，建筑工程部在牵头制定各种类型建筑的标准设计时，需要考虑各地区的气候差异（不能一套图纸全国使用），因此着手制定全国范围内气候分区方案，先后提出三区、五区、九区方案，进行交流讨论。建筑气候分区十分重要，因为它关系到建筑的通风、遮阳、隔热、保温、供暖，甚至防潮、防水等物理性设计与相应做法，与建筑使用舒适度以及能源消耗密切相关。1958 年，建筑科学研究院牵头召开全国建筑气候分区会议，协调各高校和设计院所，并根据苏联经验，组织制定了《全国建筑气候分区》草案，以指导各地的建设活动，强调建造紧密结合自然气候条件，达到因地制宜、节约能源和资源的目的。[42] 1964 年出版了《全国建筑分区草案（修订稿）》供设计人员参考，1986 年国家计划委员会再次下达指令，尽快编

图 3.9　《建筑设计规范》封面，1955 年版本

制新的分区草案，1990 年初步完成，1994 年出版了《建筑气候区划标准》。[43]

　　20 世纪 50 年代后期和 60 年代中期，同时开展编制的建筑标准规范还包括《居住建筑设计规范》《地震区建筑抗震设计规范（草案）》以及《湿陷性黄土地区建筑规范》等。[44] 这些标准规范引进、消化、吸收了苏联的经验，并结合中国国情，进行了改造，从而形成自己的技术标准，进而塑造了广大城乡建筑风貌。

　　标准规范的编制，与《建筑设计资料集》的编写类似，需要动员众多行业专家和技术人员广泛参与调研、编写、修订、审批、出版发行，期间会有多次往返修改、难以想象的大量协调工作，是一种集体劳动的体现，反映了一定历史时期内建筑行业的发展现状和趋势。标准规范以简练文字的呈现方式，对建筑设计活动提出了最低要求，是每一位实践建筑师务必参考的设计准则，也是建筑设计安全、适用的保护伞。当社会整体设计建造水准低于标准规范的要求时，标准规范起到一定的引领作用；当设计和建造追求创新时，标准规范的弹性直接影响创新的结果。比如，当今中国城市的形态直接反映了各种规划指标的约束，而消防规范直接影响建筑内外空间的呈现。如何在保证安全的前提下，设计与标准规范进行有效的互动，仍是一项亟待解决的挑战，而国有设计院责无旁贷。

3.4　鼓励设计写作

除了常规的项目图纸外，设计院建筑师还生产文章／写作／思考。写作是建筑师的一种必不可少的思想交流方式，一种知识流动、观念交锋的不可或缺的策略。[45] 通过期刊媒体的出版，他们的文章展现了更加广泛的社会和文化影响，一方面促进了建筑师个人的总结和思考，同时也促进了设计智慧在更大范围内的流动和传播。虽然造房子在中国具有悠久的历史，但是与西方同行相比，中国建筑师的理论著述不甚活跃。中国第一代建筑师曾在 20 世纪 30 年代积极参与设计实践和写作活动，随后在 50 年代出现另一个高峰。

设计院区别于西方私人设计公司的一个显著特点是，设计院内的建筑师有更多自由来发表介绍他们项目的文章，换句话说，设计院鼓励员工开展设计写作，提升理论反思能力。由于欧美国家的知识产权法律法规限制，业界通常难以看到来自诸如英国扎哈·哈迪德事务所（Zaha Hadid Architects）或美国理查德·迈耶（Richard Meier）及其合作人事务所的建筑师在专业期刊上撰写文章介绍其作品——事实上，所有发表的文章都是在事务所合伙人的指导下完成的。[46] 然而，这种个人写作和学术出版对于中国设计院的员工来说却很常见。建筑师个人获得正式曝光的主要渠道是各类建筑刊物和媒体，如传统意义上权威期刊《建筑学报》，以及近些年来出现的各种新媒体平台和个人社交网站等。

《建筑学报》创办于 1954 年，在 1980 年以前，它是全国唯一具有广泛影响力的官方建筑刊物。[47] 同年创刊的其他杂志包括《建筑》和《建筑译丛》。前者是机关之间传达建筑界大政方针的平台，后者是翻译引介国外（特别是苏联等社会主义国家）建筑情报的媒介。《建筑学报》创刊初期，梁思成任编辑部主任，汪季琦和朱兆雪为副主任。针对创刊的目的，第一期社论中这样写道：

本学报有明确的目的性，它是为国家总路线服务的，那就是为建设社会主义工业化的城市和建筑服务的。社会主义工业化的城市和建筑不仅是经济建设，同时也是祖国文化建设的一部分。它必须满足人们不断增长的物质和文化需要。在这方面，苏联有 30 余年建设的丰富经验。本学报将以实际行动来响应毛主席所提出学习苏联的号召，以介绍苏联在城市建设和建筑的先进经验为首要任务。其次是介绍我们自己在建设中的经验，通过本刊开展批评与自我批评。此外，批判地介绍祖国建筑遗产及其优良传统，也是学报的重要任务。[48]

的确，自创刊伊始，《建筑学报》展现了这三重目标，有力促进了设计知识在中外之间、在国内不同地域不同单位之间、在历史与现今之间的流动。除了发表社论和转载政治宣传文章之外，《建筑学报》还发表了数百篇关于设计和类型学研究的论文，重点是住宅、公共建筑设计、工业车间厂房、讲演厅的声学以及医院病房的布局等内容。这些文章主要由来自北京、上海、南京、西安和广州等地的设计院建筑师和学者撰写，通过期刊发表在建筑界广为人知。60 多年后，《建筑学报》是人们了解那个时代建筑界理论思考和实践研究的主要窗口，这些作者把他们的名字刻进了中国现代建筑史。

然而，它的出版之路并不平坦。1954 年只出版了两期，因为曾经发表"民族形式"的建筑，后来在"反浪费"运动中受到批评并停刊整顿。复刊之后改为季度出版，有些年份按月出版。在 1966 年之前，该杂志大约出版了 110 期，每期发行量约 1 万份，大约有 1431 篇文章。[49] 自1980 年以来，建筑刊物数量激增，至今已经有 30 多种建筑、规划和风景园林专业杂志。与此同时，设计院也资助出版自己的杂志和小册子。例如，北京市建筑设计院于 1989 年创办了《建筑创作》，建设部建筑设计院于 1994 年开始出版《建筑技艺》，华建集团在 2015 年创办了《华建筑》，这几种期刊成为展示各设计院设计项目的重要媒介。

为了检验建筑师在设计生产和理论反思之间的动态关联，本节选取建筑师汪定曾和华揽洪在 20 世纪 50 年代中期写的两篇文章进行对比分析。汪定曾关于曹杨新村的文章，发表在1956 年《建筑学报》第 2 期上。当时建筑界关于住宅区规划有一些争论，一些人推崇苏联模式的大街坊布局，认为这样能够形成完整的城市形象和宽阔的内部庭院；另一些人追求自由式布局，强调结合场地因地制宜。由于曹杨新村的规划属于后者，工程主持人汪定曾受《建筑学报》编辑部邀请撰文回顾设计要点。

汪定曾的文章篇幅有 15 页，包含 21 张图（总平面、单体平立面、建成照片等）和 6 个表格。这篇文章具有独特的历史烙印（20 世纪 50 年代中期，全面学习苏联的背景下），内容异常丰富，开头对旧社会的抨击，对苏联经验的介绍，对采用"邻里单位"规划思路的阐述（辩护），以及对未来都市扩张方向的"担忧"（担心新村与市中心的交通基础设施连接）。论文的主体内容是介绍新村规划的原则、面积定额、配套公共建筑的分布以及绿化。在客观描述之外，还穿插批评和自我批评，如新村建筑密度较低（20%，苏联经验为 30% ~ 35%），不够节约用地等。同时，苏联专家穆欣也指出一些缺点，如社区公共建筑没有形成整体，住宅单体布局呆板，侧面山墙面对大街，建筑色彩单一等。针对这些批评或"缺点"，汪定曾认为需要虚心接受，应该更加深入地学习苏联经验。[50]

华揽洪撰写的关于北京幸福村街坊的文章发表在 1957 年《建筑学报》第 3 期上，在此之前，他已经在该杂志上发表了 2 篇论文，探讨小面积住宅的标准设计问题，这篇文章是他对这个设计议题和实际项目的一个理论阐述和总结。华揽洪的文章有 20 页，图 20 幅（总平面、单体平立面、分析图等），手绘插图 2 幅，但是没有建成照片，或许是因为文章发表时项目还没有竣工。文章分为三个主要部分：对基地现状的概述（用地位置、周边配套、绿化、用地房屋、人口、市政条件和规划要求）、对住宅单元的说明（平面、层数和材料），以及完整的设计说明（总体规划、单体布局、公建配套、道路交通、户外活动场地、绿化、分期建设）。这篇文章没有提及同行的批评，却详细展现了华揽洪的设计思想，如建筑布局不追求图案的对称，而注重人们在环境里的实际感受。设计细节上体现了建筑师的人文关怀，如思考儿童活动场地的使用感受，设置阳台晒衣服装置，增加室外水龙头，便于洗涤大件衣物等。

这两篇文章作为汪定曾和华揽洪各自的代表性文本，展现了一些独有的特征，值得对比讨论。1）《建筑学报》扮演了一个核心的学术组织网络，汇集不同形式的设计知识。在其创刊之前，两人均完成了重要项目的设计（汪的上海曹杨新村，1951～1953；华的北京儿童医院，1952～1954），但是当时并没有相应的文字生产。由于社会语境的宽松，学术讨论的需要，加上期刊的主动介入和建筑师的积极意愿，这些是上述写作出现的原因。2）从形式上看，这两篇论文与今天的建筑师文章有较大的区别。它们都是针对具体的设计问题展开论述，没有参考文献，没有大量的跨学科引用来支撑自己的观念。文章的篇幅很长，图文并茂，内容翔实，说理充分，既有批评也有自我反思，读起来不枯燥，充满人情味。3）虽然两篇文章均没有明说，但是他们都隐含了对当时苏联设计模式主导地位的不满，并试图探索新的替代方案。多年以后，两位建筑师都在回忆中谈起当年自己的设计意图和抱负。[51] 4）两人均在行文的最后阐明了写作的意义，呼吁社会关注关系到广大人民群众利益的住宅设计，总结设计经验，为后续设计提供参考。

汪定曾和华揽洪的设计写作并非唯一，而是众多设计院建筑师中的典型代表。他们的同行，如张开济、赵冬日、莫伯治、佘峻南、戴念慈以及后辈建筑师，如布正伟、何镜堂、崔恺、王澍等，都十分注重写作来总结项目的设计经验和阐述理论思考。除此之外，普通建筑师也有机会通过写作来表达设计观念，利用媒体来传播自己的声音。从历史角度来看，设计写作的状况通常与社会政治语境密切相关。在 20 世纪 60 年代和 70 年代，杂志发表的文章通常署名为集体或单位，避免个人有可能因为"想出风头或想成为英雄"而招致批评。然而，发表文章也是建筑师展示自己能力最为有效的方式，近几十年来，杂志已经成为一个强大的专业传播媒介，促进提升建筑师个人、群体和设计机构的声誉和形象。[52]

比如，作为一个多产作者，建筑师崔恺在各类建筑杂志上发表了大约 150 多篇文章，其中多数（80 篇）发表在《建筑学报》上。[53] 正如崔恺自己所言，"每完成一项工程，都要有所总结、反思，都有经验、教训。于是写一些浅显的文字与同道交流。更希望读书人给予实实在在的批评。不为别的，只为将来有更多的好工程向大家报告。"[54] 这些文章，娓娓道来讲述设计的心得体会，没有复杂的学术概念，帮助他澄清自己的设计意图，有助于业界了解他的设计思考，最终也塑造了他的学术声誉。在 21 世纪，随着媒体和互联网的普及，建筑传播出现了更多的渠道。《建筑学报》仍然是一种主要的学术刊物，但其他月刊或双月刊杂志和社交媒体则在竞相争夺读者的注意力。通常，多数设计项目都是由建筑师自己写作来介绍。写作可以有效而快速地传达设计思想和信息，这样个人就可以与同事、业界分享想法，有助于设计知识的广泛流动和自身职业生涯的发展。

注释

1　丁光辉电话采访朱恒谱教授，2020 年 6 月 20-22 日。朱恒谱，1929 年出生，1948 年考入北京大学工学院建筑工程系，1952 年经过院系调整以后，从清华大学建筑系毕业，之后分配到建筑工程部北京工业建筑设计院，1979 年调到北京建筑工程学院，任建筑设计所总工程师，建筑系教授，副系主任，1993 年退休。

2　董坤，许海云，崔斌. 知识流动研究述评 [J]. 情报学报，2020，39（10）：1120-1132.

3　近些年来，受欧美经验启发，设计院也开始编制技术规格书，对建筑材料和设备进行明确的标注，如具体的性能、标准、颜色和尺寸等参数，以便控制工程预算和质量。技术规格书也成为设计图纸之外十分重要的施工文件。有关技术规格书的功能和作用，赵光. 技术规格书在工程项目中的应用 [J]. 绿色建筑，2012，4（01）：66-68；Katie Lloyd Thomas. Specifications：Writing Materials in Architecture and Philosophy[J]. Architectural Research Quarterly，2004（08）：277-283.

4　北宋官员李诫编修的《营造法式》是我国建筑史上最早出现的一部重要技术法规，其内容包括建筑设计、施工手册、技术标准和规范、劳动定额，其中的标准化思维体现在材分模数制和斗栱样式。西方古典建筑的五种柱式，如多立克式（Doric）、爱奥尼式（Ionic）、科林斯式（Corinthian）、塔司干式（Tuscan）和混合式（Composite），是欧洲最早出现的可重复使用的标准设计构件。18 世纪末和 19 世纪初，法国建筑师迪朗（Jean-Nicolas-Louis Durand）的类型学著作也是关于标准化设计的研究，方便建筑师选用组合。王平. 宋朝李诫编修《营造法式》对古代建筑标准化的贡献 [J]. 标准科学，2009（01）：13-17；Jiren Feng. Chinese Architecture and Metaphor：Song Culture in the Yingzao Fashi Building Manual[M]. University of Hawai'i Press，Honolulu；Hong Kong：Hong Kong University Press，2012；Mario Carpo，Architecture in the Age of Printing：Orality，Writing，Typography，and Printed Images in the History of Architectural Theory[M]. Translated by Sarah Benson. Cambridge，Mass.：MIT Press，2001.

5　同 2，1124.

6　朱亦民. 后激进时代的建筑笔记 [M]. 上海：同济大学出版社，2018.

7　东北基本建设部门将普遍推广建筑物标准设计 [J]. 新华社新闻稿，1952，（第 925-955 期）：159-160.

8　曹言行. 苏联建筑工程发展的方向——设计标准化、材料工厂化、施工机械化 [J]. 科学通报，1953（09）：38-41.

9　同 8，41.

10　王弗，刘志先. 新中国建筑业纪事（1949-1989）[M]. 北京：中国建筑工业出版社，1989.

11　除了业界的大力提倡，标准设计在中国的推行还与另一件事情密切相关——1954 年全苏建筑工作者会议召开，赫鲁晓夫对斯大林时期的建筑问题提出了很多批评，主要是针对经济方面的问题，批评一些建筑师打着吸收遗产的旗号，提倡复古抄袭，带来严重浪费。相反，他大力强调工业化来推进建筑业改革。这个事件对中国建筑界有很大的触动。很快，中央政府在国内发起批判"复古主义"的运动，认为一些建筑严重浪费国家投资。随后，《人民日报》发表社论，要求坚决降低非生产性建筑的标准，这也促进了建筑师思考如何在标准设计中节约造价。坚决降低非生产性建筑的标准 [N]. 人民日报，1955 年 6 月 19 日.

12　华揽洪，吴良镛. 国际建筑师协会执行委员波兰建筑师海伦娜·锡尔库斯教授关于标准设计的报告 [J]. 建筑学报，1955（02）：56-68. 这篇报告由建筑师华揽洪和吴良镛负责翻译。由于华揽洪与时任国际建筑师协会秘书长皮埃尔·瓦格（Pierre Vago）是旧友，在他的邀请下，中国政府于 1955 年 7 月派建筑师代表团赴荷兰海牙参加国际建协会第四次会议，议题为"战后住宅"，代表团团长为杨廷宝，成员包括汪季琦、贾震、华揽洪、戴念慈、徐中、沈勃、吴良镛等人。

13　沈勃，戴念慈. 德意志民主共和国建筑师协会第二次全国代表大会的情况 [J]. 建筑学报，1955（02）：90-95.

14　翟大陆. 中建部设计总局编制新的民用建筑标准设计 [J]. 建筑学报，1955（02）：96.

15　这里的二区是建筑气候分区概念，在文中作者指出，二区范围很广，冬季气温相差很大，而夏季均须考虑穿堂通风。

16　李椿龄. 降低标准后的二区住宅定型设计介绍 [J]. 建筑学报，1955（01）：95-100.

17　丁宝训. 关于 55-6 二区住宅定型设计的几个问题 [J]. 建筑学报，1955（02）：51-55.

18　徐之江. 关于"降低标准后的二区住宅定型设计介绍"的讨论 [J]. 建筑学报，1955（03）：89-93.

19　1955 年的国际建协会议举办了各国住宅建筑展览，华揽洪作为中国建筑师代表团成员参会，应该对这些建筑比较熟悉。这或许对他提出的外廊式方案有所启发。在回国后，杨廷宝撰文介绍了住宅展览情况，把参展作品总结为 4 种：1）内楼梯式，一般一梯 2-4 户，主要位于苏联；2）敞廊式，既有每层一个外走廊，也有每两层一个（内部跃层式）；3）塔式住宅，以电梯和楼梯为核心，一般一梯 2-4 户；4）里巷式，传统低层高密度居住模式。杨廷宝. 国际建筑师协会第四届大会情况报道 [J]. 建筑学报，1955（02）：69-82.

20　华揽洪. 关于北京右安门实验性住宅设计经验介绍 [J]. 建筑学报，1955（03）：24-34.

21　华揽洪. 关于住宅标准设计方案的分析 [J]. 建筑学报，1956（03）：103-112.

22　华揽洪. 北京幸福村街坊设计 [J]. 建筑学报，1957（03）：16-35.

23　徐之江. 对"关于北京右安门实验性住宅设计经验介绍"的一些意见 [J]. 建筑学报，1956（01）：118-123.

24　彭一刚，屈浩然. 在住宅标准设计中对于采用外廊式小面积居室方案的一个建议 [J]. 建筑学报，1956（06）：39-48.

25　宋融，刘开济. 关于小面积住宅设计的探讨 [J]. 建筑学报，1957（08）：34-44；宋融，刘开济. 关于小面积住宅的探讨（下）[J]. 建筑学报，1957（9）：93-108.

26　王俊杰. 中国城市单元式住宅的兴起：苏联影响下的住宅标准设计，1949-1957[J]. 建筑学报，2018（01）：97-101.

27　陈占祥. 建筑师还是描图机器 [J]. 建筑学报，1957（07）：42.

28　周荣鑫. 深入开展建筑界的反右派斗争 [J]. 建筑学报，1957（9）：1-14，3.

29　Alexander Eckstein. China's Economic Development: The Interplay of Scarcity and Ideology[M]. Ann Arbor: The University of Michigan Press，1976.

30　中共中央关于精简建造队伍的决定，北京市政档案，1961.

31　朱恒谱，张毓科，王元敬，冯焕，马韵玉.《建筑设计资料集》编辑记事——总类组始末 [G]//《岁月·情怀·原建工部北京工业建筑设计院同仁回忆》编委会编.岁月、情怀——原建工部北京工业建筑设计院同仁回忆.上海：同济大学出版社，2015.

32　后两本英文手册在英美高校广泛使用，留学美国佐治亚理工学院的林乐义应该非常熟悉。他 1950 年回国的时候，有可能带回来这些英文书籍。

33　建筑设计资料集编委会.建筑设计资料集 [M].第二版.北京：中国建筑工业出版社，1994.

34　关于张锳绪和《建筑新法》的介绍，赖德林.中国近代建筑师研究 [M].北京：清华大学出版社，2007：87-100.

35　标准、规范、规程都是标准的一种表现形式，习惯上统称为标准，只有针对具体对象才加以区别。当针对产品、方法、符号、概念等基础标准时，一般采用"标准"，如《生活饮用水卫生标准》、《建筑抗震鉴定标准》等；当针对工程勘察、规划、设计、施工等通用的技术事项做出规定时，一般采用"规范"，如：《建设设计防火规范》、《住宅建筑设计规范》等；当针对操作、工艺、管理等专用技术要求时，一般采用"规程"，如：《建筑安装工程工艺及操作规程》等。参见问：标准、规范、规程有何区别与联系？ [J].工程建设标准化，2007（5）：36.

36　建筑：基础工程建筑规范（美国建筑杂志）[J].中华工程师学会会报，1924，（第9-10期）：1-10；建筑：混凝土工程建筑规范（续第十二卷第一、二期）[J].中华工程师学会会报，1925，（第3-4期）：53-65.

37　夏行时.建筑工程中要力求节约木材 [N].人民日报，第二版.1951年1月9日。

38　苏联中央建筑科学研究院砖石结构试验室撰；东北人民政府工业部设计处翻译科译.砖石及钢筋砖石结构设计规范合册 [M].东北工业出版社，1952；苏联工业建筑中央科学研究院撰；杨春禄译.钢筋混凝土结构设计标准及技术规范 [M].东北工业出版社，1952；苏联电站部装修工程生产技术管理局制订；刘瑞莱译.有承重钢筋构架的钢筋混凝土结构设计规范 [M].北京：燃料工业出版社，1954；苏联重工业企业建筑部编；中央纺织工业部设计公司翻译组译.地震区建筑规范 [M].北京：纺织工业出版社，1954；中华人民共和国建筑工程部编.钢混凝土结构设计暂行规范 规结 -6-55[M].北京：建筑工程出版社，1955.

39　在我国经济建设事业中苏联先进经验和先进技术发挥重大作用 [N].人民日报，第二版.1952年11月9日；东北人民政府工业部技术设计处编订.东北人民政府工业部建筑物结构设计暂行标准 [M].东北出版社，1952.

40　政务院财政经济委员会总建筑处编著.建筑设计规范初稿 [M].财务员财政经济委员会总建筑处，1952；华北行政委员会建筑工程局编.建筑设计试行规范 [M].华北行政委员会建筑工程局，1954；中华人民共和国建筑工程部编.建筑设计规范 [M].北京：建筑工程出版社，1955.

41　20世纪80年代以来，图书馆、住宅、医院、学校、档案馆、博物馆等不同类型的建筑有了自己的设计规范，细化了各类建筑设计的注意事项和要点。

42　建筑工程部建筑科学研究院编.建筑气候分区讨论会议报告集 [C].北京：建筑工程部建筑科学研究院，1958.

43　谢守穆，胡璘.《建筑气候区划标准》简介 // 中国建筑学会建筑物理学术委员会编.第六届建筑物理学术会议论文选集 [C].北京：中国建筑工业出版社，1993.

44　关于苏联建筑标准在中国的技术转移，胡德鹿.建筑结构设计规范六十二年简介 [J].工程建设标准化，

2015（07）：84-91；朱晓明，吴杨杰.自主性的历史坐标：中国三线建设时期《湿陷性黄土地区建筑规范》（BJG20-66）的编制研究 [J]. 时代建筑，2019（06）：58-63；朱晓明，20 世纪六七十年代几个工程技术问题与我国三线建设工业建筑设计 [J]. 城市建筑，2019，16（10）：102-105.

45　朱剑飞，张璐，孙成.王澍与隈研吾——东亚建筑师写作策略微观个案研究 [J]. 时代建筑，2020（02）：144-153.

46　参与建筑师具有署名权，而非著作权，混淆二者可能带来法律争议。

47　刘亦师.《建筑学报》创刊始末 [J]. 建筑学报，2014（Z1）：69-73.

48　编辑.发刊词 [J]. 建筑学报，1954（1）：1.

49　1954 到 1966 年《建筑学报》的刊数和发稿量，由笔者自行点算。

50　汪定曾.上海曹杨新村住宅区的规划设计 [J]. 建筑学报，1956（02）：1-15.

51　汪定曾.寄语今天的建筑师 [M]// 上海建筑设计研究院编.建筑大家汪定曾.天津：天津大学出版社，2017：290；华揽洪.一个念头的实现——忆幸福村规划 [G]// 杨永生编.建筑百家回忆录.北京：中国建筑工业出版社，2000.

52　丁光辉.建筑批评的一朵浪花 实验性建筑 [M]. 北京：中国建筑工业出版社，2018.

53　借助"中国知网"等工具，计算 1982—2020 年的《建筑学报》所得数据。

54　崔愷编著.工程报告 [M]. 北京：中国建筑工业出版社，2002.

第4章

摆脱僵化与重新流动：设计院的自我变革

场景： 1981年6月，我们终于有机会去广州出差，为上海电影制片厂设计摄影棚、办公楼和附属高级招待所，计划去国内的几大电影制片厂参观并与各地专家座谈。广州是20世纪80年代初中国建筑师的朝圣之地。我们从上海乘硬座车，经过几十个小时到达湿热的广州，住在珠江电影制片厂的招待所。我们相继参观了著名的白云宾馆、东方宾馆、矿泉客舍和文化公园茶座，在此之前，我在杂志上已经熟读了这些建筑的平面、剖面和立面，这些简洁的现代主义白色建筑和南方的庭院紧密结合，形成动人而亲切的空间，我到现场依然惊讶佩服。为了进一步学习南方建筑的设计手法和装修风格，我们前往中山，参观刚落成的中山温泉宾馆。早上从广州出发，面包车四次乘船渡河，到达中山石岐镇时，已经是傍晚时分。中山温泉宾馆主要是独栋别墅，室内和室外、人工和自然衔接，流泉、竹叶、芭蕉都成为室内的元素，这些设计手法逐步传到全国各地。2017年，我去广州参观这些曾经令我激动的建筑，白云宾馆的内庭古树依旧，但裙房改建扩建，非昔日面貌。东方宾馆和广交会等建筑，自身改建，都淹没在商业喧嚣的平庸之中。（薛求理）

场景： 1984年，《建筑学报》以大量篇幅报道了新落成的广州白天鹅宾馆。广州沙面用地狭窄，宾馆和附属设施沿珠江展开，中庭的"故乡水"形成室内的完整画面，有创意的是从沙面入口引入的长长的车行坡道。1989年，我在广州有幸参观了白天鹅宾馆，"故乡水"令人难忘。2000年5月，曾昭奋先生来函，邀我去广州参观并座谈莫老作品。我在晚上8点多到达白天鹅宾馆的四楼，莫伯治先生事务所的办公地点。莫老正在灯下看书，虽是第一次见到莫老，但他的作品，在我心中已经揣摩了20年，见到十分亲切，蒙他签名赠送作品集。感谢莫京兄和曾老师的安排，我在白天鹅宾馆住了几天。日移晨昏，我有幸时时向莫老、曾老师、吴焕加先生、赵伯仁先生诸前辈请教，并参观了红线女博物馆、广东艺博院等建筑作品。莫老特别提到埃及建筑对他的震撼，这在广州南越王墓博物馆和艺博院的处理都有体现。 2003年，我和同事去广州，又入住白天鹅宾馆，再次拜访莫老父子和曾老师。莫老的建筑生涯绵长闪光，从建筑到园林，从公营到私营，无愧是岭南建筑的一代宗师。至2004年，白天鹅宾馆的20年经营合约到期，霍英东先生将其赠送给广州市政府。（薛求理）

美国学者傅高义（Ezra F. Vogel）在其1990年的著作《先行一步：改革中的广东》中描述了20世纪80年代华南大地充满活力的变革，包括兴建新的建筑和基础设施以及快速增长的经济。[1]这些巨大的变化与许多因素有关。从经济层面来讲，深圳、珠海和汕头等经济特区的成立大大刺激了民营经济的快速发展。从地理位置上来看，这些城市靠近香港，来自后者的投资为珠三角地区经济和社会发展提供了坚实的金融基础。从政治角度来说，这些转变可以追溯到 20 世纪 70 年代初期，当时中美和解为以后中国与西方的交往创造了新的国际环境。在经历"文化大革命"初期的混乱之后，人员、商品、资金、服务和思想观念重新流动起来，这给当时中国社会和建筑行业带来了巨大的机遇和挑战。

从 20 世纪 70 年代初到 90 年代中期，设计院的实践活动和改革转型在很大程度上反映了改革开放时期的社会、政治、经济以及意识形态的巨大变化。70 年代中期在广州兴建的高级酒店、展览中心和商业设施等项目——也就是所谓的"广州外贸工程"，便是社会、经济深刻变革的早期证明。这些由国家投资、当地设计机构设计的现代主义建筑与 20 世纪 50 年代在全国各地出现的、外形庄严对称的机构建筑形成了鲜明对比。80 年代，由于深圳经济特区的成立，许多设计院纷纷前来开设了分院或办事处，参与激烈的设计市场竞争。建筑业的蓬勃发展伴随着设计院的机构改革，其特点之一便是出现了独立运营的集体所有制设计公司以及鼓励大胆探索的设计实践模式。

从意识形态上来讲，在 20 世纪 80 年代，建筑创作而不是常规意义上的生产开始成为建筑师的主要追求目标。建筑师对创作的强调，既代表着对现有平庸城市环境的不满与反叛，也意味着表达自己文化身份的雄心与意图。这种探索活动首先体现在建筑话语和建筑绘画上，其次体现在设计实践中。与此同时，建筑师、学者开始诉诸会议、写作、出版和设计（竞赛）来表达自己的审美观念。在此过程中，重建了职业、学术交流网络，便于交流分享设计理念，促进知识的流动。

20 世纪 70 年代，中美和解及其关系正常化为中国在更大范围、更高层次上融入世界创造了极其重要的社会条件，标志着一度被束缚的生产要素得以跨地域、跨国境重新流动，这也导致了改革开放前期、初期出现的社会、经济、意识形态以及建筑职业制度和设计院生产方式的逐渐转变。无论是 20 世纪 70 年代广州等地设计机构的探索，还是 80 年代建筑生产和设计机构的改革、建筑创作话语的兴起，这些实践均反映了设计机构的创新意识，从侧面说明了在日常生产的局面下，一些有文化追求的建筑师、行业主管领导、专业人士试图打破僵局，寻求变革的勇气。

4.1 经济复兴背景下的建筑实践

1978 年 6 月，中国建筑学会和国家建设委员会建筑科学研究院在广州共同组织了一次旅馆建筑设计研讨会，其目的在于分享旅馆设计知识并提高其设计质量，以期满足日益繁荣的旅游业发展和逐渐增多的国际交流需求。[2] 这次会议是"文革"结束之后最早开展的学术活动之一。在十年动乱中，中国建筑学会与许多其他机构一样被关闭，直到 70 年代中期才恢复运行。[3] 会议地点之所以选择广州，是因为在过去十年中它建造了一批优秀的酒店项目。[4] 这些旅游和国际交流设施的建设，成为 20 世纪 70 年代中国建筑领域最引人瞩目的成就之一。广州本地的国有设计机构和建筑师结合地域气候和文化条件，创造了各种各样的动态空间，展现了一种不同于常见机构建筑的形式美学和思想观念。

1972 年，广州市设计院前任院长林克明（1901～1999）离开了广州附近从化县的"五七干校"，并获准再次工作。从 1966～1972 年，林克明同其他成千上万的知识分子和专业人员一样，被迫在农村地区参加劳动，以改造他们的"资产阶级思想和意识形态"。在林克明获得"解放"前不久，负责广州城市建设的原副市长林西也开始恢复工作。[5] 1972 年 2 月，美国总统尼克松（Richard Nixon）访华，开启了"冷战"期间中美关系的和解进程，国内外政治气候的变化对当时中国的社会和经济发展产生了巨大影响。

1971 年，广州地方政府请求中央投资建造一批新的展览和酒店设施，以适应"广交会"——在广州举行的国内外贸易、交流和谈判活动——规模不断扩大的需求。一年后，在周恩来总理的支持下，国家计划委员会、财政部和国家建设委员会批准了"广州外贸工程"项目。拟建建筑包括流花宾馆、流花路展览中心（广州中苏友谊大厦）扩建、白云宾馆、东方宾馆西翼、矿泉客舍、友谊百货商店等。广州外贸工程也许是 20 世纪 70 年代中国规模最大、最为雄心勃勃的建筑项目（图 4.1）。[6] 为了实现这一目标，在官方指导下成立了一个领导小组，下设管理、财务、项目、设计、材料和家具等办公室。[7] 设计办公室由林克明负责，分为两个部门。第一个部门设在广州市设计院，由建筑师佘畯南（1916～1998）领导，负责流花宾馆、广州中苏友谊大厦扩建和东方宾馆西翼的设计。第二个部门由广州市规划委员会工程师莫伯治（1915～2003）领导，小组成员曾经在 60 年代后期参与设计了爱群酒店（建于 1934 年，17 层高，具有装饰艺术风格）的扩建工程以及广州宾馆。

流花路中国出口商品交易会展览中心

中国出口商品交易会展览中心是在流花路广州市中苏友谊大厦基础上扩建而成。原友谊大厦由林克明主持设计，扩建工程由佘畯南、黄炳兴、陈金涛和谭荣典负责。展览中心大楼包括两个部分，一个是在原中苏友谊大厦南侧加建 T 形部分，另一座是在北侧兴建全新建筑。其中包括文化和医学馆、金属和矿物馆、机械馆、轻工业馆、纺织馆、土畜产品馆、工艺品馆、花鸟馆以及一系列服务设施，例如邮局、银行和餐厅等（图 4.2）。

展览中心内的各个展厅通过廊桥紧密相连。建筑下部用作展览空间，上部则用作会议室和办公室。建筑师创建了一系列充满活力的庭院，种植当地植物并保存场地的树木。在每年春秋两季"广交会"举办期间，参观者能够在舒适宜人的自然环境中观看展品并与工作人员进行交流，这些庭院成为吸引人的户外展览空间。1974 年竣工时，这座面积为 110500 平方米的综合大楼成为广州最大的单体建筑。

北郊——流花湖畔新建筑群

流花湖畔新建筑群全貌模型

图 4.1　广州外贸工程项目实景模型

来源：广州市设计院编 . 广州建筑实录 [M]. 1975

图 4.2 广州中国出口商品交易会展览中心，1974 年

来源：广州市设计院编.广州建筑实录 [M]. 1975，封面

展览中心南部的陈列内容具有时代特征。新建 T 形建筑包括一个中央大厅和三个主要展馆：西侧的农业学大寨馆，东面的工业学大庆馆，以及中间的毛主席作品展馆。大寨馆专门展示山西省农村大寨的成就，而大庆馆展示了黑龙江省大庆油田工人的英勇事迹。大寨农民和大庆工人的功绩表现出了毛主席倡导的自力更生和艰苦奋斗的精神风貌。这些展馆及展品代表了中国在克服困难扩大农业和工业生产方面取得的成就。可以说，商品交换为政治宣传提供了某种契机。

南侧新建建筑的抽象形式似乎挑战了当时主流的美学意识形态。该项目最引人注目的形式特征之一便是其南立面纯净的玻璃墙面。这面 183 米长的窗墙在国内是首次出现，最初由桂林市建筑设计室的建筑师尚廓提出。[8] 最终决定采用这种大胆的实验性设计之前，建筑师和业主方进行了激烈的讨论和协商，一些人对材料的质量及其在隔热性能上存在很多担忧。[9] 尽管如此，林西副市长认可并支持这一大胆创意。

尚廓的立面方案被采纳一事体现了当时建筑设计的两个方面。一方面，建筑创意是基于集体的努力，在此过程中，建筑师积极贡献自己的想法，不计较个人名声或财富。在当时的社会环境里，个人主义思想受到批评。为公众服务的集体工作作风深深植根于建筑实践中。在参与的建筑师中，佘畯南无疑是一位领导者。1964 年，他主持设计的广州友谊剧院得到了同行的广泛认可。建筑师在这个项目中深入考虑了不同材料的搭配使用，对当地气候条件的回应以及室内外空间的身体体验。[10] 另一方面，开明官员的支持是产生高质量作品的重要因素。林西副市长对现代建筑十分热爱，鼓励建筑师充分展示才华。多年之后，佘畯南和莫伯治都撰文感激这种鼓励，赞赏林西对建筑实践的积极支持，使他们获得了更多的自主空间来探索最合适的形式和空间表达方式。[11]

建筑师从一开始就很清楚，展览中心的西立面需要回应当地的亚热带气候，尤其是下午强烈的阳光。新建体量的北部采用了两种方法来解决这一需求。西翼主要使用垂直混凝土格栅作为遮阳构件。这种遮阳装置（brise-soleil）最早出现在勒·柯布西耶（Le Corbusier）的建筑中。20 世纪 50 年代，建筑师夏昌世在广州的一些项目中广泛采用此类遮阳构件，显示出他对当地气候的敏感性，并塑造了一种独特的形式语言。他对被动能源控制的兴趣和探索对本地年轻一代建筑师产生了微妙影响。另外，北翼西侧的"花窗"样式的预制遮阳构件还产生了另一种韵律，让人联想到当地传统民居花窗元素。

白云宾馆

1976 年落成的白云宾馆位于广州市中心的东部，距离展览中心只有 4 公里，交通条件十分便利。该项目由白云宾馆设计小组集体设计，团队成员由莫伯治、吴威亮、林兆璋、陈伟廉和蔡德道等建筑师组成。1968 年，在完成了广州宾馆的设计工作后，莫、吴和蔡等人被送到农场接受再教育。1972 年，白云宾馆项目上马时，这些设计技术人员又被召回，以执行为广交会外国客人提供住宿的政治任务。起初，参与的建筑师提交了许多设计方案，但最后批

图 4.3 广州白云宾馆，1976 年
来源：丁光辉摄，2016 年

准并实施的方案综合了莫伯治的概念与其他建筑师的设计思想（图 4.3）。

白云宾馆的布局包括三个主要功能区域：入口和临时停车区的前院，33 层主体酒店客房建筑以及围绕塔楼并用作公共设施的一系列低层裙房。基地出入口附近是一个小山坡，种有当地树木，并将场地与毗邻的城市道路分隔开来。建筑师保留场地的山丘，然后将其转变为人与自然互动的特定场所。24 米长的混凝土顶篷连接山坡和主要入口，为游客从停车场进入大堂提供了过渡空间。考虑到当地多雨的气候，这种雨篷顶盖为游客提供了便利与舒适。

酒店布局最有趣的方面是，建筑师运用了传统庭园空间原理来组织主要的公共区域。他们将布局按线性顺序分为三个空间层次：前庭、中庭和后庭（图 4.4）。前庭包括停车场、山丘、人工水池、石头和树木，通过精心组合来营造出宁静的氛围。[12] 穿过入口到达大厅后，访客即在左侧感受到宽敞空间，并在右侧体验到明显的空间深度和层次。

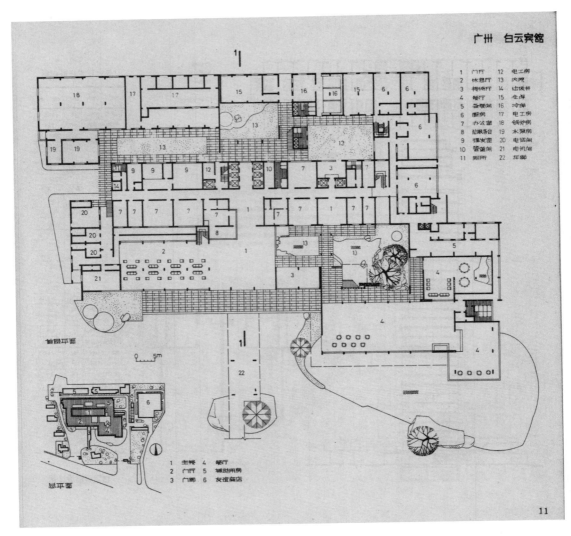

广卅 白云宾馆

1	门厅	12	电工房
2	休息厅	13	内院
3	檐廊厅	14	垃圾井
4	餐厅	15	仓库
5	备餐间	16	冷库
6	厨房	17	电工房
7	办公室	18	锅炉房
8	服务台	19	水泵房
9	管道间	20	电话间
10	管道间	21	电机间
11	厕所	22	车廊

1	主楼	4	餐厅
2	门厅	5	辅助用房
3	门廊	6	友谊商店

图 4.4　广州白云宾馆一层平面
来源：中国建筑学会、国家建委建筑研究院．旅馆建筑 [M] 北京：中国建筑学会，1979，11.

　　中庭周围分布着许多不同规模的餐厅，庭院内部 3 棵原始榕树是从岩石中生长出来的，巨大的体量占据了整个空间，并成为绝对的视觉焦点。正是建筑师对现有场地的关注使他们能够创造出这种视觉上的惊喜。服务设施占据了场地的北部。在这里，几个小型庭园将后勤房间与塔楼隔开，为酒店员工创造了一系列明亮、引人入胜的内向空间。三种庭园空间巧妙地融入了酒店的设计中，在不影响现代功能和传统美学品质的前提下，提供了丰富而动态的身体体验。

　　作为 20 世纪 70 年代中国最高的建筑（112.45 米），白云宾馆的建造蕴含了一定的实验性和结构创新。主体塔楼结构是变截面钢筋混凝土剪力墙，出于结构简单性和稳定性考虑，平面采用中央走廊对称布置。在标准层设计时，建筑师略微扩展了部分酒店房间，形成了相对不对称的外观。塔楼的外立面以突出的水平横窗和几条清晰的垂直线条为特征。在当时，庸俗的意识形态审美充斥横行，水平线条被视为资本主义文化的代表，而垂直线条则被视为社会主义的体现。[13]

在这种情况下，水平长窗的选择更多是基于实际功能，而非意识形态。由于缺乏优质的防水材料，建筑师在窗户外面设置了悬臂薄板来保护它们免受雨淋。应该说这是一个颇为有效的解决方案，之前曾在爱群宾馆和广州宾馆项目中进行过测试。同时，对某些垂直元素的运用表明建筑师不完全拒绝意识形态方面的考虑，而是希望保持一个模棱两可的解释空间。

尽管一些设计院在"文革"期间被解散，许多建筑师被下放，但由于政治任务需求，部分设计院和建筑师依然有机会从事酒店、展览中心、旅游和外宾接待设施的建设[14]。在这些建筑中，广州外贸工程则成为 20 世纪 70 年代中国最富探索成效的项目之一。佘畯南、莫伯治及同事等通过融合当地的建筑文化，发扬了现代主义建筑的传统。他们努力将西方影响与当地庭园传统相结合，并将这些力量转变为统一的有机整体。他们的工作以充满活力的方式改善和改造了特定的场所，在新旧之间、在建筑与景观之间以及人与整体环境之间建立了对话和互动。当时广州的新建筑，对改革开放初期的中国建筑师，是一种心理震动和设计启发。

4.2　国有设计院的改革

1978 年开启的改革开放政策，试图逐步摆脱计划经济的束缚，并强调以市场为导向的经济模式。与许多政府资助的企事业单位一样，设计院也着手进行管理和结构改革。1979 年，政府鼓励一些机构（包括北京市建筑设计院）开始收取设计费，并逐渐停止财政拨款。之后，又颁布了一系列改革政策，赋予设计院更多的管理自主权来促进其市场化运作。

1983 年，政府将设计院分为甲、乙、丙、丁四个等级。设计机构的分类与建筑物的分类（类型和等级）密切相关。甲级设计院对设计业务（类型、面积或高度）没有限制。乙级设计院可以设计高度不超过 50 米的 II 级或以下的民用建筑；低于 18 层的住宅；跨度小于 30 米的单层民用建筑；跨度小于 30 米、龙门吊最大负载小于 30 吨的单层车间或仓库；跨度小于 12 米且不超过 6 层的多层工厂建筑物或仓库。丙级设计院可以设计 III 级或以下的建筑物，且建筑物高度不超过 24 米；单层民用建筑、跨度不超过 24 米；跨度小于 24 米的单层车间或仓库，龙门吊负载最大小于 10 吨；跨度小于 9 米且 4 层以下的多层工厂和仓库。乙级设计院只被允许为单位所在的省（市或自治区）设计项目，而丙级和丁级设计院业务分别限于其所在城市和地区。

1983 年，城乡建设与环境保护部对设计院的资质有以下要求：甲级设计院应至少具有五名高级建筑师，五名高级结构工程师和三名高级水暖电工程师。每位高级建筑师或工程师应得到六名建筑师或工程师的配合。它应该能够同时处理两个大型建筑设计项目；在过去的五年中，有两个项目获得了国家级、部级或省级奖项；参与了国家和地方工程标准的编制；并建立了有效的质量管理体系。乙级设计院应至少拥有三名高级建筑师，三名高级结构工程师和三名高级水暖电工程师。每位高级建筑师或工程师应得到六名建筑师或工程师的配合。[15]

多年来，主管部门对它们进行了调整和更新。在1996年实施注册制度之后，"高级建筑师"的人数被"注册建筑师"的人数所取代。根据2007年颁布的《建设工程勘察设计资质管理规定》，工程设计资质分为工程设计综合资质、工程设计行业资质、工程设计专业资质和工程设计专项资质。[16]除设计机构之外，其他与建筑相关的业务也有类似的分类要求，这表明了政府对基建领域的关心和责任。但实际上，乙级或以下设计院在建筑物类型，规模和位置等方面面临业务限制。因此，很少见到任何乙级设计公司在运营。在设计竞赛或投标中，参与公司一般需要具有甲级资质。

成立于1980年的华森建筑与工程设计顾问有限公司，可以看作是设计机构早期改革的标志之一。该事务所是由香港森阳国际有限公司和国家建委建筑设计研究院（现为中国建筑设计研究院）共同发起的，是中国第一家在建筑领域出现的中外合资企业。华森最初位于香港，1982年移至深圳。公司主要创始人是袁镜身（董事长）、黄汉卿（副董事长）、曾坚（总经理）和陈世民（总建筑师）。在公司成立之前，中国政府决定将深圳设立为经济特区，以此作为资本主义经济和管理体系的试验点。与此同时，珠海，汕头和厦门也在此时获得了相同的地位。由于深圳的地理优势，其经济改革吸引了来自香港地区的大量投资，这也帮助塑造了城市的景观。

国家建委建筑设计研究院的负责人认为，建立华森的目的是为深圳的城市建设提供服务。[17]尽管华森在组织架构上类似于设计院，但它提供了一套更全面的设计服务，包括建筑、结构、室内、水暖电、照明、项目咨询和工程承包。随着国际资本（尤其是来自中国香港）的不断增加，深圳的城市化进程急剧加速，这为建筑师提供了巨大的机会。由于深圳许多高端项目都是由香港开发商投资，华森通过与香港客户紧密合作而获得了一定的优势，从而为自身赢得了可观的利润。

另外，华森还打开了一个中外交流的窗口，通过该窗口，国内建筑师可以通过设计合作与国际同行进行互动。这种合作帮助大陆建筑师明确了设计策略，管理体系和市场运作。通过访问香港，一些建筑师逐渐熟悉新材料、新技术、新设备的使用以及新的设计方法。华森的大多数建筑师都是从北京调来的，并逐渐成为培训青年建筑师的重要基地。例如，崔恺于1984年毕业于天津大学，获得建筑学硕士学位，在建设部设计院工作了一年之后，于1985年被派往深圳华森工作。在1989年回到北京之前，崔恺和同事梁应添和朱守训等人合作设计了多个大型项目，包括西安阿房宫五星级酒店和深圳船员基地。[18]

尽管一开始困难重重，但华森很快通过深圳蛇口南海酒店项目（深圳市第一家五星级酒店）展示了出色的设计技巧并提升了专业声誉（图4.5）。由陈世民（1934～2015）主持设计的南海酒店拥有面朝大海、外观典雅的半圆形阳台，其阶梯式退台结构在内部创造了一个宽敞的中庭（底部较大，顶部狭窄），让人联想到约翰·波特曼（John Portman）的酒店项目——

图 4.5　深圳南海酒店，1986 年
来源：张广源摄影师赠

美国旧金山海特摄政旅馆（Hyatt Regency San Francisco）。陈世民曾任建筑工程部设计院高级建筑师，最初被调任至华森香港办事处，后来又调至深圳担任总建筑师。1986 年，他在香港和深圳又成立了另一家合资设计公司——华艺设计顾问有限公司。[19] 在南海酒店项目中，陈世民不仅担任首席建筑师，而且还担任室内设计师和项目经理，这些工作不但体现了他的空间、造型创造力和场地敏感度，而且还展示了他在项目管理和协调方面的非凡才能。[20]

南海酒店的落成，确立了华森在建筑设计行业的地位，并给自己带来了更多的市场机会。经过为期两年的设计竞赛，华森赢得了由香港开发商与陕西省旅游公司合资兴建、位于西安古城的阿房宫酒店的设计合同。[21] 由于场地和功能限制，建筑师需要平衡酒店的巨大体量与当地历史和文化背景之间的冲突。华森在内部开展了方案比选，经过讨论和分析，青年建筑师崔愷的设计理念得到采纳。建筑师没有使用常见的大屋顶和琉璃瓦——这在视觉上占主导地位的传统建筑元素被广泛用于现代建筑中，作为调解传统与现代性之间冲突的一种方式。

在 20 世纪 80 年代，后现代建筑具有很大的影响力，许多建筑师都被卷入后现代主义的论述和实践中。后现代主义的设计原则，例如强调隐喻，历史元素和象征等手法，不可避免地体现在阿房宫酒店项目中。[22] 例如，酒店由一大一小两个体量组成（均旋转 45°），通过下部结构和玻璃幕墙连成一体。较大的体块内有通高中庭，形成了较为时髦的酒店空间（图 4.6）。由于体量旋转，正对主干道形成一个相对宽敞的入口广场。[23] 为了在形式语言上体现当地文化，

图 4.6　西安阿房宫酒店，1990 年

来源：《建筑学报》1991 年第 2 期，封面，张广源摄影

建筑师使用了一系列小规模的装饰和隐喻。缓缓倾斜的酒店体量似乎受到深圳南海酒店的启发，同时暗示了西安的城墙和古老的高平台建筑形式，而菱形的窗户让人想起当地民居。

1989 年，《建筑学报》刊登了华森的实践作品。建设部建筑设计院高级建筑师（当时是华森的董事总经理）龚德顺撰文详细介绍了华森公司的历史、目标和运营情况。[24] 刊出的作品包括本节讨论的酒店以及其他一些体育场、住宅、旅馆、办公楼等项目，其中大多数都建在深圳，展示了华森建筑师的活力和创造力。1991 年落成的深圳华夏艺术中心可以看作是华森最具文化重要性的作品之一。[25] 与许多其他华森设计的中外合资项目一样，华夏艺术中心由中国国家旅行社（香港）集团与深圳华侨城集团合作开发（图 4.7）。

这个项目位于深圳华侨城，由建筑师张孚佩及其同事龚德顺和周平设计。[26] 由于场地大致呈三角形，建筑布局也呈三角形，试图重新定义、协调周边环境。该建筑最引人注目的元素是其南立面——一个宏大的半公共广场，可容纳各种城市活动。另一个突出特点是从广场到商业步行街的公共通道，通过促进自然通风来积极应对当地气候。广场上方的钢结构网架屋盖上覆玻璃，两端通过墙壁内部的柱子支撑。广场上开敞楼梯连接地面和二层、三层走廊，形成一种动态的、大尺度的城市公共空间。

这种三角形布局策略和开放空间处理方法类似于关善明建筑师事务所在 1984 年完成的香港演艺学院大楼项目（两个三角形体量通过玻璃中庭相连），也让人联想到贝聿铭设计的华盛顿特区国家美术馆东楼。[27] 由于华森与香港的联系，建筑师或许有机会参观香港演艺学院大楼。深圳华夏艺术中心创造了一个吸引人的公共大厅，供人们自由活动，旨在弥补城市公共空间

图 4.7　深圳华夏艺术中心，1991 年
来源：薛求理摄

的匮乏。这个例子说明了香港建筑文化在 20 世纪后期对内地的微妙影响。在这方面，华森成为国内建筑师得以融入全球设计文化的一个窗口。

20 世纪 80 年代初期的建筑热潮——尤其是在沿海城市，如深圳、厦门、珠海、温州和海口等地——刺激了众多设计机构的扩张。上海、天津和重庆等许多省市级设计院在这些沿海城市设立了分院，寻求项目来增加收入，并在相对开放的氛围中为年轻建筑师提供实践机会。与此同时，由于设计院缺乏足够的竞争机制，官僚管理模式和市场压力仍然限制了设计的创新和效率。为了改变这种局面，一些个人和机构试图建立小型专门化设计公司。1984 年底和 1985 年初，城乡建设和环境保护部批准成立三个专业设计公司作为试点，即北京建筑设计事务所、大地建筑事务所和中京建筑设计事务所。[28]

北京建筑设计事务所由建筑师王天锡主持。1963 年，王天锡毕业于清华大学建筑系，之后在国家建设委员会下属的设计院工作。改革开放后获得政府资助去美国进修，于 1980～1982 年在纽约贝聿铭建筑师事务所工作。[29] 经过两年的密集学习和实践，王天锡回国之后尝试参照西方设计公司模式建立一个规模更小，效率更高的建筑设计公司，以"促进建筑创作，探索设计改革的具体思路并增加经济效益"。[30] 与传统设计院的综合组织模式不同，北京建筑事务所专注于建筑创作，并将结构、水暖电等工种的设计任务分包给其他设计院。[31] 作为城乡建筑与环境保护部下属的集体所有制企业，北京建筑事务所未获得任何财政补贴，并自负盈亏。在事务所内部，设计和管理的角色合二为一，这种扁平而灵活的管理风格不同于常规的分层管理模式。它使建筑师能够追求自己的设计，并为年轻建筑师提供了更多实践和发展技能的机会。[32]

在 1996 年事务所停业之前，王天锡和同事们设计一些备受赞誉的项目。其中之一就是建于 1987 年的全国政协北戴河疗养院，其他重要的项目是 1992 年完工、援建瓦努阿图（南太平洋）议会大厦和突尼斯青年中心（竞赛方案）。尽管当时许多建筑师倾向于探索所谓的民族形式，但王天锡专注于建筑、几何与特定环境之间的互动（图 4.8）。

例如，在疗养院项目中，王天锡展现了他对海景、丘陵地形和附近红色坡顶建筑的敏感性。建筑布局是由可重复的六边形围合而成。朝南的一面享有充足的阳光，而其他方向的客房可欣赏大海美景。该项目的一个显著元素是在入口和楼梯间上反复使用的三角形语言。几何形式的运用巧妙地暗示了贝聿铭作品的影响。建筑师在楼梯上创建了许多用红瓦覆盖的三角形尖顶，与周围建筑环境——白色墙壁和红色屋顶相呼应。这些大胆的抽象形式语言表达了王天锡对几何造型的偏爱，也与那些代表民族形式的传统建筑装饰保持距离。[33]

在瓦努阿图议会大厦中，建筑师努力将纯净的几何形式与当地的建筑文化相结合。国会大厦具有对称的布局，包括一栋具有视觉醒目、水平延展的单层庭院办公大楼和一栋三层议会大厅，大厅的屋顶覆盖着红色钢瓦，让人联想到当地的传统建筑，并从周围的环境中凸显出来（图 4.9）。在庭院内，建筑师搭建了一个开放的多功能展馆，供公众活动。为了回应当地的传统，建筑师将支撑混凝土的圆柱排列成螺旋线形，并将野猪牙齿的形状转换为代表该

图 4.8　建设部北京建筑设计事务所作品选

来源：《建筑学报》，1986 年第 8 期

图 4.9　援建瓦努阿图（南太平洋）议会大厦，1992 年

来源：https://www.sunergisegroup.com/parliament

国国民身份的几何形状。除了与地方的象征关系外，建筑师还在亭子屋顶上使用本地材料——棕榈树叶（棕榈树是该地区的原生植物）[34]。公共食堂大楼位于一侧，并通过走廊与主楼相连。这个建筑综合体嵌入现有场地并响应当地气候，清楚地展现了建筑师对于文脉（context）的敏感性。

当北京建筑设计事务所试图在官方体制之外探索新的组织模式时，大地建筑事务所（国际）则直接采用西方设计公司的运营模式。这家中外合资设计公司由加拿大籍华裔建筑师彭培根主持，邀请了中国著名建筑师、规划师、工程师和室内设计师加入，例如金瓯卜、陈占祥、寿震华、孙芳垂和曾坚。[35] 此外还邀请了香港建筑师何弢和加拿大建筑师麦克林·汉考克（Macklin Hancock）和卡尔·史蒂文斯（Karl Stevens）。正如彭培根所说，公司的目标是提高设计质量并培养建筑创意。他打算通过与现有设计机构和团队的合作与竞争相结合的方式来实现这一目标。[36] 公司的经营风格彰显了彭培根坚定的社会主义思想——他决定保留部分利润以支持农村发展（培训农村建设者并邀请建筑师和规划师在乡村工作）。大地建筑事务所成立两年后，《建筑学报》出版了一期专刊，介绍了该公司的一些雄心勃勃的大尺度都市建筑和城市规划项目，展现了建筑师的创造力、工作效率和美学活力，这与国有设计院大为不同（图4.10）。

这种设计体制改革的实践还包括中京建筑事务所——由建筑师严星华领导。[37] 中京建筑事务所隶属于中国建筑学会，1985年获得城乡建设和环境保护部的许可，1987年纳入北京市建筑设计研究院。在《建筑学报》上发表的一篇文章中，严星华认为事务所成立的目的，是探索一种创新的方法来管理设计部门，以培养建筑师更大的创造力。[38] 与北京建筑事务所不同，中京和大地均提供了广泛的设计服务，包括建筑设计、结构和机电工程以及成本估算。全面的业务服务与中等规模的组织架构相结合帮助公司赢得了大型项目设计，同时避免了国有设计机构中普遍存在的官僚主义管理。在中京事务所，董事长有权给员工论功发薪，这种灵活的薪酬制度激发了员工的工作热情。[39]

这些多样化设计团队的出现体现了建筑师和主管领导渴望探索更加富有活力设计组织的愿望。对于建筑师戴念慈（1920～1991）来说，设计院结构改革的核心目标是激发建筑师的主动性，并创造条件让他们专注于建筑创作。[40] 作为20世纪下半叶中国建筑界的领军人物之一，同时也是部属设计院总建筑师，戴念慈对大型设计院的优缺点有着深刻的理解。[41] 对他来说，建筑师个人的创造力得不到足够的尊重，许多创新性想法很容易在设计机构的内部集体讨论中被抹去，其结果是实现的项目往往会失去特色。[42]

戴念慈承认，各种设计模式可以共存，但他对寻找促进和发展年轻建筑师创造力的方式最感兴趣。1988年，他从城乡建设和环境保护部副部长职位上退休，在时任中国建筑学会秘书长张钦楠的协助下，开设了一家小型设计工作室，即建学与建筑工程设计所。该事务所在中国建筑学会指导下运作，致力于研究新的设计组织方式，并在几个选定的项目中检验他的设计思想。事务所承担了三种建筑项目：戴念慈本人亲自创作的建筑；在他的指导下由年轻建

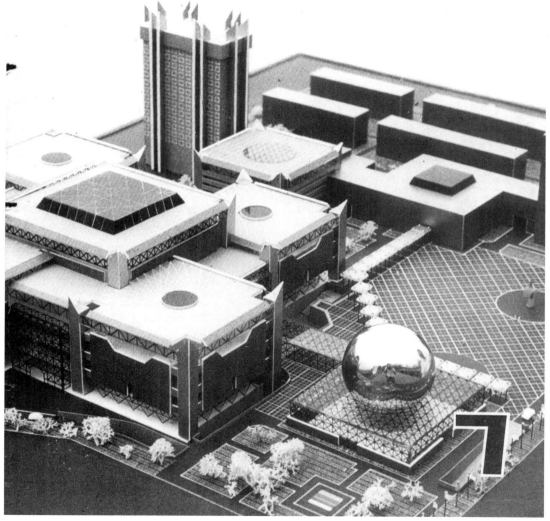

图 4.10　中国科学技术馆二期工程竞赛方案模型，1987 年

来源：《建筑学报》1987 年第 7 期，封面

筑师设计的建筑；事务所同事设计的建筑，其美学方向得到他的认可。[43]

在北京法华寺居住小区项目中，戴念慈和事务所同事试验了一种经济适用型住宅模式。[44]作为一名"又红又专"的建筑师，他具有坚定的社会主义理想，十分担心住房短缺和建设用地的稀缺性。他对恩格斯（Friedrich Engels）撰写的《住房问题》颇为了解，这促使他着手解决小区设计中土地使用效率的问题。法华寺住宅社区是一个以市场为导向的城市更新项目，旨在改善当地居民的生活条件，并提供更多的住宅单位用于出售。[45]对于建筑师来说，满足这些要求的最佳方法之一是增加设计密度并在现有场地上建造更多房屋。戴念慈对通常建造高层建筑来提高密度的方法不太满意。相反，他全神贯注于寻找多层、高密度的解决方案，既可以增加房屋密度，又可以创造一个更好、更亲密的居住环境。[46]

为了提高密度，建筑师设计了一系列六层住宅楼，布局略有不同（图 4.11）。但是，它们都有一个共同点：具有内部庭院（或中庭）。在每个楼层，房屋单元围绕中庭（天井）组织。尽管该建筑群北侧的少数单元日照不足，但大多数单元都享有充足的阳光。戴念慈认为，鉴于住房严重短缺，这种不利的建筑朝向对于某些家庭来说是可以接受的——租金或售价便宜。然而，中国人偏爱南向住房是如此之强，以至于房地产开发商并没有忠实地遵循他的设计。实际上，按照他的计划只建造了四栋建筑。[47]

1991 年 11 月，戴念慈因病去世，建学与建筑工程设计所失去了一位精神领袖，但设计团

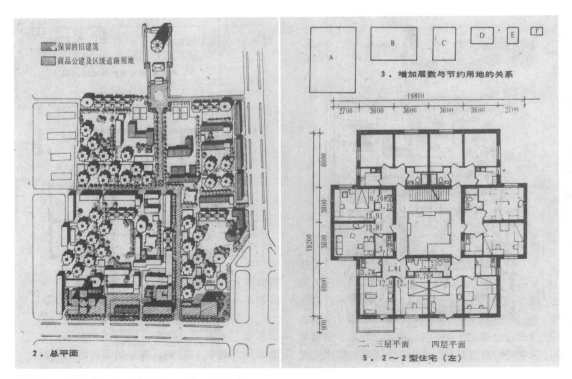

图 4.11　北京法华寺居住小区设计方案，1989 年

来源：《建筑学报》，1989 年第 7 期，2-3 页

队仍然保持着活力。事务所先后与年轻建筑师张永和、张在元（1953～2012）合作设计了几栋小型民用建筑。[48] 1993 年，与马来西亚 MAA 公司建立了合资企业——马建国际建筑设计顾问有限公司，在 20 世纪 90 年代设计了许多优秀项目。[49]

作为政府控制的设计企业，华森、北京建筑事务所、大地建筑事务所、中京建筑事务所和建学与建筑工程设计所都展示了新的组织模式和创作活力。应该指出的是，这些机构为年轻建筑师提供了许多机会，让他们的才能和思想得到表达。它们与部、省或市级的许多设计院一起，在建筑市场上提供广泛的设计服务，从而为中国的现代化建设做出了探索性贡献。

4.3　建筑创作的意识形态转变

20 世纪 70 年代末，中国的社会政策转向经济增长而非阶级斗争。很快，在城市和城镇中房屋建设需求日益激增。长期生活在单调的城乡环境中，人们期望更高质量和更多样化的建筑设计。随着旧的意识形态的逐步瓦解，表达身份（identity）和变化的设计越来越受到鼓励。在许多情况下，建筑设计的质量得到了提高，设计工作被认为是一种"创作"。"创作"这个词最初出现在 50 年代的文章中，但在"文化大革命"期间遭到抨击，成为资产阶级思想和个人主义的化身。然而，从 1980 年起开始它又重新流行，这表明建筑师渴望展现个人创造力和表达能力。1985 年，在北京和上海举行的两次关于建筑与城市环境的会议特别强调了对创作的需求和重视。

同时，由来自南方和北方设计院的许多中青年建筑师、学者成立了现代中国建筑创作研究小组（Modern Chinese Architecture Research Group）。[50] 尽管小组的英文标题暗示着建筑研究，但其主要关注点是建筑创作。小组的成立表明年轻一代对改变现状的渴望与日俱增，也是对"论资排队"现象的不满与抵抗。为了更好地表达自己的意见，小组成员在各个城市组织了会议和座谈会，分享自己对创作的看法和做法，促进设计知识的流动。在设计院日常实践中，一些创作活跃的成员不断提出新鲜的设计思想。比如，新疆建筑设计研究院王小东建筑师在乌鲁木齐友谊宾馆三号楼的设计中，大胆运用券元素来丰富建筑造型，用多功能庭院来组织建筑室内外空间，用带有浓郁地方装饰特色的墙面、窗户、地毯等细部来营造氛围，突破了常见方盒子式的现代建筑形式（图 4.12）。[51] 建筑批评家曾昭奋认为，这些元素的运用颇具亮点，让人耳目一新，一扫复古主义的陈旧落后手法，但是传统片段稍显多了些，不够精简、洗练。[52] 王小东的创作代表了 20 世纪 80 年代中青年建筑师对传统与革新的探索与挣扎——建筑师对后现代主义的戏谑做法较为不满、对现代主义话语日渐式微的彷徨，对民族文化传统的眷恋，这种复杂的态度在建筑设计上常常表现为一种或多或少、或明或暗的折中处理手法。

20 世纪 80 年代也涌现出一系列新的、广受赞誉的设计创意和实例。其中之一是由华东建筑设计院罗新扬建筑师设计的上海南京路华东电力大楼。这个 125.5 米高的建筑于 1988 年建成，

新疆宾馆三号楼

王小东 摄

门厅及餐厅组成的庭院
中餐厅外部
门厅及总服务台

图 4.12 新疆乌鲁木齐友谊宾馆三号楼，1985 年

来源：《建筑学报》，1985 年 11 期，85 页

平面布局与街道成 45° 角，顶部有一些不规则变化，并且垂直切了一个角。这些特征使它从周围 20 世纪 30 年代装饰艺术风格的建筑环境中脱颖而出，也因此被标记为"后现代主义"。该建筑于 2018 年被改建为酒店，在上海引起一番关于现代建筑保护的争论。[53]

　　1995 年，深圳大学的《世界建筑导报》杂志发行了一期特刊，以纪念现代中国建筑创作研究小组成立十周年。封面采用的是中国建筑西北设计研究院建筑师张锦秋设计的陕西省历史博物馆———一个比例恰当、尺度宏伟、具有简化传统大屋顶加柱廊形式的现代混凝土建筑，让人联想起唐代雄浑的木构宫殿（图 4.13 和图 4.14）。[54] 作为张锦秋最重要的作品之一，它出现在古都西安，具有特殊的社会含义：地方政府期望建造这样一个"复古"形式来唤起普通大众对唐朝盛世的憧憬和怀念。除此之外，本期特刊还展示了来自众多设计院所和建筑院系的新兴建筑师（现代中国建筑创作研究小组成员）多样的设计方法和美学风格。例如，南京工学院建筑研究所教授赖聚奎介绍了福建省武夷山的酒店项目（与齐康合作）。该建筑位于风景秀丽的旅游区的斜坡之上，酒店充满活力的内部空间与周围变化的地形情况相对应。建筑师将现代原则与乡土建筑主题融为一体，例如灵活的空间组织、倾斜的坡屋顶、装饰性的线条，以及由当地石头材料制成的装饰品（图 4.15）。如果说陕西历史博物馆展示了再现西安辉煌历史的集体努力，那么武夷山庄项目则采用了更为谦和的方式来叙述传统与现代性之间的关系。

　　"创作"一词的流行反映了建筑话语的意识形态转变。随着"建筑创作"越来越频繁的出现，建筑师更多地以艺术家的方式谈论其设计工作。"创作"意味着建筑设计不仅是解决技术问题，而且是一种艺术活动，突出个人的创造力。这种趋势在一定程度上受到高校建筑师的

图 4.13　陕西历史博物馆，1991 年
来源：张锦秋院士赠

WORLD ARCHITECTURE REVIEW

世界建築導報

95:02

现代中國建築創作研究小組 十年回顧
世界建築導報創刊十周年

當代中國部分設計大師作品
陝西歷史博物館
中國建築師與 21 世紀
市場經濟的城市規劃與建築設計

图 4.14　陕西历史博物馆，1991 年

来源：《世界建筑导报》1995 年第 2 期，封面

图 4.15　福建武夷山庄旅馆，1983 年
来源：齐康院士赠

推动。众所周知的是，中国的建筑教育体系是由第一代建筑师建立的，他们在 20 世纪 20 和 30 年代结束了海外学习回国，其中许多人毕业于美国宾夕法尼亚大学。很多建筑师同时身兼教师和画家，具有很高的绘画水平（通常是水彩画），他们的绘画技巧有助于表达自己的设计。尽管一些受过欧洲训练的建筑师在教学中倡导现代主义原则，但"布扎"美术教学法在中国的建筑教育中长期占主导地位。在经济困难时期，降低建造成本已成为社会关注的主要问题，而致力于艺术或美学表达的建筑通常难以实施。尽管如此，在开放时代和自由市场上，对"绘画"建筑或"美术"建筑的偏爱依然盛行。实际上，20 世纪 80 年代大多数重要建筑师在素描、水彩画和手绘渲染方面仍然具有相当好的技能。在这方面，齐康、钟训正、彭一刚和戴复东等几位学院派建筑师是典型的代表。

彭一刚（1932 年出生）1953 年毕业于天津大学建筑系，曾经跟随徐中（1912～1985）等第一代建筑师学习，毕业后留校任教。[55] 他的钢笔和铅笔素描，以及水彩绘画技巧在同行中广为人知。他的设计分析文章包含了许多用细尖笔完成的平面图和透视图。透视图显示建筑物在阳光或阴影下，拥有精美的轮廓和光影效果。他分析苏州园林的文章于 20 世纪 60 年代首次发表在《建筑学报》上。他还用现代构图原理分析了传统园林，在 80 年代出版了《建筑空间组合论》一书，为建筑教学和实践提供了丰富的空间组合案例（类似于美国学者 Francis D. K. Ching 的教科书）。[56]

在天津大学建筑系馆项目中，他的设计展现了对三角形用地环境的创造性思考和回应（图4.16）。该教学楼位于校园的中轴线上，面朝湖泊。整体风格端庄稳重，平面布局围绕中庭组织了设计工作室（教室），作品展览区和演讲厅。该设计的总体规划、剖面和透视图均以手绘

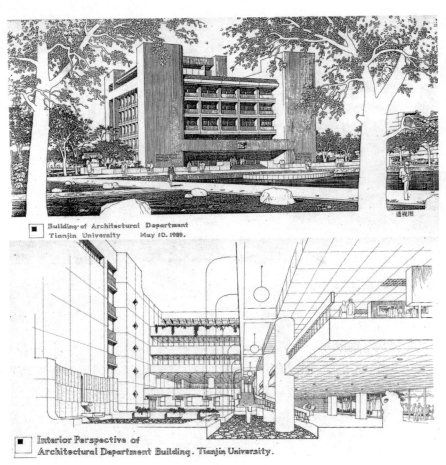

图 4.16　天津大学建筑系馆手绘表达，1990 年

来源：彭一刚院士赠

形式来表达，呈现出丰富的想象空间。

在 1995 年设计甲午海战纪念馆时，彭一刚将民族英雄的半身石雕作为建筑体量的一部分，宣扬了中国海军的英勇气概。[57] 这种融合抽象建筑、具象雕塑和自然环境为一体的设计思路较为通俗直观地传递了建筑的沟通作用，便于大众游客识别纪念馆的主要功能，颇受领导认可。在设计过程的前期、中期和后期，他的手工绘图都使业主和同行对设计细节深信不疑。

彭一刚当选为中国科学院院士和中国工程院院士，这是中国知识分子所能获得的最高荣誉。他的绘画作品是许多同事和学生们（包括周恺、李兴钢等）的学习榜样，在电脑制图普及之前，很多建筑师也乐意尝试用精美的绘画或透视图展示自己的设计。设计院中的许多总建筑师，不仅是方案的构思者，也是透视图的绘画者，他们的一两幅典型角度透视图，可以主导长时间的行业讨论和学术记忆，甚至比建筑物本身更具影响力。对"建筑创作"的讨论主导了 20 世纪 80 年代和 90 年代的设计出版物。但是，由于经济条件不发达，加上劣质的建筑材料和粗糙的施工水平，80 年代完工的许多建筑在现实中的效果远不及绘画或效果表现图。随着对建筑艺术方面的日益强调，建筑师不再被视为工程师或技术人员，而是艺术家。在一个长期崇尚形上思辨、轻蔑工匠劳动的国家，建筑创作受到了越来越多的尊重和讨论。

注释

1　Ezra F. Vogel. One Step Ahead in China：Guangdong under Reform[M]. Cambridge：Harvard University Press，1990. 中文版：（美）傅高义著；凌可丰，丁安华译. 先行一步：改革中的广东 [M]. 广州：广东人民出版社，2008.

2　编者. 序 // 中国建筑学会、国家建委建筑研究院. 旅馆建筑 [M]. 北京：中国建筑学会，1979.

3　刘亦师. 中国建筑学会 60 年史略——从机构史视角看中国现代建筑的发展 [J]. 新建筑，2015（02）：142-147.

4　在这次会议基础上出版的《旅馆建筑》一书中，所选的 43 个项目中有 6 个建在广州，可以说没有其他城市有如此出色的表现。

5　在担任广州市副市长期间，林西展现了他对知识分子的开明态度以及对群众生活环境的密切关注。在他的直接领导下，广州兴建了一批城市公园、景观绿地、公共建筑等，大力改善了市容市貌。杨苗丽，周艳红. 留得清绿在人间：林西 [M]. 广州：广东人民出版社，2016.

6　关于广交会建筑已有讨论，冯江. 变脸：新中国的现代建筑与意识形态的空窗 [J]. 时代建筑，2015（05）：70-75. Ke Song. Modernism in Late-Mao China：A Critical Analysis on State-sponsored Buildings in Beijing，Guangzhou and Overseas，1969–1976[D]. The University of Melbourne，2017.

7　领导小组是一种中国独特的组织单位。有些小组是常设的，有些是临时组建的，主要目的是负责处理眼前的问题，协调高层决策机构的政策实施。Cheng Li. China's Communist Party-State：The Structure and Dynamics of Power// William A. Joseph. ed. Politics in China：An Introduction[M]. New York：Oxford University Press，2010：165-191.

8 尚廓1957年毕业于天津大学建筑系，1957—1965年期间在中国建筑科学研究院建筑历史研究所从事中国古建、园林、民居等方面的研究工作。1966—1979年期间在桂林市建筑设计室从事旅游建筑和风景区规划及园林建筑设计，曾与莫伯治等岭南建筑师交往。曾昭奋，张在元主编．当代中国建筑师 [M]．北京：中国建筑工业出版社，1988：96-99．尚廓．建筑创作与表现：风景建筑设计 [M]．哈尔滨：黑龙江科学技术出版社，2003．

9 林克明．世纪回顾：林克明回忆录 [M]．广州市政协文史资料委员会，1995．

10 余畯南．低造价能否做出高质量的设计？友谊剧院建筑设计 [J]．建筑学报，1980（03）：16-19．

11 余畯南．林西：岭南建筑的巨人 [J]．南方建筑，1996（01）：58；莫伯治．白云珠海寄深情：忆广州市副市长林西同志 [J]．南方建筑，2000（03）：60-61．

12 莫伯治．中国庭园空间组合浅说 [M]// 莫伯治文集．曾昭奋编．北京：中国建筑工业出版社，2008：166-170．

13 蔡德道．"文革"中的广州外贸工程设计，1972-1976[J]．羊城古今，2006（02）：23-28．

14 比如，建筑工程部北京工业设计院被解散，很多建筑师被下放到湖南、河南和山西等地从事劳动和部分设计工作；北京市建筑设计院的一些建筑师留在北京，在"文革"期间设计了机场航站楼和外交公寓等项目．

15 薛求理．中国建筑实践 [M]．北京：中国建筑工业出版社，2009．

16 取得工程设计综合资质的企业，可以承接各行业、各等级的建设工程设计业务；取得工程设计行业资质的企业，可以承接相应行业相应等级的工程设计业务及本行业范围内同级别的相应专业、专项（设计施工一体化资质除外）工程设计业务；取得工程设计专业资质的企业，可以承接本专业相应等级的专业工程设计业务及同级别的相应专项工程设计业务（设计施工一体化资质除外）；取得工程设计专项资质的企业，可以承接本专项相应等级的专项工程设计业务。

17 袁镜身编．中国建筑设计研究院成立五十周年：历程篇 [M]．北京：中国建筑工业出版社，2009．

18 梁应添（1939年出生）和朱守训（1939年出生）在调往深圳之前曾在北京工作，二人均在"文革"之前学习建筑。

19 陈世民生于四川，1952—1954年在重庆建筑工程学院接受教育。经过两年的培训，他就被分配到建筑工程部设计院，参与第一个"五年计划"建设。

20 陈世民．时间，空间 [M]．北京：中国建筑工业出版社，1995．

21 梁应添，崔愷．历史文化与现代化结合的探求：西安阿房宫宾馆建筑创作介绍 [J]．建筑学报，1991（02）：42-47．

22 华森设计的深圳明华船员基地项目也融合了现代和后现代美学风格。

23 梁应添，崔愷．历史文化与现代化结合的探求：西安阿房宫宾馆建筑创作介绍 [J]．建筑学报，1991（02）：42-47，43．

24 龚德顺．改革中的华森建筑设计公司 [J]．建筑学报，1989（04）：2-3．

25 龚德顺，张孚佩，周平．深圳华夏艺术中心 [J]．建筑学报，1993（02）：40-46．

26 张孚佩（生于1939年）1963年毕业于清华大学建筑系，之后在国家建委下属的设计院工作。1985年，他调往深圳，担任华森公司副总建筑师。

27 Charlie Q. L. Xue. Hong Kong Architecture, 1945-2015: From Colonial to Global [M]. Singapore: Springer, 2016: 218-219.

28　Cole Roskam. Practicing Reform：Experiments in Post-Revolutionary Chinese Architectural Production，1973–1989[J]. Journal of Architectural Education，69，2015（01）：28-39.

29　王天锡回国之后曾任《建筑学报》编辑，1984 年成立建设部北京建筑设计事务所，担任所长。成立之前，加拿大籍华裔建筑师彭培根曾邀请他合伙成立联合设计公司，但是被他婉拒。

30　王天锡 . 新路初探：关于建设部北京建筑设计事务所 [J]. 建筑学报，1986（08）: 2-5.

31　同 30, 4.

32　同 30, 3.

33　王天锡 . 建筑审美的几何特性 [M]. 哈尔滨：黑龙江科学技术出版社，1999.

34　王天锡 . 瓦努阿图议会大厦 [J]. 建筑学报，1992（04）: 63.

35　彭培根 1943 年出生于安徽阜阳，1949 年随父母去台湾，1970 年获台湾中国文化大学建筑及都市计划系学士，曾经跟随建筑师王大闳学习，1973 年毕业于美国伊利诺伊大学，获建筑学硕士，1982 年移居北京，并在清华大学建筑学院任教。

36　彭培根 . 成长中的"大地"[J]. 建筑学报，1987（07）: 3.

37　严星华（1921 年出生）毕业于国立中央大学建筑系，在 20 世纪 50 和 60 年代工作于建筑工程部设计院，"文革"期间下放到山西临汾建筑设计室。在创立中京建筑事务所之前，他任广电部设计院总建筑师。

38　严星华 . 只有改革，才有生命力：中京建筑事务所简况 [J]. 建筑报，1987（10）: 2-3.

39　陶德坚 . 设计体制改革的先锋：访"中京建筑事务所"总经理严星华 [J]. 新建筑，1986（03）: 9-11.

40　张钦楠 . 念慈同志晚年的一些创作观点及作品 [J]. 建筑学报，1992（03）: 8-11.

41　戴念慈 1942 年毕业于南京中央大学建筑系，1949 年之后担任北京工业建筑设计院总建筑师，主要作品有中国美术馆（1959-1962），援斯里兰卡科伦坡班达拉奈克国际会议大厦，山东曲阜阙里宾舍等。1982-1986 年担任城乡建设与环境保护部副部长。

42　张钦楠 . 念慈同志晚年的一些创作观点及作品 [J]. 建筑学报，1992（03）: 11.

43　同 42.

44　戴念慈 . 如何加大住房密度——住房建设的一个具有战略意义的问题 [J]. 建筑学报，1989（07）: 2-7.

45　许多历史街区的城市更新往往是由房地产开发商主导。为了盈利和就地安置原居民，更新方案首先需要提供一定数量的住房，然后建造更多可售的住房单元投放市场。

46　20 世纪 80 年代，为了改变城市住宅的现状，一些建筑师和学者深入探索低层高密度住宅。清华大学的吕俊华教授（多层退台式花园住宅）和天津大学的胡德君教授都设计了相关的探索项目。北京市建筑设计院总建筑师张开济也提出了类似的想法。他在北京和承德设计的居住区项目中，探索了多层高密度方案的可能性。为了区别于常规的行列式布局（主要是朝南）方案，他沿场地周边布置了房屋，在场地中间创造了多样的公共空间和花园，以促进社会互动。吕俊华 . 台阶式花园住宅系列设计 [J]. 建筑学报，1984（12）: 14-15; 胡德君 . 创作新设想方案的己见 [J]. 建筑学报，1984（12）: 16-18; 张开济 ."多层、高密度"大有可为——介绍两个住宅组群设计方案 [J]. 建筑学报，1989（07）: 6-10.

47　这种低层高密度住宅不受欢迎有多重复杂的原因，受社会文化和住房政策影响，居民买房倾向是南北通透型住宅户型，同时居住区规范要求一定的日照间距和时间，促使房地产开发商在满足容积率要求的前提下，只能建造高层或多层南向住宅，再加上地方政府在出让土地的时候倾向于投放大块用地（这样可以减少市

93

政开发投资），以至于全国许多地方出现超大型居住区，形态千篇一律。

48　张钦楠 . 从小做起——从建学建筑与工程设计所的几项实践中看建筑创作 [J]. 建筑学报，2002（01）：C_2，C_3，C_4，17.

49　高越 . 中国与马来西亚合作设计的尝试——记马建国际建筑设计顾问有限公司 [J]. 世界建筑，1996（04）：20-22.

50　现代中国建筑创作研究小组的创始人员有毛朝屏、顾奇伟、罗德启、林京、吴国力、曾昭奋、李大夏、程泰宁、艾定增、肖默、刘开济等。这些人均是"文革"之前接受大学教育，当时 40 多岁，处于设计思想和创作实践活跃期。小组的成立受到官方领导的认可以及中国建筑学会、《世界建筑》、《新建筑》等机构的支持。王兴田，杨宇，戴春 . 话语流变与群体更迭：当代中国建筑创作论坛 30 年 [J]. 时代建筑，2015（01）：160-163.

51　王小东 . 新疆友谊宾馆三号楼设计简介 [J]. 建筑学报，1985（11）：61-65+85-86.

52　曾昭奋 . 阳关道与独木桥 [J]. 建筑师，1989（36）：1-25.

53　刘嘉纬，华霞虹 . 时代语境中的"形式"变迁——上海华东电力大楼的 30 年争论 [J]. 时代建筑，2018（06）：54-57.

54　张锦秋（1936 年出生）毕业于清华大学建筑系，跟随梁思成学习古典园林，毕业之后被分配到西安工作。赵元超 . 天地之间：张锦秋建筑思想集成研究 [M]. 北京：中国建筑工业出版社，2016.

55　关于徐中的建筑理念和作品，天津大学建筑学院编 . 徐中先生百年诞辰纪念文集 [M]. 沈阳：辽宁科学技术出版社，2013.

56　彭一刚 . 建筑空间组合论 [M]. 北京：中国建筑工业出版社，1983；彭一刚 . 苏州古典园林分析 [M]. 北京：中国建筑工业出版社，1986；Francis D. K. Ching, Architecture: Form, Space and Order[M]. New York: VNR, 1996. 两位作者擅长使用精美手绘插图来分析说明设计问题。

57　1895 年，中国和日本海军在山东省刘公岛附近作战。为了保卫自己的海域，中国舰队不幸被击败，船只沉入海底。

第 5 章
机构转型与内部流动：设计院的名人效应

场景： 20 世纪 80 年代，上海的建筑设计潮流主要由华东院、民用院和同济院引领。华东院位于汉口路上的原浙江银行大楼，由华盖事务所设计。在楼梯间里，可以看见精美的圣三一教堂。民用院位于广东道上，现为外滩 3 号。民用院的电梯，还是 20 世纪初的铁栅栏门，站满人后，呼啦啦地扯起。1992 年，我带英国教授去民用院拜访，时近中午，食堂里传来蒸饭和馒头的香味，我们来到二楼的总师室，邢同和总师、魏敦山总师等从百忙之中抽时间来陪客人，他们介绍了刚落成的外滩江边步行道和其他民用院项目。1998 年，再见邢总时，他的工作室里满是年轻人，他同时在开展着多项有趣的项目。邢总的项目，总是上海引领潮流的建筑，如各种文化馆、纪念馆和高级商厦。邢总于 1998 年在香港举行作品展，并在 2000 年出版了第一本作品集，我有幸在其中写了一篇拙文——评说邢同和。在前辈面前，我总是有点诚惶诚恐，我向邢总单独请教说话时，必定是上海话。（薛求理）

场景： 1998 年 5 月，摄影师张广源正在北京西三环高架桥上拍摄刚刚落成的外语教学与研究出版社大楼。突然之间，一位交通警察驾驶摩托车停在他面前，并对其进行口头警告：高架桥快速路上严禁上人。此时的张广源心里一惊：好不容易悄悄爬上高架桥，刚刚拍了几分钟就被迫离开；同时，他也暗自庆幸，还好已经拍了几张不错的照片，其中之一随后就刊登在当年 9 月份的《建筑学报》封面上。这让青年建筑师崔愷的作品在世纪之交的中国建筑界广为人知，也让大多数没有来过现场的专业人士，对外研社办公楼的印象定格在这张照片上。这不是张广源第一次因拍摄建筑而被交警警告，自从 20 世纪 80 年代初入职国家建委附属设计院，他前前后后为上千栋建筑拍摄了"定妆照"。他的作品不但记录了部属设计院的发展演变，而且定义了当代中国建筑的接受方式。从张广源到侯凯源、杨超英、傅兴等人，这些设计院内部专职摄影师的辛勤劳作已经成为中国建筑生产过程中不可或缺的重要一环。[1]

在 20 世纪 90 年代初期，邓小平南巡并发表"南方谈话"之后，改革开放的进程开始加速，社会主义市场经济体制逐步确立，社会、经济、文化和意识形态领域出现了巨大的转变。其中，包括设计院在内国有企业改革的核心目标是建立现代企业管理制度。90 年代中后期，建设部开始执行注册建筑师制度，民营设计企业开始出现，境外设计公司逐渐在大陆开设办事处。设计院在体制改革、人才招聘、运营管理等领域面临着激烈的市场竞争，越来越多的专业人士希望有更多的创作自由和更多的个人收入，设计院面临着大量的人才流失。其流向大概分为以下几个方面：

1）到沿海地区开设设计分院；2）出国进修然后在外企（或其中国办事处）工作；3）独立开设民营设计公司；4）转行进入房地产、效果图和模型制作等相关企业或规划局和建设委员会等政府机构。这种人才流出（这里称之为"外部流动"）对个人、设计院和建筑生产均产生了重大影响，塑造了21世纪初期的中国建筑行业的基本格局。[2]

在世纪之交开始新一轮的改革和实验时，大多数国有设计机构逐步从公共事业单位转变为民营科技公司（或者说股份制改革、私有化）。[3]一些大型设计院改组合并为设计集团，其中政府部门不再直接参与日常运营和管理，而成为设计院的控股股东。从这个意义上说，设计院出现了一个新的组织、管理架构，其目的是致力于在保持专业地位的同时，为专业人员提供更多的自主创作空间。比如说，在设计院内部组建的"名人工作室"或"大师工作室"，聚集院里一些富有创新精神的年轻建筑师，在资深建筑师的带领下，形成富有活力的创意团体（这里称之为人才的"内部流动"）。

20世纪90年代后期，当新一代中国建筑师开设独立工作室时，他们的作品与设计院的创作形成了巨大的差异——前者以纯粹抽象形式语言为特征，后者的项目追求折中的造型语言（混合着各种现代、后现代时尚风格）。20年后的今天，这种美学区分已基本模糊，人们几乎无法分辨出一个项目是由独立建筑师还是设计院设计的。由于设计行业日益密切的全球化以及社交媒体、出版传播所带来的影响，他们的设计方法趋向于跟随国际建筑潮流。

在过去的20年中，设计院内部发生了组织架构、意识形态和美学取向的明显转变，总体表现可以说在追求商业利润和践行文化理想之间摇摆。这种波动暗示着设计院的双重任务：既为公共和私人客户提供专业服务，又力图为社会创造文化价值。本章调查设计院从公共机构（事业单位）向具有现代管理制度的公司的转变，并分析四个具有一定代表性的"大师工作室"的实践动态。通过建立专业化的设计院所以及个性化的"大师工作室"，设计院重新强化了其内部的人员流动、资源倾斜和技术支撑，以应对众多建筑师的外部流失。其改革的意义在于：1）给予中青年骨干更大的自主权，促进其独立、快速成长；2）试图形成一种敬业投入、勇于探索的创作氛围，让创新型人才脱颖而出；3）打造设计院的文化和技术品牌，以更好地应对外部（民营事务所和外企公司）竞争和行业挑战。

5.1　重建建筑执业制度

设计院的转型，既与市场经济体制改革有关，又与建筑执业体系改革密不可分，尤其是20世纪90年代中期建筑师执业制度的重建[4]。在毛泽东时代，建筑专业人士是国家干部，"建筑师"的称号被"技术员"或"工程师"所取代。杨永生及其同事在1979年创办的《建筑师》杂志试图为"建筑师"这一头衔而正名，强调建筑行业的独特身份，并与其他行业区别开来[5]。在20世纪80年代的改革开放背景下，戴念慈、龚德顺和张钦楠等具有建筑背景、思想开明的技术官员为重塑设计院的运作、推进设计行业的改革做出了宝贵的贡献。

在各大设计院工作了近 30 年之后，张钦楠于 1980 年被调到新成立的隶属于国家建筑工程总局（后并入城乡建设和环境保护部）的设计局，在王挺局长的领导下担任技术处处长。[6] 面对社会经济改革的挑战，特别是设计院内部存在的僵化管理机制（缺乏激励机制，干多干少一个样，俗称"大锅饭"），张钦楠建议国家、机构和个人共同分享利润（例如，分别按 40%：30%：30% 的利润分配）。[7] 尽管有一些保守派干部提出反对意见，但他的改革努力最终受到设计院的欢迎——这一观念帮助改变了利润平均分配的传统，并促进了设计机构的快速发展。张钦楠具有丰富的设计和管理经验，对建筑师在建筑项目中的龙头领导作用有着清醒的认识。20 世纪 50 年代学习苏联以后，建筑师的项目监督权被取消，失去了在建筑施工中监督实施设计意图的权力（理由是：大家都是国家的，没有你来监督我的道理）。[8] 这种制度上的缺陷，再加上建筑行业不发达的状况，促使张钦楠推动改革。

考虑到张钦楠具有良好的国际背景，戴念慈建议他积极参加各种国际交流活动，并于 1988 年将其调入中国建筑学会任秘书长。[9] 之后，张钦楠组织了中国建筑学会与美国建筑师学会（AIA），英国皇家建筑师学会（RIBA）和香港建筑师学会（HKIA）的各种交流活动，虚心向国际同行学习。他的另一个关键贡献是参与建立了建筑学专业教育评估制度（1992）和执业建筑师注册制度（1995），这两个制度框架均以美国制度为蓝本。

经过多年的努力，建设部于 1995 年颁布了《注册建筑师条例》，建筑师的法律地位终于得到官方认可。张钦楠设想建立一个相互联系的框架，或者称之为"认证——注册——学会"（Accreditation–Registration–Institute，ARI），强调中国建筑学会的领导地位，提高建筑师的地位并扩大其在设计和施工中的权力。[10] 但是，与英国皇家建筑师学会相比，当下中国建筑学会在繁荣建筑文化、提高建筑学术水平、支持建筑师权利和推进制度、结构改革方面依然有较大的提升空间。在一定程度上，设计院和建筑期刊媒体承担了许多职业责任，例如编制建筑专业标准，推广新的建筑技术以及举办设计竞赛等。

从许多方面来看，20 世纪 90 年代中期建筑执业制度的恢复为随后国有设计院的结构改革奠定了坚实的基础，例如，对于设计公司资质认定，原来的标准里有"技术骨干"，说法比较含糊，没有明确的标准。当注册建筑师制度实行后，标准改为若干名一级注册建筑师、注册结构工程师等，就十分清晰。提高国有企业的绩效和竞争力涉及建立现代企业制度，这也是从 90 年代开始中国进行经济改革，包括国有企业改革的重要组成部分。1995 年，中央政府推行"抓大放小"的改革策略，决定保留大型国有企业的所有权，并允许中小企业私有化，以增强国有企业的竞争力，同时减轻了后者带来的财务负担。

2003 年，国务院成立了国有资产监督管理委员会，负责监管重大国有企业的国有资产（包括大型设计机构），确保国有资产保值和增值。至此，政府由国有企业的所有者转变为主要股东，享有大股东的法定权益。[11] 设计院的改革也遵循了这一指导方针：大型设计院被改组为股份公司，其中中央或地方政府在公司股份中占据主导地位。与此同时，许多省市级（中小型）设计院也进行了股份制改造，转型为所有权多元化的股份有限公司。大多数私营公司仍然保留了"设计院"的名称。通过合并和合资，一些"旗舰"设计院，例如中国建筑设计研究院，北京市建筑设计研究院和上海现代集团成为拥有 2000 ~ 8000 名员工的大型设计集团。它们的盈利能力接近香港和西方国家的同类公司。[12] 在 20 世纪 50 年代，大约有 10000 人在国有设计院工作。经过 60 年的发展，大约有 170 万人从事建筑设计行业，包括公共和私营部门，其中一级注册建筑师大约有 3 万余人。[13]

与世界知名设计公司相比，中国设计院的综合竞争力还有一定的差距。国际竞争者凭借创造性设计、强大的技术和管理能力经常赢得备受瞩目的大型公共项目。在许多此类设计竞赛中，本土设计院通常承担施工图设计（见第 8 章）。进入千禧年以来，民营设计公司的激增也给设计院带来了新的挑战，因为中小型设计事务所倾向于为客户提供量身定制的创新解决方案，在设计市场上占有相当的比重。

为了提高市场竞争力，自 2000 年以来，设计院进行了一系列强调专业化的结构改革。这种专业化可以分为以下三个方面：

（1）设计类型的专业化。在 21 世纪初期，一些设计院成立了许多针对特定建筑类型的工作室，专注于超高层建筑、酒店、医院、机场、火车站、展览和会议中心设计，通过提供更具专业化的服务建立了自身的市场竞争优势。因为中小型设计公司在此类大型项目设计方面普遍经验不足。一般来说，这些建筑类型强调先进的技术、运营效率、投资回报率和建设速度。每个工作室积累的专业化经验有助于更快更好地实现特定项目的运作。

（2）设计工种的专业化。一些大型建筑设计院建立了建筑、规划、景观、城市或乡村设计、结构、机电、绿色建筑、室内、照明、幕墙、建筑信息模型（BIM）、市政工程、轨道交通等不同方向的设计分院、工作室或研究中心。这一战略鼓励每个部门以主动和热情面对市场的机遇和挑战。以前，结构和机电工程师仅与建筑师合作，而不必直接面向市场。改革后，各类工程师被迫需要提高市场服务意识和质量。同时，全过程设计服务有利于对接重大工程项目，方便服务客户。

（3）设计过程的专业化（可行性研究、概念设计、初步设计、施工图设计和现场服务甚至使用后评价）。在许多设计院中，负责建筑创作的工作室专注于概念设计和竞赛投标。在设计方案被客户认可并接受后，工作被转移到负责申请施工许可证和技术设计的生产部门。尽管概念设计师和主要建筑师全过程参与项目的设计，但他们专注于核心设计问题，并依靠合作者来实现他们的设计思想。如此流水线生产能够确保设计院快速响应不断变化的市场需求。

这种专业化趋势具有灵活和动态调整的特征，其设立、运营过程取决于一系列因素，包括政策因素、市场情况和员工的专业知识。[14] 在同一个设计院中，这三种情况可能并存，例如，在华东建筑设计研究院的企业架构中（图 5.1），人们可以发现设计类型专业化、设计工种专业化和设计过程专业化同时存在，涵盖了建筑、结构和机电设计分院，也拥有专攻特色建筑类型的工作室如医疗养老建筑、文化娱乐项目、历史建筑更新等部分，同时也分层设置了建筑创作中心，国际合作中心以及绿色建筑中心。专业化的目的是生产优质的项目并获得更多

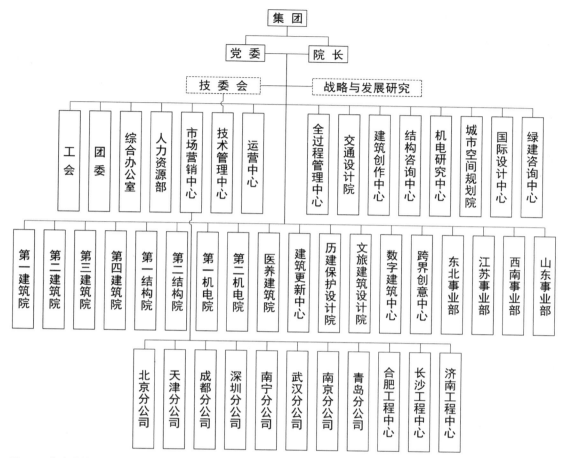

图 5.1　华东建筑设计研究院的组织架构图，2020 年

来源：范青楠重绘

的利润。而分权改革在设计院内产生了财务和行政层面上的独立单位，鼓励每个部门发挥自主权。

5.2　大师工作室

对于设计院来说，应对国内外设计公司挑战的一种策略就是通过收购和重组来扩大规模。例如，1998 年，上海现代集团是通过合并两家本地主要设计院——华东建筑设计研究院和上海市民用建筑设计院以及数十家小公司而成立的。在 21 世纪初，现代集团拥有 2000 多名员工，而这一数字在 2015 年跃升至 6000 名。同一年，现代集团更名为华东建筑集团股份有限公司（华建集团），正式登陆上海证券交易所，进行了上市（首次公开发行，IPO，上证代码 600629），以资助其进一步发展。那么，如此庞大的团队如何维护一套共同的信念和设计语言？大型集团公司如何保持自身的竞争优势？

建筑设计方案最终源自个人的敏感性。无论公司大小或项目规模，设计创意依赖有能力的个人。为了驾驭市场，许多设计院设立了由总建筑师领导的方案设计部门，参加设计竞赛并监督项目实施，特别是重大公共和文化建筑。这样的部门始于 20 世纪 90 年代，并逐渐演变成以这些主要建筑师命名的工作室。大师工作室或名人工作室的出现，目的是强调个人创造力。通过鼓励重要的或有前途的内部建筑师建立个人工作室，设计院寻求在市场上宣传知名建筑师的品牌文化。由于建筑创作常常受到业主的影响或官员的干预，建筑文化的探索经常被寻求利润最大化或者"标志性""五十年不落后"等模糊的口号所主导，在这种情况下，建筑的文化品质均被忽视、低估了。在 21 世纪 20 年代，基本上每一个大型设计院均成立了若干个人工作室，担负着设计创作的重任。为了论述设计院的名人效应，本章选取四个有一定代表性的大设计院的个人工作室，他们代表了不同年龄段建筑师对建筑创作的探索以及对建筑学自主性的实践，也是区别于朋辈建筑师的独特身份和文化标签，在当代中国建筑界具有典型意义。

5.2.1　邢同和工作室

1998 年，上海现代集团成立了以邢同和为主导的建筑工作室。此时，他刚刚担任集团总建筑师。1962 年，邢同和毕业于同济大学，他的毕业论文"黄浦江新大门"是一个城市和建筑设计课题，由冯纪忠指导。他采取双层行道系统和架空购物中心的概念，使车辆在购物中心下方流动。这些想法在当时颇为新颖，给毕业设计外聘评委之一的陈植留下了深刻的印象。毕业后，邢同和被招募到陈植所在的上海市民用建筑设计院，跟随他设计医院和居住区。

凭借理念新颖的设计作品，邢同和在 20 世纪 70 年代后期开始崭露头角，而当时的上海正从"文化大革命"的创伤中恢复过来。其中包括上海体育馆对面的漕溪北路高层住宅楼（俗称"九栋楼"，是上海改革开放初期的标志性高层建筑）（图 5.2），以及沿外滩黄浦江滨步行长廊的整修（1992 年）。外滩长廊抬高了滨水人行道平台，使其成为两层结构，较低的沿路楼层被用于各种小店，平台之上是散步道，游人览江和回望历史建筑具有优越视角。这一设计是他 20 世纪 60 年代毕业作品的延伸和实现。在 20 世纪 80 和 90 年代，他在上海设计了 10 多座公共文化建筑，包括儿童中心、少年宫、淮海路上高档购物中心、上海中国画院、龙华烈士纪念陵园、上海美术馆、鲁迅纪念馆扩建等有影响的建筑（图 5.3）。所有这些建筑物在客户和最终用户中都很受欢迎。作为城市和公共媒体的名人，邢同和的设计和职业生涯与上海的发展进步息息相关。

在他的作品中，上海博物馆新馆具有特殊的文化和政治意义。1993 年，上海博物馆筹建方邀请了上海市民用建筑设计院、华东建筑设计研究院、同济大学、东南大学和清华大学五所著名设计和教育机构参加博物馆新馆的设计竞赛。[15] 竞赛评委包括张开济和莫伯治等拥有大型博物馆设计经验的老一辈建筑师。作为 20 世纪 90 年代地方政府投资的最重要的文化项目之一，上海博物馆新馆承担着官方的期望和公众的要求，背负着传播中国文化和表达现代

图 5.2　上海漕溪北路高层住宅，1977 年

来源：陆杰摄，1991 年

技术的双重诉求。考虑到该项目的敏感位置（在人民广场、市政府前）和具有纪念意义的特性，五个提交的方案不约而同地以对称的方形布局来响应设计任务，并均在中庭周围组织了展览空间。令邢同和的设计脱颖而出的是方案的独特形式——拥有清晰的几何特征和抽象的形式语言（图 5.4）。建筑面积约为 37000 平方米，外立面采用进口的西班牙石材，在一个正方形的主体建筑上叠加了一个漂浮的圆环体量，以此来象征"天圆地方"的传统观念。[16] 同时，四个装饰精美的拱门使这座建筑看起来类似于传统青铜器。建筑以讲故事的方法在形式特征与传统文化、考古对象之间建立了视觉联系，很容易让领导和外行人理解博物馆建筑的寓意。在某种程度上来说，建筑形式直观地反映一种通俗的视觉文化并呈现某种大众想象已成为建筑生产中的定型观念，这在政府投资的公共项目中尤其明显。

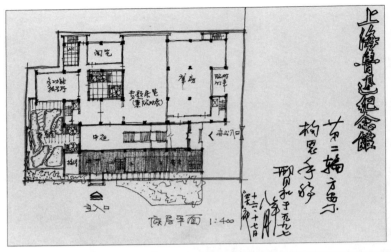

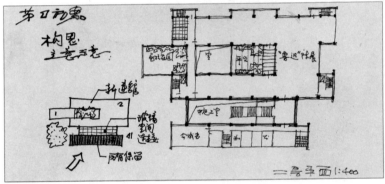

图 5.3　邢同和的手图和推敲，鲁迅纪念馆扩建方案，1996 年
来源：邢同和总建筑师赠

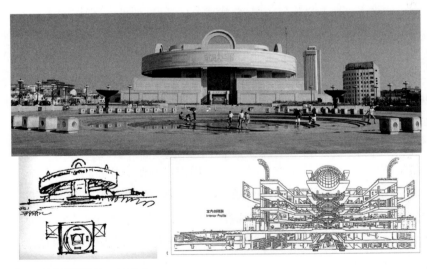

图 5.4　上海博物馆，1996 年
来源：邢同和总建筑师赠

在设计过程中，邢同和与设计院同事一起参观了美国的博物馆建筑并采访了当地的博物馆专业人士。此次美国考察，他获得的灵感之一就是博物馆展览设计的开放性。对他来说，内部自由开放的流通，而不是传统上分开的展览空间和单向参观路线，可以帮助访客更好地观看展品。[17] 与占主导地位的展览原则相反，这种观念使观众认可并欣赏文化展品，而传统的展览方式倾向于采取预防措施来防止盗窃和破坏活动。在上海博物馆的项目中，建筑和展览设计紧密配合，观众在参观完展室后，回到大厅共享空间。

上海博物馆为 20 世纪 90 年代其他省市的新建博物馆树立了样板和标杆，成为一个时期的文化建筑的典型代表。它具有以下三个鲜明特征：1）延续了"布扎"建筑的对称性构图（布局纪念性）；2）采用抽象形式来再现传统文化中器物或观念（造型识别性）；3）围绕中庭来组织陈展空间（功能便捷性）。这一时期具有类似特征的建筑还包括建筑师齐康设计的河南博物院主楼（1997 年）和山西省建筑设计院设计的山西博物院（图 5.5）。而在 21 世纪初期，随着境外建筑师事务所广泛参与大型文化建筑的设计竞赛，评委和业主逐渐青睐那种造型抽象新奇、室内外空间富有趣味变化的方案，比如首都博物馆和广东省博物馆等。

为了创造公共空间，建筑师还说服地方官员支持上海博物馆的外部开放性。换言之，博物馆没有被围墙包围，相反，建筑师设计一个公共广场来表示欢迎的姿态，上博的南门、北门和室内中庭，总是人头攒动。这是设计者最乐意见到的。应当强调的是，该项目所体现的

图 5.5 山西博物院，2004 年

来源：丁光辉摄，2019 年

自由而非约束观念也体现了上海在当时展现的开放态度。邢同和在各地设计许多项目，但最得心应手和有成就的，还是在上海的项目。他在这个城市成长，懂得这个地方，知道用何种建筑语言来切入这个城市和各地段的问题。因此，他深得上海市、区各届领导的信任。

在上海现代集团，邢同和还负责指导集团内部的重要大型项目，而在自己的工作室，他主要为上海和其他省份的文化项目提供设计方案和可行性研究。从 1998～2012 年，邢同和工作室设计了 160 多个项目，涵盖了从公园入口大门到几平方公里的总体规划，大约 40% 的作品已经建成并投入使用，例如，上海世博会的总体规划（2001 年）、四川邓小平纪念馆（2002年）、十六铺码头的再开发（2010 年）、上海凝聚力工程博物馆（2013 年），以及法租界旧巡捕房改建为爱马仕商店（2013 年）等。在工作室发展的顶峰时期，大约有 20 多名员工，其中大多数是各校应届毕业生，他们通过绘图和制作模型帮助邢同和快速表达设计想法，制作文本。一些人跟随他学习几年，然后加入了设计院的其他部门。在工作室运行了 15 年之后，邢同和与现代集团的各个项目团队合作，将工作模式更改为"单人"设计。这样，他便无需担心其他员工的薪水和生计，自由和专心地与集团内各个专业团队合作。

通过工作室的带教，邢同和带出了一大批青年才俊，如现任绿地集团总建筑师的戎武杰、上海建筑设计研究院首席总建筑师、医疗建筑专家陈国亮和在援外建筑设计中卓有成绩的都市设计院总建筑师金鹏（图 5.6）。在繁忙的设计业务同时，邢同和长期担任同济大学的客座教授，指导工程类研究生，而不少研究生是来自设计院的兼职学生。建筑实践和教育有机结合起来。

图 5.6　邢同和与青年建筑师在一起，20 世纪 90 年代

来源：邢同和总建筑师赠

5.2.2　中联程泰宁建筑设计研究院

与邢同和类似，建筑师程泰宁也在 80 岁时转换成了更灵活的"单人设计顾问"模式。程泰宁于 1956 年毕业于南京工学院，在"文化大革命"期间曾被下放到山西省临汾地区设计室工作。[18] 在临汾的最初几年中，他设计了许多小型工业项目，但实际建成的屈指可数。尽管当时社会、政治和职业环境令人沮丧，但他还是找到了展示自己才能的机会。1974 年，程泰宁在临汾城市火车站附近设计了 4700 平方米的东风旅馆。这座 L 形的建筑由两部分组成，一个 4 层的住宿楼和一个两层的服务和后勤楼，两部分由走廊连接。该项目以不对称的布局和纯净、适宜的形式语言在那个时代略显沉闷的城市环境中脱颖而出（图 5.7）。

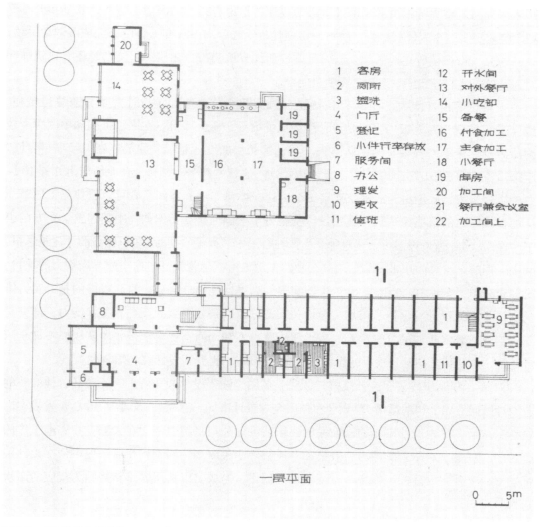

图 5.7　山西临汾东风旅馆，1974 年

来源：中国建筑学会和国家建委编 . 旅馆建筑 [M]. 1979，第 70 页

东风旅馆的落成，提升了程泰宁和临汾地区设计室的行业知名度。随后，他们参与了太原市革命饭店的设计。革命饭店有 15 层，是当时太原最高的建筑，底层裙房拥有两个庭院，塔楼后退放置在场地的后面。这种布置使庭院周围的公共设施享受阳光和自然通风，营造出明亮宽敞的室内氛围。由于其创造性的空间组织和形式上的清晰性，这两个旅馆项目与同时期北京、广州和上海等地知名设计院设计的优秀旅馆建筑一起都被收录到 1979 年中国建筑学会和国家建委出版的《旅馆建筑》一书。程泰宁和临汾地区设计室的设计能力，在建筑领域获得了越来越多的认可。

"文化大革命"结束后，数十万被下放的知识分子和专业人士恢复了名誉，并被调回城市里工作。尽管程泰宁的才华受到临汾地区建筑界、美术界以及省市领导人的赞赏，但他仍然想离开这座偏居一隅的小城市。1979 年，他的同事也是建筑师前辈、临汾地区设计室副主任严星华调回北京主持中央彩色电视中心的设计，他也有离开的渴望。显然，北京和上海等大城市拥有更多的个人发展机会。经过一番挣扎斗争之后，1981 年，他终于完成了调动手续，不是迁往原工作单位所在地的北京，而是前往浙江省杭州市，和他一起调走的还有建筑师叶湘菡，此后，他们开始了一系列重要项目的合作。[19]

由于出色的设计能力，程泰宁于 1984 年被提拔为杭州市建筑设计院院长兼总建筑师。1987 年建成的杭州黄龙饭店当时是设计院完成的第一个重大项目。在面临美国和中国香港建筑师的激烈竞争下，程泰宁的团队自告奋勇，主动参加设计竞赛，并最终赢得了项目合同。鉴于国际建筑师在中国建筑领域的主导地位，这一成就尤其令人瞩目。黄龙饭店由 6 栋 10 层左右的塔楼组成，底层由开放庭院连接围合，这一体量布局和空间组合可以看作是太原革命饭店的扩展。它的落成为杭州市建筑设计院赢得了全国性声誉。例如，中国建筑学会专门组织了一次座谈会，邀请许多重要建筑师和学者在会上发表评论。同时，久负盛名的《建筑学报》将其中一期的一半页面用来专门讨论这个项目（图 5.8）。尽管设计了这个颇具影响力的项目，但杭州市建筑设计院在 20 世纪 80 年代期间很少赢得本地设计合同。与此对应的是，实力雄厚的浙江省建筑设计院保持了市场主导地位，部分原因是其强大的设计和技术能力，部分是由于它与地方政府机构的紧密联系。为了扭转这一不利局面，程泰宁带领团队积极参加全国设计竞赛，并获得几项援外项目的设计权（见第 9 章），提升了设计院的知名度。

1991 年，程泰宁辞去了设计院院长职务，试图专注于设计而非管理。一年后，他应香港华艺设计顾问有限公司的邀请，计划合作拓展全球设计市场。然而，在邓小平 1992 年发表"南方谈话"之后，国内设计市场的蓬勃发展使华艺设计公司将精力集中在大陆。在香港工作的六个月中，程泰宁对华艺的活力、效率和专业管理印象深刻。回到杭州后，他申请在设计院内部建立一个独立管理的工作室，专注于设计创作，完成了以杭州铁路新客站为代表的高水平项目。

2003 年，从杭州市建筑设计院退出之后的程泰宁与中国联合工程公司合作成立了中联程泰宁建筑设计院，这是一个由建设部批准、国有设计院和知名建筑师合作组成的试点单位，

图 5.8　杭州黄龙饭店，1988 年

来源：《建筑学报》封面，1988 年第 10 期

此时他已 68 岁。[20] 在这个新职位上，他专注于建筑设计，与同事一起合作完成了一系列有影响力的项目。

　　程泰宁深具绘画功夫和艺术气质。这在他的各类设计中都有流露，展现这种特征的起始作品当数黄龙饭店，在鲁迅纪念馆、龙泉青瓷博物馆、中国海盐博物馆等作品中，水平横向台基、中间高耸体量和庭院连廊的手法不断锤炼，并在浙江美术馆达到生动和成熟的体现。[21]

浙江美术馆位于杭州玉皇山脚下、西湖之滨。考虑到项目的独特地理位置，建筑师创造了一个水平展开，拥有多层平台，面向山体逐层升高的造型。为了避免过大体量对西湖景区的压迫感，部分建筑主体埋入地下。[22] 作为"文革"之前接受专业（混合布扎美术和现代主义原则）训练的一代建筑师，程泰宁与邢同和类似，倾向于使用精确的概念草图来表达设计思想。该项目的两张手绘草图揭示出他将白色石灰石主体平台和黑色钢结构玻璃屋顶嵌入周围自然环境中的意图，表达了一种中国传统山水画的感觉，传递出建筑在烟雨朦胧中存在的迷人景象（图 5.9）。这些草图展示了建筑师在将传统山水画的图像转化为现代建筑语言的尝试，表达了一种独具特色的地域特征。与贝聿铭在苏州博物馆新馆为响应当地历史背景而使用纯几何屋顶形式不同，程泰宁略微改变了传统建筑的屋顶形式（图 5.10）。相比较苏州博物馆的精美细部，浙江美术馆的钢结构节点略显笨拙、不够轻巧，这也反映了中国建筑整体设计水平的差距。在这里，建筑顶部的连续折叠玻璃屋面由内部的钢结构支撑、露在外面的钢结构起到勾勒轮廓的装饰作用，试图暗示江南地区民居建筑的屋顶天际线和白墙黛瓦的建筑意向。[23] 在规整的平台上，黑色钢屋架透出书法中草书般的狂放欲望。屋顶的架构，是整个体量和立面中最生动传神的笔触。展览空间围绕由玻璃覆盖的中庭而展开，上下层空间有楼梯连接。演讲厅、画廊和茶馆位于地下，与下沉广场和庭院紧密相连。

程泰宁设计的另一成就，在于遗址保护方案，这在未建成的河姆渡遗址方案和西安大明

图 5.9 浙江美术馆，2009 年
来源：程泰宁院士赠

图 5.10 苏州博物馆新馆，2006 年
来源：丁光辉摄，2012 年

宫遗址博物馆上已经有了开创性的尝试。南京博物院是民国时期建筑师徐敬直的作品。程泰宁的扩建方案，面积大约是原历史建筑的 10 倍以上。扩建方案十分斯文谨慎，在尊重原有规划意图的节制前提下，新设计在细部上做了大量中国民族形式的探索，用的是新材料 - 补白、整合、新构（图 5.11）。他也做许多商业项目，那些别墅和办公楼都不落俗套，合宜处理，在关键部分做变化，丰富了人民生活和市区景观。

中联程泰宁建筑设计研究院拥有上百名员工，并在杭州、上海和南京等地设有办事处。2014 年，程泰宁决定将他的名字从公司名称中除去，将其更改为中联筑境建筑设计有限公司。他认为，没有他的名字，年轻人会获得更好的机会和认可。公司有自己的董事和总建筑师，而程泰宁只从事方案设计工作，并与项目团队合作。私人秘书 / 摄影师和驾驶员则辅佐他的日常事务。[24] 去掉个人名字反映了程泰宁的非凡远见和开放态度，这为同事和年轻建筑师提供了探索、发展和成长的空间。程泰宁在杭州运筹设计方案的同时，和东南大学保持紧密联系。他是东南大学建筑设计与理论研究中心的领头人，东南大学研究中心的牌子，也挂在他杭州公司的门口。一批批研究生在他的公司得到实际工程的锻炼，而程泰宁的实践也得益于研究项目的理论支撑和年轻人智慧的输入。在他的带领下，一批建筑师和学者开展了中国当代建筑现状和发展战略的研究，宏观上带挈了中国建筑设计和设计院经营水平的提高。[25]

图 5.11 南京博物院，2013 年
来源：程泰宁院士赠，陈畅摄

程泰宁的职业生涯反映了当时国有设计院建筑师的职业状况——通常男性在 60 岁、女性在 55 岁退休。对于建筑师而言，退休年龄可以说是建筑实践中最富有成效或黄金时期。拥有中国科学院或工程院院士头衔的建筑师通常被单位挽留并持续工作，其他退休的建筑师倾向于作为顾问与设计机构或私人公司合作。[26]

5.2.3 崔愷工作室

2000 年，建设部下属的四个设计院——建设部建筑设计院、建筑技术研究院、中国市政工程华北设计研究院和建设部城市建设研究院和几家附属设计公司改组为中国建筑设计研究院集团有限公司，拥有员工超过 6000 名。2003 年，设计院成立三个名人设计工作室——崔愷工作室、李兴钢工作室和陈一峰工作室。自成立以来，崔愷工作室的作品，包括博物馆、办公、酒店和教育建筑等，经常获得国内外各类奖项。与前辈建筑师相比，崔愷的职业发展轨迹较为顺利，在 40 出头的年龄便任总建筑师一职。有两个原因可以解释这种现象，一方面，他主持设计了许多备受赞誉的大型项目，例如 1994 年的丰泽园饭店和 1997 年外语教学研究出版社办公楼，特别是后者展示了他应对复杂城市项目的才能（图 5.12）。另一方面，崔愷是在"文化大革命"之后接受的建筑训练。当 20 世纪 90 年代末期崔愷被任命为总建筑师时，他的许多前辈（"文革"之前接受的专业训练）已经到了退休年龄，为此设计院决定选择一个年轻且有前途的少壮派建筑师来领导团队。

在崔愷工作室成立之前，他曾领导一个方案组，由设计院内部抽调的青年才俊组成。1997 年建立方案组这样一个临时团队的动机是为了尽可能地在项目招标投标中赢得设计竞赛[27]。实际上，这种组织模式曾经在 20 世纪 50 年代后期的北京工业建筑设计院（建设部设计院的前身）实践中出现过。当时的总建筑师林乐义与许多年轻建筑师（例如陈世民）合作，赢得了北京两个具有政治意义的项目：国家大剧院和电影宫，充分发挥了集体合作的优势。[28]崔愷工作室拥有三个设计团队和一个研究室，每个团队由一位青年建筑师指导，总人数大约在 40 名。自成立以来，工作室已设计了上百个项目，培训了许多年轻专业人员，并定期举办展览、暑期学校和研讨会等学术交流活动。与何镜堂（见第 7 章）一样，他的创造力和工作室蓬勃发展势头得益于工作室内部成员精诚合作的意愿和能力。除首都北京之外，他的团队还设计了偏远山区和沙漠中的文化艺术中心、博物馆和办公楼等项目，展示了灵活的方法和多元的美学风格，满足不同公共机构和私人业主的需求，同时保持对文化探索和社会参与的坚定承诺。

对于大师工作室来说，设计院平台通常可以保证稳定的项目来源并提供强大的技术支持，而灵活的管理也有助于建筑创作的个人表达。崔愷工作室的作品代表了他对"本土设计"的不断探索。"本土"话语一词最早出现在 2007 年左右，那一年，他因在建筑创作方面的杰出贡献而获得了享有声望的梁思成建筑奖。崔愷在中国建筑学会的演讲中描述了本土化策略抵制当代建筑实践中风格化、商业化（结合流行语言）和怀旧倾向（模仿传统形式）。[29]他认为，

图 5.12　北京外语教学研究出版社办公楼，1998 年

来源：张广源摄影师赠

建筑的本土化有助于保护和促进本土文化，并为中国建筑师建立自己的文化身份提供基础。[30] 后来，他又指出，本土建筑应该扎根于其建造场地，因为这种方法不但是一种传统智慧，而且还反映了当代生活和创造力。[31]

由于"本土"一词最初翻译成"native design"，很容易让国际同行理解为某种保守排外含义，崔愷经历了一段自我反省，试图重新表达、阐释这个概念。近年来，他将"本土"解释为建筑物所在地的自然和文化特征，并用"land-based regionalism"来定义工作室的大部分项目。[32] 与建筑历史学家肯尼思·弗兰姆普敦（Kenneth Frampton）提倡的批判性地域主义不同，崔愷认为"本土"或者"land-based regionalism"是团队设计态度的一种理论化总结，而不是一种建筑设计理论。从这个角度来看，他对场地的重视与意大利建筑师维托里奥·格雷戈蒂（Vittorio Gregotti）的方法颇为类似。[33]

2014 年 2 月 19 日，崔愷工作室更名为本土设计研究中心。这一更名传递出两层含义。对于设计机构而言，一方面，这暗示着一种意识形态上的转变，即从推广卓越个人身份和品牌到强调集体协作设计和研究。另一方面，也意味着中心将赋予年轻建筑师更多的自主权。崔愷获得了许多荣誉，包括中国工程院院士和全国工程勘察设计大师等头衔。考虑到他将来的退休，设计院需要培养年轻的建筑师，以保持其可持续性发展。本土设计研究中心鼓励团队探索各种方法来处理特定项目，而不仅限于某种个人设计风格，这体现在团队项目的多元化、实用倾向的美学表达。

实际上，工作室的作品也证明了其灵活的设计方法，这些方法通常遵循两个基本方向：在快速变化的城市环境中进行设计以及在开敞广袤的自然环境中进行创作。在建筑面积 7 万平方米的北京德胜尚城项目中，崔愷和同事采用开放街区式理念设计了 5 层楼高、外立面贴有灰色面砖的办公楼群，并保留了场地上一栋四合院建筑，试图回应周边历史建筑语境。在整体布局上，建筑群内"嵌"有一条开放的非正交街道，形成了通往附近历史建筑（德胜门）的一条壮观的视觉走廊（图 5.13）。[34] 由于街道两侧底层空间的功能较为单一，加上空间层面缺乏互动和渗透，传统意义上富有活力的街道公共空间氛围没有形成，因而弱化了街道的公共性。如果说外语教学与研究出版社大楼展示了他对城市空间的敏感性——建筑单体的城市意识，德胜尚城项目使用公共街道将建筑与城市开放空间联系起来的方式则延续并扩展了这种尊重环境并与环境对话的立场——城市环境的建筑肌理。

这种对城市生活的谦逊、开放的态度后来在青海省玉树藏族自治州的康巴艺术中心项目中得到了充分体现（图 5.14）。这座建筑面积 20000 平方米的艺术中心包括剧院、图书馆、电影院和画廊，是 2010 年当地遭受毁灭性地震袭击后，利用公共捐助资金建设的 10 个重点项目之一。在玉树特殊的自然环境和藏族文化背景下，崔愷和团队避免采用传统方法来融合抽象的现代结构与藏族民居建筑的符号语言。取而代之的是，他们集中精力重新诠释传统建筑的空间格局、建造方法和色彩表达。同样，建筑师使用一条主要街道将建筑群一分为二，分别位于街道两侧。其中大剧院位于场地东北角，北侧面对河流，东侧面对胜利路。除公共街

图 5.13　北京德胜尚城，2005 年

来源：丁光辉摄，2021 年

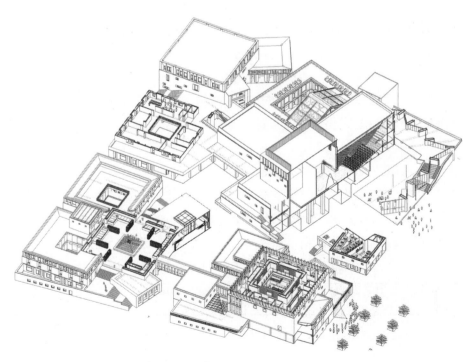

图 5.14　青海玉树康巴艺术中心，2014 年

来源：本土设计研究中心

图 5.15　青海玉树康巴艺术中心，2014 年
来源：张广源摄影师赠

道外，建筑师还创建了一系列平台，为社交活动提供了开放空间。在项目建造中，建筑师尝试在围护结构中使用空心混凝土砌块。施工人员将不同形状大小的空心混凝土砌块随机放置（这一点类似王澍项目中"瓦爿墙"施工技术或者闽南建筑的"出砖入石"砌筑技艺）。完工之后外墙漆成白色，表现出极大的表面纹理多样性，但整体风格却出奇的一致（图 5.15）。

图 5.16　河南安阳殷墟博物馆，2008 年
来源：本土设计研究中心，郭平摄

115

工作室另一个比较有代表性的项目是建于 2008 年的安阳殷墟博物馆。由于中国建筑设计研究院下属的建筑历史研究所致力于文化遗产保护，参与了众多遗产保护项目，因此很多遗址博物馆的设计工作就委托给了崔愷工作室。[35] 殷墟博物馆位于商朝的最后一个城市殷的考古遗址上，距今有 3300 多年，是甲骨文字考古发现地。考虑到场地文化和历史，建筑师设计了一个带有若干庭院的下沉式建筑，屋顶与周边齐平，种植绿化，在外观上没有任何凸起。这种下沉的形式让人想起河南省西部的地坑院民居。博物馆通过位于入口和出口的两个坡道与外部相连（图 5.16）。入口两侧的外墙采用当地材料和传统工艺的花岗石水洗工艺，使之更加生动[36]。游客走过坡道，体验一种安静而庄重的感觉。这种身体运动类似于人们接近地下陵墓的方式，从而为游客提供了某种神秘体验。

5.2.4 李兴钢工作室

在中国建筑设计研究院，建筑师李兴钢也有一个工作室，大约有 20 名员工。李兴钢于 1991 年毕业于天津大学，之后分配到建设部设计院工作。1998 年，北京南郊落成的兴涛小学项目展示了他在建筑与城市之间建立积极联系的技巧和能力。他运用内部街道作为公共空间的核心，将不同部分整合为一个整体。2001 年，他为同一位业主设计了北京兴涛展览和接待中心，入围了 2002 年世界建筑奖以及其他国家级奖项。这栋两层的混凝土建筑，使用了纯粹的现代主义语言。由于出色的业务能力（曾获得多个建筑奖项），李兴钢被设计院推荐参加了由法国政府赞助的"150 位中国建筑师在法国"交流项目，并为 AREP（Amenagement，Recherche，Pole d'Echanges）公司短期工作。[37] 他的专业能力得到领导和业界的认可，并于 2001 年晋升为设计院副总建筑师，成为建筑界一位后起之秀。

自 2003 年成立以来，李兴钢工作室设计了一系列不同规模和类型的项目，展示了对传统营造文化和建筑本体（几何、结构、空间和材料）的持续探索。前者"倾向于形而上的，更加靠近人的思想和身体，以及精神体验"，后者"倾向于形而下的，更加靠近建筑的本体和构造"。[38] 在安徽绩溪博物馆中，他将建筑嵌入旧城结构肌理之中，表现出对周围环境敏感而谦虚的态度。精心设计的树木、景观庭院和采光天井穿插布置在博物馆平面之中。值得注意的是，为了呼应周边建筑，博物馆采用连续折叠的轻钢结构坡屋顶（图 5.17）。虽然建筑室内裸露的屋顶结构"扰乱"了通常展览建筑的"白盒子"纯净空间，博物馆的细节、中庭、庭院和通向屋顶的公共走廊设计凸显了建筑师对传统园林文化中"行、望、居、游"不同体验方式的再现。

与绩溪博物馆的轻钢结构不同，天津大学新校区综合体育馆强调大跨度混凝土结构的建构潜力与装饰属性（图 5.18）。体育馆的上层包含一个游泳馆，一系列可以容纳篮球、羽毛球、排球和乒乓球比赛的竞技馆和训练馆。这些大跨度空间大小不一，以平行方向一字排开，通过连廊串联。体育馆首层是健身房、舞蹈室、乒乓球室、办公及辅助用房，这些功能所需空间较为常规，因而不必采用较大跨度。上层场馆的室内空间分别采用了混凝土圆筒、锥形筒、直纹曲面屋顶类型，起支撑作用的结构构件包括 V 字形柱、锥形曲面立体结构等。建筑师运用大量的侧高窗保证了自然通风和采光。这类体育场馆建筑的常规做法是采用钢网架空间结构，投资少、跨度大、施工便捷，但是结构表现力较为一般，但是也有例外——浙江大学建筑设计研究院胡慧峰团队设计的金华市体育中心就采用 V 字形混凝土巨柱支撑大跨度空间网架，而且把支撑结构当作外观的一部分，形成了壮观的立面效果（图 5.19）。金华市体育中心

图 5.17　安徽绩溪博物馆，2013 年
来源：李兴钢工作室，李哲摄

图 5.18　天津大学新校区综合体育馆，2015 年

来源：李兴钢工作室，孙海霆摄

图 5.19　浙江金华市体育中心，2013 年

来源：浙江大学建筑设计研究院，黄海摄

是综合体育场馆，规模大、容纳的观众较多，主体育场在混凝土结构的力量感和曲面钢网架屋盖的柔和感之间取得了平衡。[39] 相比而言，天津大学综合体育馆规模小，特别是容纳的观众较少，而采用混凝土和细木模板塑造的锥形筒和圆筒，施工也较为复杂。但是在中国建筑设计研究院结构工程师任庆英团队的协助下，凭借当下较为低廉的劳动力成本，这种独具特色的混凝土结构和屋顶表现出非常规的美学表现力，也记录了一个特殊的历史时刻。这个项目证明了建筑师整合复杂的形式、材料、结构和景观的高超能力。

在 2013 年工作室的个展中，李兴钢使用了"胜景几何"一词来表达工作室的立场和理念，传递出一种营造人工建筑与自然环境对话、交流和互动的努力。正如建筑评论家张路峰所指出的那样，"胜景"是目标，而"几何"则是工具，而李兴钢的论述则类似于美国建筑师路易斯·康（Louis Kahn）关于不可测量与可测量之间关系的讨论（the in-measurable and the measurable）。[40] 应当指出，康是对李兴钢的创作产生深远影响的世界大师之一。李兴钢试图综合实践两个看似不可调和的维度：一方面，他始终专注于重新阐释、转化传统建筑、园林、聚落与城市空间；另一方面，有意识地整合现代主义建筑的经典形式语言。因此，他的作品呈现一种互补而又充满矛盾的感觉。首先，结构实验的表达和宁静空间的创造在他的建筑中是显而易见、引人注目。其次，形式的表现具有某种神秘性，建筑与自然之间的相互作用有时带来碎片式元素的密集呈现。

李兴钢工作室众多作品的一个突出特征是设计思维在不同尺度的项目之间来回呈现，换句话说，建筑师对设计的思考在器物、家具、建筑构件、小房子、大项目以及城市之间进行"同构"转化，其核心的支撑理念便是对秩序、尺度、身体、感知等议题的追寻。他在 2020 年创作了一张带有"拼贴"色彩的设计地图，把工作室设计的不同作品——分别"定位"在古城、新区、山野、海边等基地环境中——重新"锚固"、再现到北京地图肌理上（图 5.20）。这个带有"实验性"和"人工想象"的地图让人联想起意大利建筑师皮拉内西的坎普·马齐奥平面（Piranesi's Campo Marzio Plan）。[41] 后者表达了对罗马重建的大胆想象，前者展现了建筑师对设计作品与其环境之间的关联性、回溯性思考。营造"胜景城市"是一种艰辛的探索之路，虽然现存的传统绘画、聚落、园林、城市、建筑可以提供历史参照，但是没有现成的当代套路可供轻松借鉴。这种探索既有出奇的精彩，也伴随着困惑与矛盾。

这种在不同项目中呈现的连贯性思路，既是主持建筑师李兴钢个人学术兴趣的反映，也得益于他对项目的选择。一方面，与独立建筑师和学者的对话与切磋帮助他活跃在建筑实验与理论思辨的前沿；另一方面，大设计院的执业平台提供了大型项目的创作机遇。在某种程度上，他游走于独立与体制之间，既保持了自主性的设计状态，又获得了体制内资源的支持，这使得李兴钢工作室积累了雄厚的文化资本，在设计院系统内展现出独特的身份和识别性。

上述各个建筑师工作室代表了设计院内部的集体努力，他们致力于批判性地抵抗建筑实践中商业化的支配和主导。他们创作是某种例外，而非常规的建筑生产模式。从经济角度来看，他们的项目不一定能为其设计机构带来可观的利润，但却不断地争得荣誉。尽管如此，他们

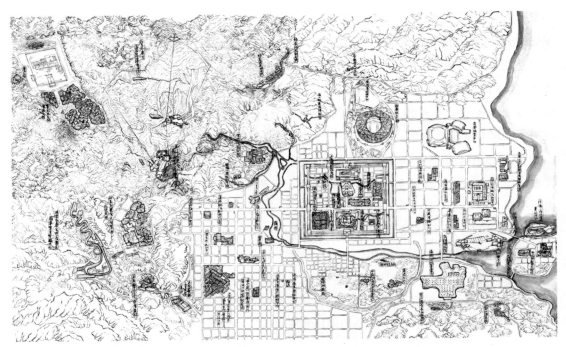

图 5.20　李兴钢的"胜景城市"图绘，2020 年

来源：李兴钢工作室

高质量的工作还是创造了一个基准，据此评估设计机构的生产和创作。部分由于其设计院重视建筑实践中的文化意义，部分由于其一贯的思想探索，这些精英建筑师享有一定的自主表达空间。但是，设计院中的大多数专业建筑师都需要背负产值的压力，文化创造与大规模生产之间的挣扎与斗争精确地定义了设计院的日常状况。

注释

1　丁光辉采访张广源先生，北京，中国建筑设计研究院办公室，2021 年 5 月 13 日。

2　20 世纪 90 年代，受市场化的影响，建筑实践热火朝天。同时，建筑学科意义上的创作处于一种青黄不接的状况，但正如李华和葛明写到，这一时期中国建筑行业的机制转型为后来的行业发展奠定了基本框架。李华，葛明 . "知识构成"———种现代性的考查方法：以 1992-2001 中国建筑为例 [J]. 建筑学报，2015（11）：4-8.

3　Shu-Yun Ma. Shareholding System Reform：The Chinese Way of Privatization[J]. Communist Economies and Economic Transformation, 7：2（1995）：159-174.

4　薛求理 . 中国建筑实践 [M]. 北京：中国建筑工业出版社，2009.

5　林乐义 . 谈谈我们建筑师这一行 [J]. 建筑师，1979（01）：7-9; 陈占祥建筑师历史地位的演变 [J]. 建筑学报，1981（08）：28-31.

6　张钦楠，1931 年出生，1947 年去美国留学，在麻省理工学院学习土木工程专业，1951 年毕业，回国后先后在华东建筑设计研究院和中国建筑西北设计研究院工作。

7　张钦楠 . 五十年沧桑：回顾国家建筑设计院的历史 [C]// 杨永生 . 建筑百家回忆录续编 [M]. 北京：知识产权出版社，2003：100-106.

8　同 7，100.

9　李华，董苏华 . 张钦楠先生谈个人经历与中国建筑的改革开放 [G]// 陈伯超，刘思铎 . 中国建筑口述史文库抢救记忆中的历史 . 上海：同济大学出版社，2018：8-19.

10　同 7，104.

11　Shen Hong and Zhao Nong, China's State-owned Enterprises: Nature, Performance and Reform[M]. Singapore; London; Hackensack, NJ: World Scientific, 2013.

12　信息来自伦敦《房屋设计》杂志 Building Design Magazine 推出的每年世界建筑公司排行榜。

13　中国建筑业年鉴 [M]. 北京：中国建筑工业出版社，2012.

14　《建筑创作》杂志社、天津大学出版社编著 . 建筑中国 60 年机构卷 1949-2009[M]. 天津：天津大学出版社，2009，54.

15　胡建中，李俊杰 . 上海博物馆新馆设计方案刍论 [J]. 建筑师，1993（53）：14-57.

16　邢同和，滕典 . 上海博物馆新馆设计 [J]. 建筑学报，1994（05）：9-15. 薛求理 . 评说邢同和 // 邢同和 - 中国著名建筑师 [M]. 北京：中国建筑工业出版社，1999：350-353.

17　邢同和，徐拓 . 上海博物馆：天圆地方 "讲述" 上下五千年 [G]// 口述上海重大工程 . 上海：上海教育出版社，2009：310-318.

18　程泰宁 . 程泰宁文集 [M]. 北京：中国建筑工业出版社，1997. 薛求理 . 立足江南，怀抱世界 – 再读程泰宁 [J]. 城市 - 环境 - 设计，2011（04）：46-51.

19　叶湘蔼，1933 年出生，1951 年考入北京大学建筑工程系，1952 年合并到清华大学建筑系，1955 年毕业后被分配到北京工业建筑设计院，1970 年被下放到山西临汾建筑设计室，1982 年调到杭州市建筑设计院。与程泰宁合作设计了临汾东风饭店、加纳国家剧院，马里共和国议会大厦，杭州铁路新客站，上海公安局办公指挥大楼，均获得 "中国建筑学会建筑创作大奖"。叶湘蔼，中西教我为人诚实，做事踏实 [G]// 陈瑾瑜 . 回忆中西女中 1949-1952. 上海：同济大学出版社，2016：80-82.

20　《建筑创作》杂志社、天津大学出版社编 . 建筑中国 60 年机构卷 1949-2009[M]. 天津：天津大学出版社，2009，160-169.

21　程泰宁，王大鹏 . 通感·意象·建构——浙江美术馆建筑创作后记 [J]. 建筑学报，2010（06）：66-69.

22　程泰宁 . 语言与境界 [M]. 北京：中国电力出版社，2016.

23　王晖，陈帆 . 写意与几何——对比浙江美术馆和苏州博物馆 [J]. 建筑学报，2010（06）：70-73.

24　关于程泰宁的部分信息来自薛求理对程泰宁的访谈，2015 年 8 月 11 日于杭州。

25　中国工程院编著 . 中国当代建筑设计发展战略 [M]. 北京：高等教育出版社，2014.

26　2005 年程泰宁当选中国工程院院士，距离他从杭州市设计院退休已经近 10 年。

27　崔愷 . 方案组的小忆与大叙 [J]. 城市环境设计，2017（04）：36-47.

28　陈世民 . 时代空间 [M]. 北京：中国建筑工业出版社，1995.

29 崔愷. 追随梁思成先生的足迹，在建筑本土化的道路上学步：在中国建筑学会 2007 年年会上的发言 [M]//
    本土设计 2. 北京：知识产权出版社，2016：267-268.

30 同 29.

31 崔愷. 民族形式还是本土文化 // 本土设计 2[M]. 北京：知识产权出版社，2016：254.

32 在朱剑飞的建议下，本土设计被翻译成"land-based regionalism"，试图阐明这一概念与"native design"的区别。
    黄元昭. 当代建筑师访谈录 [M]. 北京：中国建筑工业出版社，2014.

33 意大利建筑师维多利奥·格雷戈蒂认为："地理是对历史符号如何形成建筑形式的描述，因此，建筑的任
    务是通过形式转换来揭示地理环境的本质。可以说，环境不是用于消解建筑的系统。相反，它是启发建
    筑创作最重要的素材"。原文：Geography is the description of how the signs of history have become forms,
    therefore the architectural project is charged with the task of revealing the essence of the geo-environmental
    context through the transformation of form. The environment is therefore not a system in which to dissolve
    architecture. On the contrary, it is the most important material from which to develop the project. Vittorio
    Gregotti. Address to the New York Architectural League[J]. Section A, 1：1（1983）：8.

34 崔愷. "嵌" —— 一种方法和态度 [J]. 城市环境设计，2012（Z1）：122-126.

35 崔愷. 遗址博物馆设计浅谈 [J]. 建筑学报，2009（05）：45-47+36-44.

36 张男，崔愷. 殷墟博物馆 [J]. 建筑学报，2007（01）：34-39.

37 法国前总统希拉克 1997 年访华时提出该项目，由法国政府提供奖学金，邀请 150 名中国青年建筑师（主要来
    自各大设计院和高校）到法国学习深造。对于未有留学经历的中国青年建筑师而言，这一富有远见的合作项
    目使他们学习体验了先进的建筑理念，也促进了中法建筑界的交流与合作。

38 李兴钢. 静谧与喧嚣 [M]. 北京：中国建筑工业出版社，2015.

39 方华，胡慧峰，董丹申. 技术逻辑和城市文脉的整合与平衡——金华市体育中心竣工回顾 [J]. 华中建筑，
    2018，36（01）：36-39.

40 张路峰. 观胜景几何有感 [G]// 建筑评论文集. 上海：同济大学出版社，2015：505-507.

41 Stanley Allen and G. B. Piranesi. Piranesi's "Campo Marzio": An Experimental Design[J]. Assemblage, No. 10
    （Dec., 1989）：70-109.

第6章
城市扩张与要素流动：设计院的社会功能

场景： 2016 年 7 月的一个休息日，建筑师曲雷从北京例行飞往湖南常德，前往老西门城市更新项目工地查看施工进度和质量。当他发现地下室车库地面使用了环氧地坪材料，而不是设计的 50 毫米厚的耐磨混凝土时，非常不安，因为考虑到四线城市的管理水平，特意设计了经久耐用的材料；环氧地坪虽然流行，但易打滑轮胎噪声大而且耐久性差。曲雷找到项目甲方协调此事，负责人调查后，便给下属交代说："一切按照设计师的设计去整改"。施工方为了赶进度、节约成本甚至照顾关系户而随意变更设计，这在当下中国的建筑工程中司空见惯，反映了建筑师的弱势和无奈，因为后者缺乏施工的监督权。但在老西门项目中，甲方负责人对建筑师格外信任和尊重，不但认可建筑师提出的原住民"百分之百回迁"思路，而且为了实现设计细节和质量不惜投入，比如，重做的混凝土地面超出设计的预期。这种做法不仅仅是一种个人情怀，更是折射了业主对卓越建设价值的认可与追求。老西门项目的巨大影响力再一次揭示了业主、建筑师和施工人员为了共同的理想而展开精诚合作的重要性——优秀的甲方是项目成功的保证，建筑文化的繁荣离不开业主的理想信念和对设计的尊重。[1]

场景： 2018 年 2 月 1 日，一年一度的春运大潮拉开帷幕。中集集团旗下的中集模块化建筑投资公司江门基地正在紧锣密鼓地为雄安新区市民服务中心企业办公区生产预制模块单元。他们需要在 45 天内生产出 593 个模块——一项看起来不可能完成的任务，这个工期通常只够造一个样房给客户看。每一个模块的制作需要与数十家合作供应商协作，包括空调安装方、消防涂料安装方、消防管道安装方、弱电安装方、幕墙安装方、家具生产和安装方、硬软装饰方等。模块制作好之后，又需要协调船舶公司进行装船海运（东莞港、南沙港——天津港），然后协调超长卡车在夜间陆运（天津港——雄安新区），平安无损地运到施工现场组装。一方面，工期异常的短；另一方面，产品质量要求高，所有参与方均不得马虎。施工方中建三局为了打造雄安新区的标杆项目，周密组织，创新项目管理方式。这个场景仅仅是雄安新区热火朝天建设的一部分，也是中国城市化建设的一个缩影。无数建设者，包括建筑师、工程师、产品供应商、施工人员等，为了打造精品工程而克服困难，全力以赴。他们的辛勤劳动是展现"中国速度"的重要保证。[2]

根据国家统计局的数据，从 1978 ~ 2020 年，中国的城镇人口数量从 2 亿增加到 8 亿多，平均每年数千万人从农村迁徙到城镇居住。[3] 人类历史上规模最大的城镇化建设改变了中国的城乡面貌，这虽然是一个高度不均衡的发展过程，但为数亿人创造了就业机会、提供了城市生活模式、改善了居住环境。[4] 为了应对人口在城乡之间、城市内部之间、不同城市之间的流动（既有主动的选择又有被动的无奈），城市规模开始拉大，同时伴随着医院和学校的扩张、文化设施的确立、棚户区的改建，以及交通枢纽的打造。新建建筑既是人口流动的归宿，又是承载流动的基础设施。这种相对"自由"的流动景观与改革开放之前相对"静态"的社会形成了鲜明的对比。改革开放之前，城乡之间的户籍制度大大限制了人口的迁徙；改革开放以来，中国在融入国际社会的过程中，人口、资本、信息、科技、商品和服务等要素开始逐步流动，由此形成了一个日益充满活力的网络世界。

"要素流动"在这里主要是指人口从一个地方水平迁移到另一个地方，同时也包含商品、服务和能源的流动（通），意在解释与城市化有关的各种建设活动。"流动"可以分为两个层面：主动的流动和被动的流动。前者是指人们为了追求更好的生活条件、更高的效率、更可持续性的发展模式而进行的主动选择，在城市化的语境里包括建设新兴城市、连接交通枢纽、发展绿色建筑（调控能源的流动方式：加强通风减少多余的热量，增强保温阻挡能源的损耗）、提倡装配式建造（增加钢结构的消费性流动来消化过剩产能）。后者是指由于社会、自然等原因，人口不得不进行迁移，包括农民非自愿的进城，灾后异地重建以及建设传染病医院（转移病人至特定空间来控制病毒传播）等。

这些与城市化过程有关的主动性和被动性流动景观共同构成了一个流动中的社会。国有设计院本身并不是社会流动的决策者，它的主要职责是解决由于流动而带来的空间需求，设计更加便捷、高效、包容、绿色的人居环境。本章从要素流动的角度来探讨设计院在应对流动中国建设过程中的社会价值。这些为促进流动而建设的各种项目（如居住区、铁路枢纽和机场、大剧院等）大都是中央和地区政府主导计划的一部分。其建设目的，从经济角度来看，是通过生产空间来促进资本积累和增殖，进而提高宏观经济水平；从社会角度来看，是通过改善人居环境，满足人民群众对日常空间的物质需求来促进社会和谐稳定；从文化角度来看，是通过提升文化基础设施来创造多元的交流活动场所。

大型设计院通过积极介入城市扩张和要素流动，展现了自身独特的社会功能（social significance），主要表现在以下几点：1）在建筑设计领域发挥长期积淀的智力、科技、资源优势，主动服务社会，在自身经济利益最大化与追求社会示范效应之间取得了一定的平衡；2）设计院在应对社会突发事件、自然灾害过程中，诠释了为政府排忧解难，为弱势群体服务的信念，体现了国有企业的担当精神；3）设计院是践行可持续发展理念的排头兵，带动了绿色设计、绿色建造行业水平的提升。应该指出，在高效率、低成本解决社会基本空间需求的过程中，设计院既生产了大量个性普通、创意平平的物质商品，又创作了一批具有独特文化价值的探索作品。设计院生产的各类项目在美学、创意、质量等方面与巨额的工程投资、大众的创新期待虽有距离，但是在工程实施效率方面可圈可点，及时应对了迫切的社会需求。

6.1　设计院作为城市扩张的主力军

可以说，深圳是代表改革开放时期城市快速扩张和超大规模社会流动的一个典型实例。1980 年建立深圳经济特区，旨在为经济发展起实验带头作用。[5] 40 年来强劲的规划和建设，将一个 2 万人口的边陲乡镇，转变成了人口超过 1500 万的现代化大都市。在 20 世纪 80 年代初期，深圳市领导开始特别重视城市规划问题，并广邀各地的设计人员前来提供设计咨询。为了更好地适应快速的工业和房地产开发、人口的增长以及外向型经济的发展，中国城市规划设计研究院和深圳市规划局从 1984 年底开始制定第二个总体规划，并于 1986 年完成——《深圳经济特区总体规划（1986—2000）》。[6] 该规划根据城市狭长的自然地形，采用带状多中心、组团式规划结构，分为五个区块：东部的盐田、沙头角，中部的上步-罗湖、福田、沙河，以及西部的南头。组团之间以自然山川和规划的隔离绿带作为界限，组团内部具有完善的居住、工作、交通和游憩设施（图 6.1）。[7] 这些具有多重功能的城镇由三条东西方向的高速公路连接，形成了城市的基本框架和结构。20 世纪 90 年代，市政府通过多轮的规划方案征集、国际设计咨询等模式，最终确定了重点地块如深圳福田中心区的城市设计——以美国李名仪/廷丘勒建筑设计事务所的方案为基础，同时借鉴其他方案的特色，确定了城市中轴线绿色公园以及以"大鹏展翅"为寓意的市民中心建筑（图 6.2）。[8] 在国内外专家提供规划设计咨询的基础上，深圳市规划局结合本地情况并借鉴香港的规划经验，在城市总体规划、次区域规划、分区规划、法定图则、详细蓝图制定等方面开展了一系列的制度化探索，走在了全国的前列。[9] 在 1999 年北京世界建筑师大会（UIA）上，深圳城市总体规划获得了阿伯克朗比爵士荣誉提名奖，以表彰其城市规划的成绩——不但满足了城市的快速扩张，并为未来可持续发展和灵活开发留出了空间和土地。[10]

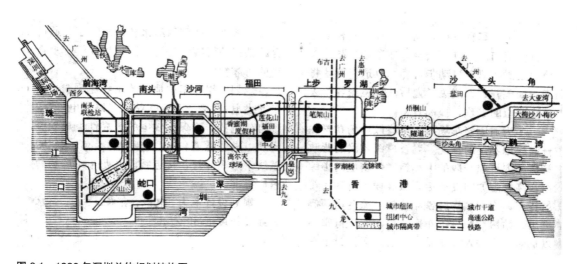

图 6.1　1986 年深圳总体规划结构图

来源：刘泉. 特区城市中心区规划的一次实践——深圳福田中心区规划 [J]. 城市规划，1994，18（02）：32-34.

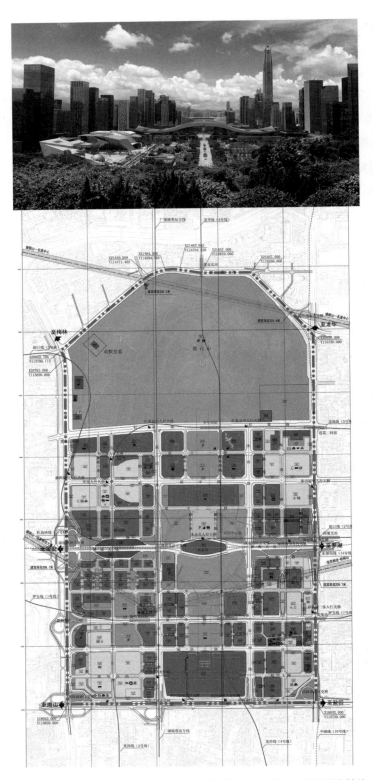

图 6.2　深圳福田中心区规划，上图为建成效果，从莲花山山顶俯瞰中轴线，2014 年；下图为规划用地分布

来源：陈一新博士

　　像深圳这样的新兴城市的建设自然引起了国内外建筑师和规划师的高度关注。其他省份的设计院纷纷南下成立深圳分公司，例如，中国城市规划设计研究院于 1984 年在深圳设立了办事处，提供本地和区域设计与规划服务。如第 4 章所述，国家建委下属的建筑设计院已于 1980 年在深圳成立了华森建筑工程设计顾问有限公司，在 20 世纪 80 ~ 90 年代创作了如南海酒店、深圳体育场、华夏艺术中心等重要项目。1985 年，当时中国最高楼深圳国际贸易中心落成，由武汉中南建筑设计院负责设计，中国建筑第三工程局负责施工。这座 160 米高、53 层（地上 50 层、地下 3 层）的方形超高层建筑是用"深圳速度"造起来的，每三天建起一层，展现了这座城市的建设热情与活力，成为改革开放的一个物质象征。[11]

　　作为一个移民城市，深圳的包容性清晰地体现在建筑设计行业。由大量北方建筑师组成的华森、华艺设计公司很快成为深圳本土的设计力量。始建于 1982 年的宝安地区设计室，不断改组和混编，发展成为拥有超过 3000 名员工的设计集团。深圳市建筑设计研究总院既独自承担了大量本地的设计项目，同时也与众多国际建筑师合作，负责诸如深圳地王大厦和市民中心等建筑。在建筑师孟建民的领导下，深圳总院在新世纪创作了一些知名作品，如香港大学深圳医院。这些国有设计院与众多民营设计公司、外地设计院深圳分院一起，构成深圳设计的中间力量，成为当地城市环境的主要构建者。[12]

6.2　城市群和高铁建设

　　为了吸引上级领导和国际投资者的关注，并在城市经济和政治竞争中发挥优势，许多地方政府雄心壮志将本地城市转变为区域、国内或国际中心城市，其中一个重要战略就是建设新城区和新的中央商务区。[13] 如果说上海和郑州是通过建设新区来实现城市扩张的典范（见第 8 章），而中国的城市化还存在另一个重要现象：城市集聚。比如，在郑州周边正在形成一个新兴的大都市区，即所谓的中原城市群，由开封，洛阳，许昌和焦作等 30 个周边城市组成。这些区域性城市群与京津冀、珠三角、长三角、成都 - 重庆、哈尔滨 - 长春和长江中游城市群类似，拥有密集的人口、先进的产业和巨大的财政收入。

　　值得注意的是，这些城市群通过由国家大力投资的高速铁路连接起来。诸如火车站等交通建筑及其相关基础设施通常是由专门的铁路系统附属设计院设计，这些设计院有能力将各类复杂技术领域整合起来。考虑到这类项目的招投标对设计公司资质、业绩的要求，民营设计企业或独立建筑师通常难以入围。例如，由袁培煌、李春舫等建筑师领导的中南建筑设计研究院，近年来已设计了 300 多个火车站房，成为交通类型建筑最高产的设计院之一。建筑师在应对复杂交通条件的情况下，试图用建筑造型来代表或诠释每个城市的独特文化。但也有一些项目建造了缺少人情味的空间，忽视了能源利用效率以及必要的实用性。[14]

　　在太原南站的设计中，建筑师采用 48 个独立的伞状结构创造了恢宏的室内空间以及巨大悬挑的室外空间，展示了对传统木结构建筑的重新诠释，试图回应山西古建筑中（例如佛光

图 6.3　中南建筑设计研究院，太原南站，2014 年

来源：丁光辉摄，2017 年

寺）的结构理性（图 6.3）。[15] 类似许多新建火车站的对称布局，该项目由一个中央大厅和两侧
有屋盖的平台组成，进站口和出站口相互独立。建筑师将被动式可持续技术纳入结构设计之中，
调节自然光进入室内的角度，同时保证热空气可以从室内流出，力争在解决当地领导的文化
诉求和项目复杂的技术要求之间保持平衡。

　　当城际交通快速兴起时，国内城市新建的机场航站楼和高铁站达到 200 多个。比如，在
原先虹桥国际机场的基础上，上海在 20 世纪 90 年代就建起浦东机场 T1 和 T2 两个大型航站
楼。上海的客运火车站原先在北站，1988 年，在恒丰路建起跨铁路的新客站。2004 年，由
法国 AREP 公司设计了上海第一个高铁站——南站。为了扩大高铁和航空运输的容量，上海
于 21 世纪初在虹桥规划综合交通枢纽——集航空、（高）铁路、磁悬浮、公路及城市轨道交
通于一体，包括虹桥机场 T2 航站楼、磁悬浮虹桥站、京沪高速铁路上海虹桥站及东西两大交
通换乘广场，东西长 1 公里，南北宽约 220 米，总建筑面积 142 万平方米，占地 26 平方公里

（图 6.4 和图 6.5）。这个项目由中央和地方五个部门投资和管理，上海华建集团华东建筑设计研究院为牵头协调设计单位，与铁道第三勘察设计院集团有限公司、上海市政工程设计研究总院、中船第九设计研究院工程有限公司合作，设计了 11 个单体建筑子项。从 2006 年开始，四年多的设计和施工过程中，华东院投入了 300 多名设计人员，参与规划、市政、建筑、结构、设备、工艺、室内等多工种设计。该项工程对轨（高铁、城际铁路、磁悬浮、地铁）、路（公交、长途、出租车）、空（航空）等多种交通工具的综合，世界独特。虹桥枢纽建成后，每天有 110 万旅客在此出入，远大于欧美等大型交通枢纽的吞吐量。各种交通工具和旅客在此集结停留，穿行于各自不同的标高层面，井然有序。类似虹桥交通枢纽站这样的大型综合项目，专业性强，其特点是政府牵头和国有企业投资管理，大型国营设计院承接任务，以集体协作的方式协调其他设计院在较短时间内完成任务。设计总负责人郭建祥在项目的策略选用、美学品位、质量把控、人员协调等方面发挥重要作用，这也得益于团队在超大型城市交通枢纽设计中积累的丰富经验，从一开始与法国巴黎机场设计公司合作浦东机场 T1 航站楼、然后协助并主导 T2 航站楼，到独自承担卫星厅设计，以及近些年来在城市化大潮中主创重要城市的航站楼项目。[16]

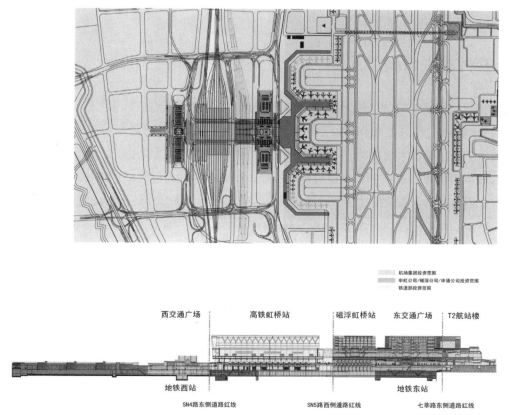

图 6.4　上海虹桥枢纽站总平面和剖面
来源：华建集团

图 6.5　上海虹桥枢纽站鸟瞰，2018 年
来源：华建集团

6.3　新农村建设与旧城更新

在中国大规模城市扩张的同时，农业用地急剧萎缩，传统村落迅速恶化并快速消失。从中央政府的角度来看，必须严格保护农业用地特别是基本农田，谨慎推进新城镇建设。但是，地方领导和专业人士希望大力推动省市的经济发展。中国的城市化进程主要是由国家在建筑、基础设施和城市建设方面的债务融资投资模式推动的。依靠土地财政模式，地方政府倾向于通过出售农业用地来用于新城镇建设和房地产开发并扩大城市范围，以促进经济增长。[17] 土地租赁和投机活动为政府官员和开发商提供了丰厚的机会，在许多情况下，这是以牺牲农民和低收入阶层的利益为代价的。

在很多地区，弱势群体流离失所的残酷场景暴露了城市进程的新自由主义本质，正如马克思主义地理学家大卫·哈维（David Harvey）所说的"掠夺性积累"——少数人剥夺普通民众的财富来积累个人资本。为了解决新城镇建设与耕地保护之间的紧张关系，国土资源部在2008 年鼓励地方政府开垦城乡闲置土地。这项政策导致地方当局向农村农民施压，迫使他们离开土地并迁往城市，对于地方官员而言，被拆迁的村庄可以变成耕地，而这些新增土地可以置换成面积相同的城市建设用地。尽管地方政府建立了新的社区，但并非每个人都想离开家园居住在公寓楼中，因为有些人买不起房产或跟不上城市的生活成本，并担心缺乏工作机会。

河南省滑县便建立了一个庞大的类似社区。地方政府计划拆除 33 个村庄，并将约 40000

人搬迁到较为集中的规划社区中，这样可以节省 370 多公顷的耕地，并用于新型农业和工业生产。由郑州大学综合设计研究院设计的滑县锦和新城，与许多大型社区一样，由别墅、高层公寓、市场、学校、医院、养老院以及其他商业、福利设施组成（图 6.6）。相比较偏远农村的居住条件，这个社区提供了便利的城市化生活环境。它值得讨论不是因为它的设计创意，而是因为它的社会意义。尽管地方政府为拆除农民房屋提供了赔偿，但赔偿金远远不足以购买同等大小的新型别墅或公寓。更重要的是，河南、山东以及其他省份的地方政府通过采用"胡萝卜加大棒"的方法，迫使农民放弃土地，负债累累地搬到城市。这种自上而下的城市化是不可持续的，并且由于其巨大的社会、文化和环境代价而受到广泛批评。[18]

虽然已有 10000 多名农民定居在锦和新城，但由于缺乏持续的投资，第二阶段的工作被推迟了。我们的调查显示，许多新建建筑无人居住，居民将闲置的土地重新用于种植蔬菜、放羊和养猪。曾经被赞誉为省级新型农村社区建设示范项目并受到省领导干部参观访问的锦和新城并不是唯一的例子。据新华社报道，河南省实施了 1300 多个此类项目，造成严重的债务问题，经济损失超过 100 亿美元。[19]

地方政府倾向委托设计院建设新型农村社区，而不是对环境恶化的农村村庄进行升级。但是，这种自上而下的城市化模式违背了部分农民的意愿，引起了严重的社会问题。在 20 世纪 10 年代初，媒体广泛报道并批评了新建农村社区的运动。作为回应，中央政府对强迫农民搬迁实行了限制。近些年来，中央政府提出了"美丽乡村建设"任务，旨在将乡村改造成具

图 6.6　河南滑县锦和新城，2019 年

来源：李刚摄

有社会、经济、文化和环境可持续发展能力的地方。在政府资金和私人资本的资助下，这场新农村建设活动吸引了大量建筑师，规划师和私人投资者的注意。由于外来资金流入，以及本地外出务工人员的回流，一些乡村开展了卓有成效的试点建设。

在经济利益和政治议程的驱动下，曾经主攻城市市场的设计机构开始关注这一领域。例如，中国建筑设计研究院建立了乡建设计研究中心，由建筑师苏童负责，致力于乡村复兴，并在西部的天水和鄂尔多斯完成了一些试点项目。[20] 然而，乡村建设在日常沟通和谈判中消耗建筑师大量的时间和精力，因此对设计机构而言是一项无利可图的业务。因此，该中心必须继续从事有利可图的城市建筑生产，以完成设计院分配的产值任务。乡建中心的处境表明了在设计院系统内部从事建筑创作的困境。与设计院职业建筑师相比，来自建筑院校的学者型建筑师和独立设计师在偏远农村建设中更为活跃，他们在此找到机会来创建有意义和较少限制性的建筑项目，而不必顾虑太多的经济成本。[21]

在广大农村居民流向城市新建小区的同时，部分旧城居民在城市更新的过程中被"疏解"、"安置"在偏远郊区。这种资本主导的旧城改造往往导致原住民流失、旧城"绅士化"。如何在城市更新的过程中构建更具人文关怀的都市生活？

在湖南常德老西门地区的城市更新实践中，中旭建筑设计有限公司理想空间工作室主持建筑师曲雷和何勍把全部回迁、功能混合、保留场地的历史记忆作为核心原则，重塑了旧城中心地区的都市活力（图 6.7）。[22] 首先，为了让原住民"就地安置"而不是"异地流动"，建

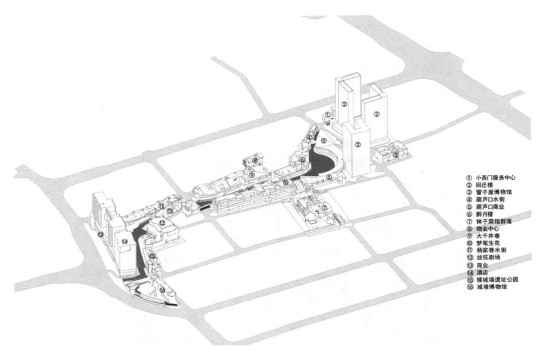

① 小西门服务中心
② 回迁楼
③ 窨子屋博物馆
④ 葫芦水街
⑤ 葫芦口商业
⑥ 醉月楼
⑦ 钵子菜馆群落
⑧ 物业中心
⑨ 大千井巷
⑩ 梦笔生花
⑪ 杨家巷水街
⑫ 丝弦剧场
⑬ 商业
⑭ 酒店
⑮ 矮城墙遗址公园
⑯ 城墙博物馆

图 6.7 湖南常德老西门地区的城市更新功能分布
来源：理想空间工作室

图 6.8　湖南常德老西门地区葫芦口广场及回迁楼
来源：理想空间工作室，张广源摄

筑师设计了小户型、高密度的塔楼住宅，同时创造丰富的楼层之间、塔楼之间的公共交流空间，弥补了小户型居住单元的不足之处（这种在极限居住模式下塑造高质量公共空间的做法类似于香港地区的居住模式）。极端紧凑的居住单元和便利舒适的社区公共场所并存，既解决了居住数量的需求，又在高密度的条件下提供了交往空间。其次，建筑师重塑都市活力，提高地段商业价值的努力体现在滨水开放空间的打造上。尺度宜人的沿街商业街道化解了住宅塔楼的压迫感，广场、廊桥、舞台剧场等设施变成城市客厅必不可少的元素（图 6.8）。再次，项目保留并更新了常德地区独特的民居类型——窨子屋，通过与民间手工艺人和匠人的合作，建筑师重新阐释了传统建筑的建造方式和空间效果。老西门旧城更新的意义在于既打造了必要的居住"高度"（高层高密度住宅楼），又蕴含了一定的人文"温度"。

　　如果说常德老西门项目是把当地居民千方百计留在原地，避免"流动"，那么同样是在城市更新实践中，一些项目特意强化人员"流动"，以此为设计、运行策略来激发地段的经济和文化活力。近些年来，随着国家对传统文化保护的重视以及地方政府财力的增长，20 世纪 90 年代以私人地产开发为主导的旧城改造模式（大拆大建）不再受到大力推崇，一些城市开始试点探索渐进式、针灸式（以点带面）的更新模式，希望通过保护建筑与城市遗产来推动产业升级、增加就业、带动经济可持续性发展。例如，由清控人居遗产研究院张杰团队主持设计的江西景德镇陶溪川文创园（陶瓷博物馆和美术馆）及周边街区活化项目就是一个典型代表。

图 6.9 景德镇陶瓷博物馆内保留的隧道窑遗址，2016 年
来源：张杰教授赠

设计团队把濒临拆除的陶瓷生产车间保留下来，通过结构置换、功能活化、旧材新用、还原工业遗产的魅力面貌（图 6.9）。与此同时，在地方政府的支持下，设计团队和业主方还大力引入文创产业，吸引全国各地的文艺青年（"景漂"）前来旅游、学习、创业、生活。设计师在整个街区的改造中以一种节制的手法，重新恢复历史建筑的空间氛围和材料美学。良好的设计仅仅是旧城更新的其中一个环节，能否带来长期可持续性的改变还要靠后期的运营。在设计 - 投资 - 建造 - 运营模式下，新植入的功能带来了人群流量，提高了陶溪川的人气和知名度；业主方在实践中探索适宜的运营模式，策划品牌输出，形成了动态的人员、观念、品牌和服务流动，带动地方经济发展和文化繁荣。[23]

6.4　走在抗灾前线

设计院自成立以来，就一直肩负着国家的战略任务，不断创造着快速设计和施工的奇迹。尽管中国在最近几十年建立了社会主义市场经济，大量国有企业已经私有化，大型设计院也引入了混合所有制改革，但是控股股东依然是中央或地方国有资产监督管理委员会。设计机构与中央和地方政府之间存在多种联系，当政府紧急需要设计力量时，这些国有设计机构会最先被召唤，容易调动。这种特殊的紧急任务，锻炼了设计院的能力，也更新了中国建筑的纪录。

例如，许多设计院在 2008 年和 2010 年分别在四川省和青海省参与地震灾后重建工作；在 2003 年的北京和 2020 年的湖北等地进行抗疫医院新建改建工程。在这些关键时刻，设计院明确地展示了他们的专业能力和社会政治参与度。更重要的是，尽管有经济和政治压力，忠实尽责的技术人员仍致力于将约束转化为设计灵感，并展现出活力和创造力。

建设新北川

就社会和经济损失而言，2008 年 5 月 12 日发生的四川省汶川地震是人类历史上最大的地震灾难之一，破坏了成千上万的建筑物和基础设施，造成 80000 多人丧生。建筑物质量差，特别是公立学校质量低下，导致成千上万的学生受伤或死亡，在社交媒体上引起了强烈批评。地震发生后，中央政府要求沿海省份提供救援和重建援助。除了个人、组织和国际社会的捐款外，还要求国有企业，包括设计院，提供专业服务。地震灾后重建开始时，政府委托北京、上海、广东和许多其他经济发达省份的设计院为灾区设计住房、学校、医院、博物馆和政府办公楼。

在北川县城的重建中，中央政府投入了大量的金钱，资源和劳动力，为震后重建设立典范。在政府的领导下，新县城获得了大量的设计投入。设计新县城不仅是一项建筑工程，而且是一项政治任务，因为它明确体现了党对公众期望的承诺和回应，体现了时任总理温家宝关于重建"安全、宜居、特色、繁荣、文明、和谐"的要求。在这种情况下，建筑师和规划师致力于提出富有创意的重建方案，同时应对速度、项目规模和预算限制所带来的挑战。

中央政府指示各省市对口支援受灾的具体镇区。旧北川被地震完全摧毁，新北川主要由山东省援建。[24] 地震发生后，中国城市规划设计研究院受住房和城乡建设部指派提出重建方案，提议在安县所属的安昌河附近地点修建北川新县城。由于地质问题，旧城区不再适合重建。在 2010 年初，中央政府批准其方案之前，规划专业人员试图说服官员和工程师认同其提议的理由。随后进行了多轮磋商中，规划师努力平衡地质、交通、经济、政治和社会等限制因素，敲定了最终的选址地点。[25]

在传统规划实践中，政府意见占主导地位。在北川规划中，规划者在协调北川的各种参与者（例如住建部、地方政府，山东援建的投资者和建筑商）方面起着至关重要的作用。尽管上述参与者可能对规划有不同的意见，但决定权还在中央政府手里。这给规划者带来了挑战和机遇。他们必须对各种利益相关者的合理要求做出回应，而且还必须保持清晰的想法，以便中央主管部门认可他们的设计创造性和洞察力。新县城规划方案以环境友好、混合功能开发和人行交通优先为特征，这与许多新城的超级街区、宽阔道路、以车辆为导向的交通系统形成鲜明对比。正是这种独特性使他们的计划得以批准和实施。[26]

　　首期规划建设的地方位于安昌河的东部，包括为地震中失去房屋的当地居民提供的经济适用房，以羌族当地建筑语言为特征的商业步行街以及公共机构和行政办公楼（图6.10和图6.11）。值得注意的是，规划师通过公众咨询来鼓励当地居民参与规划过程，帮助人们根据以往的生活经验选择新建社区及邻居。[27]但是，公众咨询仅限于某些阶段。由于上层领导期望在三年内看到一个新县城，而重建活动则由建筑公司主导，因此当地社区没有太多机会真正全过程参与其房屋建设。

　　北川县是唯一的羌族自治地区，所以新城的建设不可避免地要考虑、结合当地文化和习俗。从历史上看，羌族农村住宅的特色是多层石头房屋，其中有高塔用于瞭望和防御。为了反映新城区的特色，许多设计师只是在新搭建的建筑物中使用了传统窗户、墙壁和屋顶形式。毫不奇怪，这种方法容易为业主和群众所接受。然而，正如建筑师崔愷所说，此类非建构的装饰改造遵循了一种建筑设计的思维定式，目的只是为了吸引游客。[28]在北川文化中心的设计

图6.10　北川新城航拍照片，2011年
来源：新华社记者 陈燮摄

图 6.11 北川新城住宅区，2013 年
来源：张广源摄影师赠

上，崔愷团队避免过多的装饰，而将注意力集中在材料的表现和对传统民居空间的重新配置上。[29] 该中心由博物馆、图书馆和文化中心组成，位于商业和景观中心轴线的末端，面向西南的公共广场。建筑师设计了一个特殊的门厅，形式大胆、表面粗犷，中央向天空开口，三座建筑物环绕其周围分布（图 6.12）。尽管建筑师对羌族民居的石头工艺印象深刻，但由于传统的石头墙体无法抵抗强烈的地震，文化中心还是使用了人造石砌筑外墙，试图回应当地民间的建造传统。[30]

除了中央设计院的建设援助外，受地方政府（上海市和广东省）委托，同济大学建筑设计集团和华南理工大学建筑设计研究院等单位分别为都江堰市和汶川县的重建做出了贡献。例如，在都江堰第一街区项目中，同济大学的设计团队尝试了一种替代性的社区规划方法——在每个地块的外围都布置房屋，这种方法类似于欧洲城市街区布局，虽然无法保证每户都有南向采光，但是创造了充满活力的街道空间和公共庭院。[31]

在汶川，由何镜堂领导的华南理工大学设计团队在映秀镇汶川大地震震中纪念馆的设计上，将部分建筑体积掩埋在场地中，利用抽象空间和自然采光传达了这场灾难的破坏力以及人们从灾难中恢复的决心。[32] 同样，来自同济大学的建筑师蔡永洁、曹野在汶川特大地震纪念馆中也采用了这种将建筑隐藏在景观中的设计方法。这两个项目都采用了与大自然互动的低调处理手法，摒弃了传统建筑装饰性元素。前者采用现浇木模混凝土作为主要材料来展现某

首层平面图

北川羌族自治县文化中心位于北川新县城中心轴线的东北尽端，向西与抗震纪念园相对，由图书馆、文化馆、羌族民俗博物馆三部分组成。设计构思源自羌寨聚落，以起伏的屋面强调建筑形态与山势的交融，建筑作为大地景观，自然地形成城市景观轴的有机组成部分，并与城市背景获得了巧妙的联系。开敞的前庭既连接三馆，也可作为各族人民交流聚会的城市客厅。建筑以大小、高低各异的方楼作为基本构成元素，创造出宛如游历传统羌寨般丰富的空间体验。碉楼、坡顶、木架梁等羌族传统建筑元素经过重构组合，成为建筑内外空间组织的主题，并强调了与新功能和新技术的结合。

图 6.12　北川文化中心，2012 年

来源：《城市环境设计》，2012 年第 2 期，103 页

图 6.13 5·12 汶川特大地震纪念馆，四川北川羌族自治县，2011 年
来源：蔡永洁教授赠

种粗野派美学，而后者则表现出整体隐藏体量与刻意设计的内部街道和庭院之间的张力。这些内部街道和庭院宛如裂缝，将建筑分成几块，象征了地震的破坏力量（图 6.13）。

虽然地震灾后重建由国有设计机构主导，但是来自国内外的许多独立建筑师也为偏远山区的援助项目贡献了自己的创造力和时间，设计了一批颇有创意的项目，如朱竞翔团队的新芽小学，谢英俊的村民建屋计划，日本建筑师坂茂的纸屋学校等。鉴于设计院的动员能力、技术经验和历史积淀，它们容易受到官方背景投资者的信任。应当指出，对速度的追求在一定程度上限制了公众的参与。政府主导的重建往往强调效率和肤浅的城市景观，无形中忽视了文化深度，也大大限制了当地手工艺和建筑传统的生动表达。

重建玉树

设计机构参与地震后重建工作，反映了它们在中国社会和政治背景下与政府的固有关系。这种由政府投资的建筑活动为设计机构提供了机会，以展示其肩负的社会责任和专业服务。值得一提的例子，是玉树地区的震后重建工作。2010 年，青海省玉树市（海拔 4000 米）遭受了 7.1 级强烈地震。在后续重建过程中，中国建筑学会邀请了来自知名设计院的八位建筑师为这座城市设计了 8 座公共建筑。[33] 这种"集群设计"活动在 21 世纪初期经常被独立建筑师用来展示他们的创造力。这一次，建筑学会更倾向于选择体制内精英建筑师，并期望他们为当地社区创造优质作品。的确，这些建筑师尊重当地佛教文化和遗产，并精心设计了代表地域传统文化的建筑。

在这些项目中，玉树地震遗址纪念馆值得详细评论，因为它有力地证明了建筑师努力利用建筑作为手段来积极影响当地人民的日常生活。深圳市建筑设计研究总院孟建民团队没有竖立一座宏伟的纪念碑。相反，他们将建筑物的很大一部分放在地下，在用地上修建了一堵106 米长、覆盖着当地石材的粗糙墙面。[34] 在建筑师同行崔恺的建议下，墙壁上设有 86 个悬浮的祈祷转轮。这座高 4 米的墙是广场中的主要元素，成为将建筑物与市民联系起来的标志性组成部分，因为当地人转动祈祷轮的动作是他们日常生活的重要组成部分（图 6.14）。墙内

图 6.14　玉树地震遗址纪念馆，2013 年
来源：深圳市建筑设计研究总院

图 6.15　玉树新寨嘉那嘛呢游客到访中心，2013 年
来源：清华大学建筑设计研究院简盟工作室，布雷摄

设置有两个楼梯，它们直接将首层连接到中心的地下圆形祈祷大厅。建筑师在地面上保留了一个锯齿形的裂缝，使自然光进入室内空间并以此来象征地震的破坏力量。[35]

　　设计院在四川和青海两地灾后重建工作中的表现，显示了他们在政治意愿驱动下对建筑生产的探索和奋斗。一方面，资深建筑师、规划师和工程师致力于在巨大的压力下创造充满变化的空间，展现了负责任的职业精神和创新意识。他们倾向于通过表达建筑的物质性（材料本身的特征），而不是直接使用传统的装饰图案，来强调建筑物与日常生活之间必不可少的联系。这种粗糙的材料质感共同体现在玉树文化艺术中心、玉树地震遗址纪念馆以及清华大学张利团队设计的玉树新寨嘉那嘛呢游客到访中心等项目上（图 6.15）。另一方面，官方比较偏爱、选择和信任设计院，而较少去找民间独立建筑师。玉树的集群设计项目清楚地反映了精英人物的文化雄心，以及中国建筑领域内深层次的意识形态张力。

抗疫医院

　　2020 年初，武汉暴发新型冠状肺炎，截至 2020 年 3 月上旬，全国已有 8 万多人感染，仅武汉和湖北省就有 67000 多人感染。为了尽早阻断病毒蔓延，武汉市政府决定在雷神山、火神山建造传染病隔离病院，1 月 24 日农历除夕夜，中南设计院医疗健康事业部和中信设计院（原武汉市设计院）第一时间受命，集结院内 20 多个部门站到抗疫前线，赶赴现场踏勘。雷神山为 1500 张床新建医院，其余为改造项目。设计人员在借鉴北京小汤山医院（由中元国际

图 6.16　武汉雷神山医院，2020 年
来源：中南建筑设计院股份有限公司医疗健康事业部，中建三局摄

工程公司总建筑师黄锡璆博士主持设计）的基础上，争分夺秒，12 小时内出初步设计图纸。医院为单层预制单元拼装，设计人员和施工单位中建三局紧密配合，边设计边施工，和死神赛跑。设计不仅考虑预制构件现场搭接，而且考虑车辆的运输条件和尺寸，工人是否能徒手扛起等实际因素。7 天时间平地起楼，2 月 2 日竣工交付使用；2 月 4 日，医院开始收治病人（图 6.16）。建造起来的医院，不仅仅是一个个连在"鱼骨"上的拼装盒子，内部有复杂的医院功能，如重症病房、普通病房、医疗技术房，另外还有水电、空调、防水、消毒、通风等复杂技术要求。在其他城市或国家，这样类型的医院从筹备到落成，花上 3 ~ 5 年，已经算是快捷的。

在一个月的时间里，中南设计院设计了雷神山等 38 个抗疫医院，包括医院建造、改造设计 14 个，方舱医院改造设计 21 个，方舱医院 EPC 2 个，指挥部改造设计 1 个，产生了 3 万余张床位，项目覆盖武汉三镇，兼顾省内外地区。在短时间设计建造这么多医院，实乃是设计建造史上的奇迹，也只有在集中领导下，才能实现。在设计业务的同时，中南设计院牵头联合中信设计院主编各种医院有关的规范和导则，如《呼吸类临时传染病医院设计导则》和《方舱医院设计和改建的有关技术要求》，推动行业进步。2020 年夏天，中南院的专家和内地医疗队一起奔赴香港，指导方舱医院的设计和建造，同时和高校联合进行风模拟、病房内气体组织和污染物扩散模拟分析、室内环境参数监测等。中南院设计人员能够在封城封省、居住小区封闭、无公共交通的情况下，进行超常速度的设计，部分拜现代科技之福，远程通信允许便捷的家中办公和业务联系。中南院在这场防控疫情的战斗中，成为医疗建筑设计的先锋单位，实现生产、科研双丰收。

6.5　可持续发展的先锋

2014 年，国务院发展研究中心和世界银行发布了联合报告《中国：推进高效、包容、可持续的城镇化》。[36] 该名称在某种程度上暗示了此前中国的城市化模式是低效的、排他性的、不可持续的。在倡导低碳排放和低能源消耗的新型城市化模式中，建筑设计和城市规划急需改革，因为建筑业占中国能源消耗的 30% 以上。因此，建筑环境中的可持续绿色设计和运营将减少对气候变化的影响。受政府资助，国有设计院在标准、体系、规范制定，示范技术研发，以及工程应用试点建设等方面承担重要角色。部分设计院与高校、企业科研部门一起，快速响应政府号召，带头探索绿色（装配式）建筑的设计和施工，展现了强烈的社会责任和行业担当。

随着全球变暖的趋势加剧，中国在 21 世纪初开始在学术和实践层面上讨论绿色建筑。华北和华南有不同的气候环境和节能需求。总的来说，北方更关心外墙的保温，而在南方，建筑的通风和降温更为重要。绿色建筑的推进和评估工作主要由住房和城乡建设部牵头，并得到省市和地方政府建设委员会的支持，设计院在这一运动中起着中介作用，并具体执行政策的落地，说服投资者强调能源效率和执行国家政策。

为了应对 2008 年北京奥运会所需的大量建筑，2003 年 8 月，科技部发布了绿色奥运建筑评估体系（GOBAS）。当一系列大型体育建筑项目正在进行时，媒体进行了广泛讨论，批评一些设计浪费纳税人金钱。有关各方和利益相关者担心这些大型项目可能对环境造成巨大影响。评估过程由四个主要阶段组成：规划、设计、建造和验收运营管理，每个阶段的完成都是下一步开展的前提。[37] 它对建筑材料的生命周期进行评估，并采用定量指标，包括资源消耗，能源使用以及对当地环境的影响。污染物的排放量是按每平方米面积计算的，评估结果显示在二维 Q（质量）—L（负载）图中。绿色建筑必须在低能源 / 低资源负荷的情况下达到较高的环境质量。由于进行了此项评估，某些项目删除了不必要的结构，在规划阶段和改善室内外环境方面投入了更多的资金。这样，纳税人的钱花得更加合理。

2006 年，绿色建筑评估标准被制定为国家标准（GB/T 50378—2006）。共有六类：1）绿地和外部环境；2）节能利用；3）节约用水；4）建筑材料和资源；5）室内环境质量；6）运营 / 管理。中国的标准从国外标准中吸取了经验教训，例如美国的 LEED，英国的 BREEAM 和日本的 CASBEE。能源、土地、水和材料是保护的主要目标，结合了质量和数量要求。尽管规划和设计决定了建筑物的质量，但是评估通常是在建筑使用一年后进行的。在该框架下，不同省份可以根据其气候和特殊条件调整需求。该标准首先适用于住宅楼、办公楼、购物中心和酒店。住宅共有 76 个指数，其他类型建筑有 83 个指数。有些项目使用当前的建筑法规，例如噪声控制和住宅区的规划准则。该奖项是根据星级系统授予的，其中三颗星是最高评级。与此同时，住建部设立了绿色建筑奖，以鼓励良好实践，所有这些变化发生在 2008 年左右。

主要开发商和大型设计机构是绿色建筑评估的支持者，因为他们有共同的意愿，即把绿色建筑作为一种市场工具来寻求品牌竞争力。从 2008 ~ 2018 年，中国仅对 5000 余个建筑项目进行了评估，而有些则在施工前进行了评估。但是，超过 90% 的建筑项目忽略了绿色建筑评估。评估项目大部分位于最富有的省市，例如江苏、上海和广东，这一统计数字符合经济发展的总体水平。大城市的开发商（如万科等上市公司）和设计师更愿意顺应全球趋势，并希望他们的建筑能够赢得"三星级"的标签。不论基于中国还是美国的 LEED 标准，这样的标签都非常适合产品形象构建。外国标准和奖项更受到许多希望证明其环保意识的开发商的欢迎。

中国绿色建筑委员会成立于 2008 年，其分支委员会遍布包括香港在内的许多省市，成员来自包括规划、建筑、设备工程、建筑材料和公共政策领域的热情参与者。该委员会旨在为中国建立绿色建筑科学体系，提高城市化过程中的能源使用效率，改善建筑环境，促进绿色建筑和节能技术的进步。在每个省和主要城市都有一个建筑科学研究院 / 所，研究绿色建筑和节能技术。

深圳市建筑科学研究院就是一个典型例子。它成立于 2008 年，其前身是建筑科学研究机构，擅长为绿色建筑和生态城市提供解决方案，充当政府的智囊团，制定技术标准和法规，提出低碳理念付诸实践，并实现健康、高效的绿色建筑环境。该研究所已在北京、上海、浙江、重庆、福建和四川等地设立了分公司，其总部本身就是一个绿色示范建筑。这座 15 层的建筑垂直排列了各种功能，中间平台设有空中花园（图 6.17）。高层部分以 U 形环绕空中花园。

图 6.17　深圳市建筑科学院总部大楼，2008 年

来源：深圳市建筑科学研究院

该大楼的建筑面积为 18000 平方米，内部设计许多阴凉的空间，借鉴学习民间建筑的"冷巷"原理以实现自然通风。当绿色建筑不那么流行并且很少有建筑大师和明星谈论它时，该总部大楼是南方一个突出低能耗建筑的案例。

设计院把自己设计的建筑打造为绿色项目，是对业界和业主的最好示范。同样，如清华大学建筑设计院的办公楼，它位于校园的东侧，靠近建筑学院，建于 2001 年，由香港美心餐饮有限公司创始人伍舜德赞助并冠名，这是世纪之交中国可持续设计的首批成功实例之一。建筑师胡绍学和合作者创造了一个类似三明治的空间结构，用 2 个中庭分割成三个办公体量单元（图 6.18）。景观绿化中庭可以自然通风并提供了过渡空间，而南立面上的室外遮阳板则大大减少了太阳辐射。被动和主动的绿色策略，包括屋顶上的太阳能电池板，自然采光和室外遮阳，表明了建筑师和业主对可持续设计的追求。

在中国，绿色建筑的政策和实施是以自上而下的方式来制定、推广的。中央和地方政府补贴了许多示范性绿色项目，并希望这些样板可以被广泛采用。开发商和使用者逐渐发现了节能的优点。中央政策正在转化成为自发的基层行动，例如，北方城市的区域集中供热正在取代个体使用的小型燃煤锅炉。这有助于提高能源使用效率，减少空气污染。太阳能电池板和 LED 照明能够节省成本，使它们在新建和现有建筑物中都很受欢迎。在西北的沙漠地区，

图 6.18　清华大学设计院绿色庭院，2001 年
来源：薛求理摄

成千上万的太阳能电池板面对着万里无云的天空，静悄悄地把太阳能转化为电能。同样，在一些风力资源充沛的地区，新装风力发电设备保持快速增长趋势。借助国际领先的特高压输电技术，电能和风能被传输到千里之遥的地方。太阳能热水器在南方农村、城镇和离岛地区几乎无处不在。这些新能源技术为中国优化能源结构、改善生态环境打下了坚实基础。

在此背景下，中国政府多次承诺支持 2015 年签署的《巴黎协定》，并采取措施减少温室气体排放量，力争在 2060 年实现碳中和。可持续发展和绿色建筑是不可逆转的趋势，许多城市都建立了碳交易所。作为国家的分支机构，设计院将严格遵循其发展方向。大型设计机构多已建立绿色建筑设计和研究部门，通过其设计和研究工作来推动法规的实施。[38] 绿色建筑和可持续性发展策略也是许多设计竞赛中必不可少的部分。在北方地区，被动式太阳能外墙和外墙保温材料被广泛使用，从而减少能量损失。哈尔滨的设计师专注于翻新 20 世纪 80 年代和 90 年代建造的 400 万套住房。改造后，建筑物的能耗降低到以前的 35%，居民生活在更好，更清洁的环境中。[39]

在沿海城市，由于大量土地投机和资本积累，高层建筑占据了主导地位。在 2014 年，上海有 120 多座高度超过 170 米的建筑物。在许多二线城市，高层建筑被成簇规划而不是单塔耸立，其中一些综合体的建筑面积达到 100 万平方米。研究表明，30 层以上的建筑物比 18 层以下的建筑物要多消耗 30% 的能源。对高层建筑实行节能设计，效果会更明显。上海中心大厦采用了许多节能技术，例如雨水收集、风力发电、提升冷却塔，并使用不规则的曲线形状来降低风压。由于有效节约能源和水，该建筑在美国获得了 LEED 白金奖，并在中国的绿色建筑评估中获得了三星级。除了这座高楼大厦外，上海市政府还对 1300 座高层办公楼的性能进行了数年的监控，建筑面积超过 20000 平方米建筑物的物业经理必须向政府提交能耗数据。从 2012 ~ 2016 年，由于采用一系列技术措施，千瓦小时 / 平方米（kWh/m²）值逐年下降。上海现在的目标是，到 2030 年使所有新建建筑实现近零能耗（Net-Zero Energy）。[40]

必须注意的是，前面大多数讨论和测量都涉及建筑运营阶段。目前，业界很少考虑建筑物的生命周期。在某些情况下，收获 1kWh 的电力可能会花费 2kWh。建筑物使用了多少隐含能量？生产建筑材料并将其运送到现场时会产生多少二氧化碳？拆除后材料会降解吗？从诞生到死亡，建筑物在地球上留下多少碳足迹？中国和世界各地的专家都在努力回答这些问题，并找到更多的生态友好型、人文主义的解决方案。

6.6　推广装配式建筑

除了推广绿色建筑评估体系建设、推动老旧建筑节能改造以外，近些年来中央政府大力推动另一项工程——装配式建筑的设计、施工和评估工作。同样，大型设计院走在这项工作的前列。经过 40 多年的快速城市化建设，城乡环境得到根本性的改变，但是中国的建筑业距离绿色化、工业化和信息化还有很大的距离。为了推动绿色发展、低碳发展，国务院办公厅在 2016 年印发了《关于大力发展装配式建筑的指导意见》，提出：

> 以京津冀、长三角、珠三角三大城市群为重点推进地区，常住人口超过 300 万的其他城市为积极推进地区，其余城市为鼓励推进地区，因地制宜发展装配式混凝土结构、钢结构和现代木结构等装配式建筑。力争用 10 年左右的时间，使装配式建筑占新建建筑面积的比例达到 30%。同时，逐步完善法律法规、技术标准和监管体系，推动形成一批设计、施工、部品部件规模化生产企业，具有现代装配建造水平的工程总承包企业以及与之相适应的专业化技能队伍。[41]

大力推动装配式建筑，与以下几个因素有关：1）是推动建筑业转型升级，绿色发展的必由之路；2）是培育新产业新动能、化解过剩产能（特别是钢产量过剩）的有效途径；3）是应对建筑业劳动力短缺的未雨绸缪。[42]虽然如此，由于现阶段产业化、信息化程度较低，装配式建筑普遍比现浇混凝土建筑成本高 20%～25%，以至于许多业主倾向于选择后者。[43]与推广绿色节能建筑方法类似，中央和地方政府通过一系列政策组合——包括法律规定（政府投资项目要达到一定比例的装配率）、政策引导（宣传鼓励）、市场培育（税收优惠，特别是对装配式部品生产单位）、财政补贴（比如对房地产开发项目加大土地供应、税费减免、金融信贷支持、降低预售条件和预售资金监管标准）等方式，试图发挥引导作用。

近年来，大型设计院在政府投资的公租房、学校、医院和行政办公楼等项目中，率先探索了装配式建筑的设计和施工。自从 20 世纪 90 年代末开展住宅商品化（私有化）改革以来，低收入群体的居住问题一直不受公共机构、私人业主和设计院的重视，社会性住宅鲜有精心设计的上乘之作。2016 年，北京市保障性住房建设投资中心直接投资建设的公租房项目——北京燕保郭公庄家园一期（约 3000 套中小户型，其中北区已建成，南区待建）是较早实施装配式建造的居住案例（图 6.19）。中国建筑设计研究院建筑师赵钿、韩凤磊等人在此项目中，结合国家最新倡导的开放式街区、装配式建造等理念，从外部城市空间、小区邻里关系、社区功能混合、楼宇公共空间配置、户型精细化设计等层面均做了大胆而周密的探索，力图创造亲切、富有归属感的社区环境，为公租房设计树立了新的样板。[44]在装配式部品构件设计和施工方面，该项目在提高平面设计标准化的同时，在立面上运用装饰性构件试图打破标准化带来的单一感。[45]相比较周遭普遍采用现浇混凝土结构的高层住宅（通常色彩艳丽或沉闷，大面积落地玻璃窗外加金属防盗窗），郭公庄一期建筑在视觉上较为厚重壮实、干净整洁。或许是因为小户型占比较多、装配式外墙洞口开窗尺寸有限制，加上阳台板采用预制混凝土构件，整体看起来不够轻盈，有一种混凝土森林的感觉。[46]

由于装配式建筑成为政府主推的方向，一些设计院为此成立了装配式建筑研究部门，专门从事类似项目的设计。比如，中国建筑设计研究院在原来居住事业部的基础上，成立了装配式工程研究院，而类似现象在民营设计单位还不多见，这或许与项目来源有限有关。大型

图 6.19　北京郭公庄一期，2016 年

来源：丁光辉摄，2021 年

设计院与国有施工企业合作，在工程总承包方面占据一定优势，这为更大规模的推广奠定了基础。由中国建筑科技集团负责设计、施工的深圳长圳公共住房项目（含市级公租房、光明区级公租房和人才房）把装配式建筑推向超高层住宅（150 米）建设层面。

　　除了公租房之外，装配式建筑在雄安新区的市民服务中心项目中得到大范围运用。2017年，受雄安新区管委会委托，中国建筑学会组织邀请四家设计单位（中国建筑设计研究院、清华大学建筑设计研究院、天津华汇工程建筑设计有限公司、深圳市建筑设计研究总院）为该项目提供总体规划，并最终选择了华汇的方案，同时把单体项目进行拆分，分别委托给四家单位进行建筑设计。[47]中国建筑设计研究院崔愷团队负责企业临时办公区、清华设计研究院庄惟敏团队负责周转房、华汇公司周恺团队负责规划展示、政务服务、会议中心、深圳研究总院孟建民团队负责管委会办公楼设计（图 6.20）。虽然总体规划在空间分布上四平八稳，中规中矩，但是积极运用了海绵城市、综合管廊等先进技术。同时，每个单体项目都在尽力营造小尺度的室内外空间环境。这些建筑具备一些共同的特质，那就是全部使用装配式钢结构来建造。建筑设计考虑了应对潜在的防洪需求，混凝土支柱整体支撑上层钢结构主体，形成了雨水花园地面，后期拆除之后，对环境影响较小。就单体而言，规划展示、政务服务、会议中心呈现了精准清晰的建造逻辑以及室内大小空间的有机组合，其形体简约节制、有强烈的几何形造型、外表冷峻，这些特征与周恺之前的作品风格较为一致；企业临时办公区采用中集模块化建筑公司生产的箱体钢结构，强调单元模块的自由组合，同时在中心平台下设置了

项目地点
河北省雄安新区

设计单位及主创建筑师
天津华汇工程建筑设计有限公司
　周恺
中国建筑设计研究院有限公司
　崔愷
深圳市建筑设计研究院总院有限公司
　孟建民
清华大学建筑设计研究院有限公司
　庄惟敏

建筑面积
99,600 ㎡

建成年代
2018

LOCATION
Xiong'an New Area, Hebei Province

DESIGN COMPANY AND ARCHITECTS
Tianjin Huahui Engineering
Architectural Design Co., Ltd.
　ZHOU Kai
China Architecture
Design & Research Group
　CUI Kai
Shenzhen General Institute
of Architectural Design and
Research Co., Ltd.
　MENG Jianmin
The Architectural Design and
Research Institute of Tsinghua
University Co., Ltd.
　ZHUANG Weimin

GROSS FLOOR AREA
99,600 ㎡

COMPLETION YEAR
2018

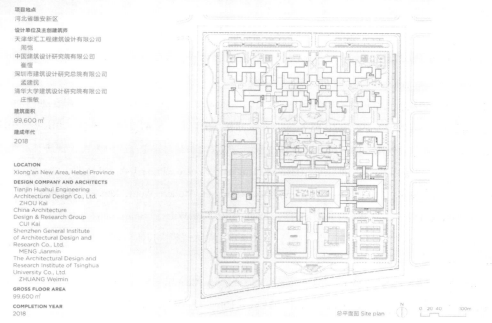

总平面图 Site plan

图 6.20　雄安新区市民服务中心，2018 年
来源：《建筑实践》，2019 年第 12 期，202 页

丰富的公共空间，赋予项目一定的公共性和开放性。[48] 管委会办公楼和雄安集团办公楼采用半开敞内庭院平面，四周设置三层高钢结构柱廊，试图打破机构建筑的森严形象。[49] 周转宿舍设计也采用开放式内院模式，在私密性和公共性之间取得了平衡。[50]

　　虽然是一组临时性建筑（使用期约为 10 年），但是为了要展示"国际品质"，这些有院士、大师领衔的设计团队为政府机构建筑设计注入了新的活力和创意，为地方、基层公共机构展现了示范作用。当然，项目的造价也比普通非装配式建筑要高不少（项目总投资额约 8 亿元，总建筑面积 9.96 万平方米）。在雄安项目品牌的激励下，设计人员，材料生产、加工、运输人员，现场施工、管理人员，加班加点，争分夺秒，展现了难以置信的建设速度（2017 年 7 月开始规划设计，2018 年上半年全部竣工）和政府高效集中的建筑资源（设计和施工）调拨力度，成为 40 年改革开放进程的一个缩影。

　　中国制造业蓬勃发展，大量的城市建设在进行高碳排放，绿色建筑的数量和建筑工业化的质量仍然不足。经过政府、开发商和设计院多年的努力，对可持续性的需求已得到越来越多的关注和共识。市场在 21 世纪的中国起着重要作用。在城市化、环境保护、绿色建筑和其他宏观问题上，政府改造空间和人居环境的任务还是由设计院来严格具体执行。至此，设计院体现了其自身强烈的社会属性。

注释

1　丁光辉采访曲雷先生，北京，中旭建筑有限责任公司理想空间工作室，2021 年 4 月 16 日和 5 月 16 日。

2　中集集团. 刚刚，第一栋楼封顶！"雄安速度"由他们谱写 [EB/OL]. 微信公众号，2018 年 2 月 12 日。
　　https：//mp.weixin.qq.com/s/2p8kKZpPufLOdfgp48qX5g.

3　这段时期的水泥消耗量大概可以说明问题。根据美国地质调查局（USGS）的统计，中国在 2011-2013 年期间使用的混凝土量约为 66 亿吨，比整个 20 世纪美国使用的混凝土量 45 亿吨还要多。2016 年，全球造了 128 座超过 200 米高的建筑物，其中 11 座位于深圳，数量之多超过了整个美国。截至 2020 年，全球最高的 20 座建筑，13 座在中国。Bill Gates. Have You Hugged a Concrete Pillar Today?[EB/OL]. Gatesnotes：The Blog of Bill Gates，https：//www.gatesnotes.com/Books/Making-the-Modern-World. June 12，2014；Vaclav Smil，Making the Modern World：Materials and Dematerialization[M]. John Wiley & Sons，Ltd.，2014.

4　（英）汤姆·米勒著；李雪顺译. 中国十亿城民：人类历史上最大规模人口流动背后的故事 [M]. 厦门：鹭江出版社，2014.

5　Mary Ann O'Donnell，Winnie Wong，and Jonathan Bach，eds. Learning from Shenzhen：China's Post-Mao Experiment from Special Zone to Model City[M]. Chicago：University of Chicago Press，2017.

6　李百浩，王玮. 深圳城市规划发展及其范型的历史研究 [J]. 城市规划，2007（02）：70-76；顾汇达. 深圳城市规划的回顾与展望 [R]. 两岸营建事业学术交流研讨会 台北. http://www.upr.cn/news-thesis-i_18973.htm. [1997-4-12].

7　深圳经济特区总体规划简介 [J]. 城市规划，1986（06）：9-14.

8　陈一新 . 深圳福田中心区（CBD）城市规划建设三十年历史研究（1980-2010）[M]. 东南大学出版社，2015.

9　孙骅声 . 他山之石，可以攻玉——深圳市城市规划与设计中的涉外经历 [J]. 世界建筑导报，1999（05）：3-5.

10　Mee Kam Ng and Wing-Shing Tang. The Role of Planning in the Development of Shenzhen，China：Rhetoric and Realities[J]. Eurasian Geography and Economics，45，3（2004）：190-211.

11　区自，朱振辉 . 深圳国际贸易中心 [J]. 建筑学报，1986（08）：62-67，84.

12　关于改革开放后深圳的建筑实践，深圳市规划和国土资源委员会，《时代建筑》杂志编著 . 2000—2015 深圳当代建筑 [M]. 上海：同济大学出版社，2016；张一莉主编 . 建设成果篇 改革开放 40 年深圳建设成就巡礼 [M]. 北京：中国建筑工业出版社，2018；张一莉主编 . 城市设计篇 改革开放 40 年深圳建设成就巡礼 [M]. 北京：中国建筑工业出版社，2018.

13　Piper Gaubatz. Globalization and the Development of New Central Business Districts in Beijing，Shanghai，and Guangzhou[G]// Fulong Wu and Laurence Ma，eds.，Restructuring the Chinese City：Changing Society，Economy and Space. New York and Oxford：Routledge，2005：98-121.

14　郑州东站拥有巨大尺度的内部空间，由于候车室大片屋顶由半透明材料覆盖，给节能带来巨大挑战，同时站房内部的商业设施分布不便乘客使用。

15　李春舫 . 形式之外——太原南站建筑创作实践 [J]. 新建筑，2018（01）：44-48.

16　郭建祥 . 当代交通建筑设计多维诠释 [M]. 北京：中国建筑工业出版社，2019.

17　土地财政模式是指地方政府严重依赖土地出让金来补偿财政收入（税收收入难以满足预算需求）常常牺牲了城郊、农村地区的农民利益，同时限制了城市居住土地供应，进而推高商品房房价。Heran Zheng，Xin Wang，and Shixiong Cao. The Land Finance Model Jeopardizes China's Sustainable Development[J]. Habitat International，44（October 2014）：130–136.

18　Ian Johnson. China's Great Uprooting：Moving 250 Million into Cities[EB/OL]. The New York Times，June 15，2013，http：//www.nytimes.com/2013/06/16/world/asia/chinas-great-uprooting-moving-250-million-into-cities.html?pagewanted=all；李敏 . "赶农民上楼" 荒唐在何处 [EB/OL]. 腾讯新闻 . http：//view.news.qq.com/original/intouchtoday/n3290.html. 2016-09-22.

19　秦亚洲，刘金辉 . 直接损失 600 多亿元，"惠农工程" 成烂尾——河南部分新型农村社区建设调查 [EB/OL]. 新华社，http：//news.xinhuanet.com/politics/2016-12/29/c_1120215918.htm. 2016：12-29.

20　苏童，郭泾杉，王珊珊 . 专访苏童：乡建是一种信仰 [J]. 小城镇建设，2017（03）：32-36.

21　在 21 世纪第二个 10 年，大量独立和年轻建筑师参与了新农村建设，并在功能、预算、工期以及政治干预的约束下，试图建造在城市中难以实现的替代性项目。例如，杭州的王澍 / 业余建筑工作室以及北京建筑师徐甜甜等人均在浙江省从事乡村建设。

22　崔愷，曲雷，何勍 . "城市" 与 "生活" 共生："常德老西门综合片区改造设计" 对谈 [J]. 建筑学报，2016(9)：4-9.

23　胡建新，张杰，张冰冰 . 传统手工业城市文化复兴策略和技术实践——景德镇 "陶溪川" 工业遗产展示区博物馆、美术馆保护与更新设计 [J]. 建筑学报，2018（05）：26-27；陶溪川文化创意园区 [J]. 建筑创作，2018（03）：26-69.

24　对口支援模式是指中央政府要求每个省援助一个遭受地震重创的县。例如，山东省与北川县建立了伙伴关系，为该县的城市重建提供资金，资源和劳动力。广东省与汶川县合作；上海市与都江堰市建立了伙伴关系。

这种帮扶模式具有中国特色，在其他国家难以想象。

25 朱子瑜，崔愷 主编 . 建筑新北川 [M]. 北京：中国建筑工业出版社，2011.

26 孙彤，殷会良，朱子瑜 . 北川新县城总体规划及设计理念 [J]. 建设科技，2009（09）：26-30.

27 黄少宏，于伟，慕野，马聃，孙青林 . 北川新县城安居工程规划与设计回顾 [J]. 城市规划，2011，35（S2）：87-91.

28 崔愷 . 关于北川新县城建设的点滴心得 [J]. 城市规划，2011，35（S2）：115-116.

29 崔愷 . 本土文化的重生 [J]. 建筑技艺，2010（Z2）：34-41.

30 同 29，38.

31 同济大学都江堰壹街区项目组 . 齐心戮力，彰显个性：都江堰壹街区项目建筑设计体验 [J]. 时代建筑，2011（06）：40-49.

32 何镜堂，郑少鹏，郭卫宏 . 大地的纪念：映秀·汶川大地震震中纪念地 [J]. 时代建筑，2012（02）：106-111.

33 受邀参加的建筑师有崔愷（中国建筑设计研究院）、崔彤（中国科学院建筑设计研究院）、何镜堂（华南理工大学建筑设计研究院）、孟建民（深圳市建筑设计研究总院）、钱方（中国建筑西南设计研究院）、张利（清华大学建筑设计研究院）、周恺（天津华汇工程建筑设计有限公司）和庄惟敏（清华大学建筑设计研究院）。中国建筑学会，《建筑学报》主编 . 玉树地震灾后重建中的重点项目的建筑设计 [M]. 北京：中国建筑工业出版社，2016.

34 孟建民，徐昀超，邢立华，招国健，冯咏刚，韩庆 . 纪念之前，重建之后——关于玉树地震遗址纪念馆的未完成记录 [J]. 建筑技艺，2015（05）：75-81.

35 崔愷，张利，叶扬 . 我所认识的孟建民 [J]. 世界建筑，2016（10）：26-30+136.

36 国务院发展研究中心，世界银行 . 中国：推进高效、包容、可持续的城镇化 [M]. 北京：中国发展出版社，2014. 为了构建新型城镇化模式，本书提出了六大改革领域：改革土地管理制度；改革户籍制度，推进基本公共服务均等化，促进具备技能的劳动者自由流动；将城市融资建立在更可持续的基础之上，同时建立有效约束地方政府的财政纪律；改革城市规划和设计；应对环境压力；改善地方政府治理。

37 绿色奥运建筑研究课题组 . 绿色奥运建筑评估体系 [M]. 北京：中国建筑工业出版社，2003.

38 崔愷，刘恒 . 绿色建筑设计导则：建筑专业 [M]. 北京：中国建筑工业出版社，2021.

39 Jiang Yiqiang. The Appropriate Technologies and Practical Case Study on Green Retrofitting the Residential Dwellings in Severe Cold Climate Zone in China//The World Sustainable Built Environment Conference[C], Hong Kong, June 5-7, 2017.

40 Zhang Bolun. In Pursuit of Excellence：Sustainable High-performance Skyscrapers//The World Sustainable Built Environment Conference[C], Hong Kong, June 5-7, 2017. Yang Jianrong. Green Design and Facility Management Systems in Shanghai Tower//The World Sustainable Built Environment Conference[C], Hong Kong, June 5-7, 2017.

41 国务院办公厅 . 关于大力发展装配式建筑的指导意见 发文字号：国办发〔2016〕71 号，2016 年 09 月 27 日。

42 王俊，赵基达，胡宗羽 . 我国建筑工业化发展现状与思考 [J]. 土木工程学报，2016，49（05）：1-8. 早在 20 世纪 50 年代，我国借鉴苏联和东欧各国的经验，在国内推行标准化预制构件和装配式建筑。从 70 年代后期开始，多种装配式建筑体系得到了快速发展，特别是装配式大板体系在北京高层住宅建设中广泛使用。

但是大板住宅建筑因当时的产品工艺与施工条件限制，存在墙板接缝渗漏、隔声差、保温差以及产品尺寸单一、抗震性能差等方面的问题，逐渐被淘汰。而现场浇筑混凝土以其施工方便、结构坚固，可以应对灵活多样的设计需求而受到青睐。与此同时，改革开放后大量农民工进城为建筑行业带来了充沛、廉价的劳动力，促使粗放式的现场湿作业成为混凝土施工的首选方式。

43 随着装配式建筑产业化程度提高，以及劳动力成本的提升，这一成本差有望会逐步降低。同 42，4.

44 赵钿 . 郭公庄一期公共租赁住房社区规划设计 [J]. 建筑设计管理，2016，33（01）：7-12.

45 区别于常见的商品房南北平行式布置，该公租房项目实现了部分楼宇东西向布置，这也形成了部分围合的居住组团和城市空间。

46 部分住户把闲置的家居物件堆放在阳台或室外，物业收费较低，导致社区维护力度不够，环境有待提高。

47 张一，闫晓萌 . 雄安市民服务中心总体规划以及规划展示中心、政务服务中心、会议培训中心设计 [J]. 建筑学报，2018（08）：2-3.

48 任祖华，陈谋朦 . 一种新的建筑模式的探索——雄安市民服务中心企业临时办公区设计 [J]. 建筑学报，2018（08）：10-13.

49 齐嘉川，符永贤，于长江 . 雄安市民服务中心党工委管委会及雄安集团办公楼设计——本原设计之雄安实践 [J]. 建筑学报，2018（08）：20-22.

50 庄惟敏，章宇贲，王禹 . 人性化、标准化、生态化的居住空间——雄安市民服务中心周转及生活服务用房设计 [J]. 建筑学报，2018（08）：26-28.

第7章

产学研三结合：高校设计院的文化生产

场景：20世纪80年代初，同济建筑如果是中国建筑一派的话，那么冯纪忠先生则是公认的精神领袖。同济老师在闲谈和改图时，言必称冯先生。我的同学辅佐了冯先生和葛如亮先生的一些风景建筑项目。1982年，我初看松江方塔园的模型和照片，深为其纯净手法所打动，方塔园的景观和建筑，正如冯先生所期望，是现代的、中国的。同年，我和陆轸教授去杭州，拍摄同济作品，包括冯先生设计的花港观鱼茶室，一正一侧的两片屋顶，十分飘逸。冯先生此时，已经不再上课，只是偶尔讲座，或在外来专家讲座时，做开篇或结尾。1986年，汪坦先生在上海同济大学、城市建设学院和华东院做了十几场讲座，场场爆满，在同济大学讲座的第六场，冯先生做结尾谢词。由于冯先生和林风眠先生的友谊，文远楼的二楼，地板上放着好多林先生的油画和水粉画。他们的友谊依然持续，冯先生夫妇和林先生的墓碑，都是一黑一白的两片石。他们枕着松江的小河，仰望浮云和岁月飘过。（薛求理）

场景：1988年，同济大学建筑学院院馆（现为B楼）落成。这栋红色面砖建筑是戴复东先生和黄仁先生设计的，是20世纪80年代典型的中国建筑。戴先生在设计此楼时，任建筑与城市规划学院院长。院长不仅管理教学和科研，而且还有人事、住房分配等一大堆后勤事务。戴先生和吴庐生先生请了一位阿姨在家烧饭，每天中午回家吃饭时，找他的人，有干部、教师和职工，像看医生门诊般排着长队。我们研究生经常就在这长队中等候着往前挪。戴先生一边往嘴里快速扒饭，一边说话并做出决定。我们有时拿着草图，等着戴先生批阅。此时，戴先生的设计项目主要在贵州、烟台和福州等地。我们随他出差，他是政协委员，可以乘坐软卧，他在嘈杂的车厢里画草图和校对稿件。戴先生经常对我们说，踢球不是在外面盘球，是要往球门里踢。一直到20世纪90年代开设高新建筑设计所，戴先生始终有充足的精力研究设计问题，他为此感到幸福。（薛求理）

以京津冀、长三角、珠三角三大城市群为重点推进地区，常住人口超过300万的其他城市为积极推进地区，其余城市为鼓励推进地区，因地制宜发展装配式混凝土结构、钢结构和现代木结构等装配式建筑。力争用10年左右的时间，使装配式建筑占新建建筑面积的比例达到30%。同时，逐步完善法律法规、技术标准和监管体系，推动形成一批设计、施工、部品部件规模化生产企业，具有现代装配建造水平的工程总承包企业以及与之相适应的专业化技能队伍。[1]

吴景祥

1958 年，同济大学建筑设计院的首任院长吴景祥撰文描述了高校设计院成立的历史背景和初衷。他的论述涉及一个核心议题：高校设计院在教学和生产实践过程中的作用。作为一个独具特色的设计机构，高校设计院的起源可以追溯到 20 世纪 50 年代，当时中国按照苏联模式建立了国有设计院，同时解散和收编了私人设计公司。在 1958 年的"大跃进"期间，政府鼓励建筑学教师加入大学设计院，和学生一起参与生产实践，为社会提供专业服务。尽管许多设计机构在"文化大革命"期间被关闭，但它们在 70 年代后期又重新建立。从那时起，高校设计院开始从事商业建筑实践，并逐渐成为市场上一股强大的设计力量。

建筑院校是众多精英荟萃、人才聚集的地方，他们在大学设计院开展的创新活动为设计行业做出了杰出贡献。高校教师和学生在建筑创作中展现了非凡的创造力和才能，在促进和生产建筑知识方面发挥了至关重要的作用。[2] 学者型建筑师（architect-academics）倾向于将自己定位在一个复杂的学术专业网络之中，一方面参与学术研究和教学，培养年轻一代的专业人员；另一方面参与设计生产，积极将文化资本转化为市场商品。[3]

全国各地的建筑院校基本上都有自己的附属设计院，这些从业人员是中国建筑生产不可忽视的一股重要力量。为了论述高校设计院在生产、教学和研究过程中的贡献与挑战，本章选择三个颇具代表性的高校设计院——华南理工大学建筑设计研究院、清华大学建筑设计研究院和同济大学建筑设计研究院——作为个案分析，是因为它们在不同历史阶段分别在文化探索、政治服务和市场化运作等方面展现了独具特色的传统和使命。整个论述过程以重要学者型建筑师的实践为主线，讨论了生产、教学和研究一体化模式在当前历史语境下的意义和困境。

大学设计院的存在，最大限度地提升了设计智慧（design intelligence）在社会发展中的作用，有力促进了专业知识在教学、科研和实践等不同领域的流动，他们的设计服务于各类公共和私人业主，加速了城市化进程并促进经济增长。学者型建筑师将生产实践作为实用工具或媒介，努力整合教学和研究，力图在社会主义市场经济的背景下为自身和所属机构积累文化和经济资本。

7.1　高校设计院发展简史

在现代中国，具有双重身份的学者型建筑师或建筑师 / 教师最初出现在 20 世纪 20 年代和 30 年代。当时，许多从西方建筑学校毕业回国的建筑师，如童寯（1900 ~ 1983）、林克明（1900 ~ 1999）等人，都是一边从事建筑教学，一边参与设计实践。但是，在 1949 年以后，中国的社会、经济、政治体制和教育结构均发生了根本性的变化。在随后的社会主义改造中，私人设计公司逐渐被淘汰，执业建筑师别无选择，大都只能进入国有设计院或在大学任教。对于建筑系教师来说，设计实践提供了一种在行业中保持竞争优势和良好信誉的方法。因此，大多数教师 / 建筑师都渴望有机会能够参加设计实践。

受苏联教育模式的影响，1952 年，中国进行了大规模的高等院校合并与重组。[4] 之后，部分学校面临大量的基建任务，同时考虑到建筑系教师经营的私人公司不复存在，一些建筑院校于 1953 年成立了自己的设计室，并邀请建筑系教师为大学和国家设计项目。例如，建筑师夏昌世为华南工学院和中山医学院设计了具有地域特色的校园建筑。结合起伏的场地，这些项目灵活布置平面，同时采用多种形式的外遮阳混凝土构件，展现了对当地气候和地形的敏感性。1953 年，夏昌世、陈伯齐及其同事应邀与湖南大学的柳士英等建筑师合作，负责武汉华中工学院（现华中科技大学）的校园规划和建筑设计。[5]

在 1958～1978 年间，隶属于各个高校、省市和部委的设计院不断卷入革命运动，在动荡中艰难生存。当时，建筑师追求令人愉悦的形式或者美学通常被批评为具有"资产阶级"倾向。对形式的阐述必须伪装成对功能的追求。大城市的许多学术人员被贴上"右派"或"资产阶级反动学术权威"的标签，遭到攻击并被送到乡下参加劳动改造。此外，当时的建设项目数量有限，设计技术人员受到限制以及建筑院校的停滞，这些因素都影响了高校设计院的建筑生产。

1978 年，中国开始实行改革开放政策时，高校设计院的重建成为当务之急。教育部在 1979 年的一份文件中指出，重建高校设计院，可以加快大学基础设施的建设，并改善建筑学和土木工程系内部的教学和研究工作。[6] 1981 年，教育部向六所大学设计机构颁发了营业执照。它们分别位于天津大学、同济大学、南京工学院（1988 年更名为东南大学）、华南工学院（1984 年更名为华南理工大学）、清华大学和浙江大学。几乎与此同时，政府鼓励国有设计机构开始收取设计费，并逐步摆脱官方的财政支持。后来颁布了一系列改革政策，赋予设计院更多的管理自主权，促进和支持设计院的市场化运作。

在社会主义市场经济背景下，大学设计院的发展呈现出中国特色。自 20 世纪 80 年代中期以来，由大学运营的设计院继续充当教师进行工程实践和学生开展实习的重要场所，它们也部分解决了教职工的就业，并为大学带来了额外的创收。当今教师研究和实践的商业化已成为大学的关键功能。[7] 在设计机制和运作上，高校设计院与其他部级、省级和市级设计院没有实质性差异。但是，高校设计院拥有独特的人力资源，他们与教师以及众多优秀毕业生和研究生合作，这种文化承诺和双重身份才使他们区别于其他设计机构，其设计作品清晰地体现了这种差异。

7.2 华南理工大学建筑设计研究院

1980 年，已经 80 岁高龄的建筑师、教育家林克明受邀担任华南工学院附属的建筑设计院院长，副院长陈开庆和郑鹏具体负责院内的运作。在他们的领导和支持下，许多才华横溢的建筑师和工程师陆续被调回广州，这其中包括青年建筑师何镜堂（生于 1938 年）。1983 年，何镜堂与妻子李绮霞决定离开北京前往广州，此时他们的故乡广东——改革开放的前沿地带正在发生重大变化。[8] 这对建筑师夫妇早年都毕业于华南工学院，而何镜堂于 1965 年在导师夏昌世教授的指导下完成了研究生学习。毕业后，他赶上了"文化大革命"的爆发，后被送往农村工作，1967 年加入湖北省建筑设计院，1973 年调入北京轻工业部建筑设计院。[9]

　　1983 年回到广州后不久，何镜堂和李绮霞立即参加深圳科学馆设计竞赛并中标，这个项目也是设计院早期最重要的成就之一。深圳科学馆的外形颇具特色，主体结构层层往上悬挑，有点类似纽约古根汉姆博物馆，但是区别在于前者的地板是水平的，而后者的楼板是螺旋上升的。狭长而水平的窗户和明亮的中庭似乎受到贝聿铭作品的影响，深圳科学馆的简洁造型代表了建筑师对当时流行的后现代装饰方法的否定。建筑师在设计与场地之间建立了紧密的联系，在院子中精心保存了三棵荔枝树，并通过改变内部空间的尺度来产生动态的空间秩序。

　　1987 年，项目完成之后，何镜堂和李绮霞写了一篇论文，生动地描述了他们的设计思想，并发表在北京的《建筑学报》上（图 7.1）。[10]该设计项目于 1989 年获得了建设部和广东省的

深圳
科学
馆

● 外景
● 中央大厅

图 7.1　深圳科学馆，1987 年
来源:《建筑学报》，1988 年第 7 期

奖励。建筑师对细节和理论的关注表明了他们不满足于简单地完成一栋建筑的建造，而是试图以一种反思的方式参与整个设计过程。他们的做法展示了一种文化雄心和理论自觉——通过设计项目、作品报奖、论文总结来打破实践与理论之间的界限，并弥合设计与研究之间的鸿沟，这一特点在他们的职业生涯贯穿始终。

在 2009 年的一次采访中，何镜堂解释了为什么他更喜欢在大学设计院工作。[11] 对他来说，在建筑领域有两条成功之路：一条是通过学术研究，就像梁思成一样；另一条是通过设计创作，比如北京市建筑设计院的两位大师张镈和张开济。何镜堂对这两个领域之间的联系很感兴趣，从根本上来说，这也与大学设计院的目标相吻合。

1985 年，华南理工大学建筑设计研究院邀请建筑师莫伯治和佘畯南担任设计院的兼职教授并负责培养研究生，这一举措极大地加强了设计与研究之间的互动。何镜堂与他们合作，协助指导硕士生。从 1986 年开始，莫伯治、何镜堂、李绮霞以及研究生马威和胡伟坚一起设计了广州西汉南粤王墓博物馆。作为一个颇具代表性的案例，该项目展示了集体设计的合作机制以及通过设计实际项目而带动实践与研究之间的互惠作用（图 7.2）。

博物馆位于繁忙的商业中心，旨在保护和展示西汉南粤王的坟墓以及从该遗址挖出的藏品。莫伯治和同事使用一部垂直楼梯来连接低层的正门入口（面对繁忙的城市道路）和位于山丘高处的陵墓，这一巧妙做法让观者体验到一种从混乱的日常生活到庄重沉思场景的戏剧

图 7.2 广州西汉南粤王墓博物馆，1993 年

来源：何镜堂院士赠

性过渡，在现象学层面产生了强烈的身体感受。毫不奇怪，博物馆在 1993 年完工之后获得了许多国家级奖项，包括 1994 年中国建筑学会享有声望的建筑创作奖。鉴于他们的成就，莫伯治于 1995 年当选中国工程院院士，何镜堂于 1994 年获得 "全国工程勘察设计大师" 的称号。

1997 年，华南理工大学成立建筑学院（由建筑系、土木工程系和设计院组成），何镜堂被任命为院长。值得一提的是，何镜堂于 1999 年当选中国工程院院士，这对他的职业生涯和学校、设计院的发展都产生了至关重要的影响。院士享有很高的声望，大学通常会以终身聘用的保证来奖励他们。[12] 同时，这种身份代表着专业权威和话语权，特别是在与客户就设计问题进行沟通时。用法国社会学家皮埃尔·布迪厄（Pierre Bourdieu）的话说，这种文化资本可以成功地转变为政治资本，这两者都巩固了院士的地位。[13] 尽管设计机构的同龄人大多数都在 60 岁退休，但由于他的院士身份，大学和设计院仍然希望他继续工作，并利用毕生积累的经验来进行建筑创作并培养年轻一代的学生和建筑师。

对于许多杰出的专家来说，获得院士头衔象征着从事科学或专业事业的顶峰。但是对何镜堂来说，这只是一个起点，因为他的许多重要作品都是在 21 世纪初期创造的。为了应对建筑行业中新出现的竞争性招投标模式，1999 年，何镜堂工作室在华南理工大学设计院内成立。[14] 该团队由精通方案设计的建筑师和研究生组成，致力于建筑创作，特别是文化项目。作为建筑学院院长和设计院院长，这两个角色使何镜堂有机会招募许多才华横溢的研究生，许多学生毕业后成为工作室的设计人员。[15] 大量的年轻人才是大学设计院与其他国有设计院的一个显著区别，这一点也受到业界同仁的羡慕。[16]

工作室成立初期位于大学校园内，后来搬到学校旁边的教工居住区。与此同时，工作室里的建筑师开始将 20 世纪 30 年代和 70 年代为教授建造的一系列别墅改造为带有多个庭院的综合工作场所。[17] 作为工作室的负责人，他表现出非凡的组织能力，鼓励不同级别的同事（主任、资深建筑师、项目负责人、设计师和实习生等）集思广益，让他们表现各自的创造力，然后为项目的进展和实施过程提供全方位指导。[18] 工作室的金字塔形组织架构而又充满"民主"氛围的学术环境保证了团队成员之间的高效合作，有助于应对日益复杂的建筑实践环境（尤其是当代中国的城市化进程）（图 7.3）。

深圳科技馆项目首次展现了何镜堂积极参与建筑竞赛的举措，以及参与市场经济所需的前瞻性思维和敏锐意识。[19] 这种积极进取的态度与计划经济时期许多公共机构中存在的"等、靠、要"被动意识形成了鲜明对比，也从根本上改变了设计院和他的职业生涯。在过去的 20 年中，该团队多次参加具有重大文化和政治意义的项目，与许多国内外竞争对手同场竞技并频频中标，赢得了业主和大众的青睐。其中，2000 年中标的浙江大学紫金港校区规划设计可以说是设计院发展的一个转折点。自此，华南理工大学设计院已经设计了 300 多个新校园，其中至少有 100 个规划方案得到实施。[20] 紫金港校区项目充分展示了建筑师将各种大学建筑和设施与自然景观和人造景观进行有机融合的想法，这一理念在华南师范大学南海校区和澳门

图 7.3　何镜堂工作室办公场所，广州华南理工大学五山校区，2014 年
来源：何镜堂工作室

大学横琴岛新校区等项目中得到延续和改进。

　　与其他设计院类似，华南理工大学设计院提供包括建筑设计，城市规划，结构以及电气和机械工程等专业服务，并拥有多个设计工作室。每个工作室通常由资深学者 / 建筑师负责，成员包括职业建筑师、研究生和实习生。除了何镜堂工作室外，陶郅和孙一民也在 2003 年成立了自己的工作室。随后，倪阳、汤朝晖也有了自己的工作室。为了完成特定的任务，这些工作室常常合作参加设计竞赛，并获得了多个国家级重大项目设计权和业界奖项，展现了高校设计院雄厚的实践能力和科研实力。

　　2005 年，何镜堂与倪阳、刘宇波等同事合作，赢得了侵华日军南京大屠杀遇难同胞纪念馆的扩建项目的设计。[21] 原有的 2500 平方米的纪念馆由南京工学院（现东南大学）教授、建筑师齐康院士设计，于 1986 年完工。扩建项目位于城市中一块狭窄的土地上，长 700 米、宽 100米。对建筑师来说，该项目面临三重挑战：即回应现场环境，尊重现有纪念馆以及表达纪

图 7.4　侵华日军南京大屠杀遇难同胞纪念馆扩建，2008 年
来源：何镜堂工作室

念主题。这座占地 22500 平方米的新建筑包括由 5 米高的混凝土墙围成的入口广场、展览厅、保存完好的大规模考古遗址（万人坑）、带反射水池的景观公园和雕塑，以及一系列办公楼。扩建项目与原纪念馆在外形和精神上融为一体，在新旧之间进行了适度的对话（图 7.4）。[22]

新建展览馆占据了三角形的东部场地，整体呈倾斜状，一端从广场升起，另一端延伸至空中。整体造型在中间"断开"，一分为二，断裂处覆盖了狭长的玻璃屋顶。在建筑师看来，其外形犹如一把折断的军刀，象征了日本侵略者的失败。这种充满暗喻的设计想法早前曾出现在由何镜堂负责的 1997 年沈阳市"9·18 事变"纪念馆的设计方案中。南京和沈阳的这两个项目用地比较类似，均为狭长地形，这种巧合也使得建筑师将未实现的想法应用于新建建筑上。"断裂的军刀"较为形象地阐述了建筑师的设计理念并使其合法化，从而帮助业主（地方政府）、竞赛评委和公众接受了这一概念。

展览建筑的入口类似于丹尼尔·里伯斯金（Daniel Libeskind）在柏林犹太博物馆中使用的方法——游客必须通过楼梯走到地下空间。如果说齐康设计的纪念馆以其标志性的鹅卵石庭院为特征，那么新建建筑则大大扩展了原先的展览面积，可以展示大量与大屠杀相关的照片、文件和视频。在扩建项目中，建筑师将两个大厅分别视为整体体验的序曲和铺垫。该项目最重要的组成部分是保存完好的大屠杀考古遗址（万人坑），游客在这里可以直接看到陈列的遇

图 7.5　侵华日军南京大屠杀遇难同胞纪念馆扩建，2008 年
来源：何镜堂工作室

难者遗骸。万人坑外面的院子和周围的冥想大厅提供了一个思考和哀悼的地方。在最初的设
计阶段，何镜堂坚持认为该项目与其说是建筑设计，不如说是场所精神的营造。[23] 这种营造场
所感的努力体现在建筑师用建筑作为一种叙事形式，使游客能够体验到南京大屠杀的悲惨过
程以及对未来和平景象的憧憬（图 7.5）。

　　华南理工大学建筑设计研究院的作品展示了由大学经营的设计企业在激烈的市场竞争中
的表现。正如建筑师崔愷所观察到的，何镜堂工作室的作品在政治意义与文化内涵、象征价
值与思想意义之间保持了精确的平衡。[24] 2010 年，上海世博会中国馆便是其中的典型代表，
该项目巨大尺度的红色钢构件重新诠释了传统建筑元素——斗栱的新用法。尽管在形式上存
在争议，但它在公开竞赛中的获胜证明了何镜堂团队的独特能力——在传递高层领导人对大

图 7.6　世博会中国馆，2010 年
来源：何镜堂工作室

国身份的期望，表达普通群众对民族自豪感的期待，以及打造一个开放和绿色建筑的承诺等几个方面所达成的微妙平衡。可以说，正是这种用建筑表达"新兴消费文化，融合现代主义与时代活力"的高超技巧，使何镜堂成为当代中国最广受欢迎的建筑师之一。[25]

7.3　清华大学建筑设计研究院

清华大学建筑系的师生一直是设计院的重要参与者和贡献者。例如，1953 年，清华大学在合并北京大学和燕京大学部分师资的基础上组建了工程系，并成立了学校建设委员会。委员会由梁思成、部分教职员工以及建筑系和土木工程系的学生组成，负责清华大学校园建筑的规划和设计。[26] 尽管它是为了应对大学校园建设需求增加而成立，但在广大教职工的带领下积极参与国家和地方项目，如 1958 年，清华大学建筑系的师生在北京、河北和山西等地设计了许多民用和工业建筑，并参与北京"十大建筑"设计，其中包括人民大会堂、中国人民革命历史博物馆、中国美术馆等方案设计，以及国家剧院、中央科学技术馆等全部设计（图 7.7）。除了这些方案设计，真正建成的重要项目还包括关肇邺主持设计的清华大学中央主楼，这栋建筑在校园东扩过程中起到重要作用（图 7.8）。[27]

1992 年，由吴良镛主持完成的北京菊儿胡同更新项目证明了这位学者型建筑师对研究型设计的热爱。吴良镛早年毕业于美国匡溪（Cranbrook）艺术学院，师从建筑大师沙里宁父子（Eliel Saarinen and Eero Saarinen），毕业回国后协助梁思成创办清华大学建筑系，在建筑

图 7.7　吴良镛、汪坦、胡允敬与同学讨论国庆工程设计，1958 年（左二　胡允敬，左五　汪坦，左七　吴良镛）

来源：清华大学建筑设计研究院

图 7.8　关肇邺，清华大学主楼，1964 年

来源：肖映博博士摄赠，2019 年

图 7.9　北京菊儿胡同模型、图纸及照片
来源：丁光辉摄于"国匠：吴良镛学术成就展"，2021 年

学和城市研究领域发挥了领导作用。[28] 北京菊儿胡同更新项目为他提供了一个基于研究来解决城市更新问题的机会。从本质上讲，这也是将拥挤不堪、混乱的老城区环境转变为更高密度、舒适体面的居住空间的努力。通过借鉴埃利尔·沙里宁有机疏散理论（Theory of Organic Decentralization），吴良镛提出的"有机更新"理念旨在保留传统城市的四合院结构。[29] 为此，他设计了两层和三层的四合院类型住宅，以取代严重破旧的单层四合院，增加了居住密度，同时对居住设施进行现代化和升级（图 7.9）。依托于清华大学设计院的实践支持，他探索了一种替代性的城市更新模型，保持了传统胡同的亲近感和社会互动性。令人遗憾的是，由于该实验模型并非旨在追求经济利润最大化，无法大量增加建筑面积。因此，并未受到房地产开发商的推广，而在最近几十年的城市更新过程中，房地产开发商经常起到主导作用。

在清华大学建筑系任教期间，吴良镛、关肇邺和李道增等人均在设计院开设院士工作室，从事学术研究和建筑实践。例如，关肇邺和同事在 2016 年完成了清华大学图书馆的扩建（李文正图书馆）（图 7.10）。这座红砖建筑是图书馆的第三次扩建，原建筑是由美国建筑师亨利·墨菲（Henry Murphy）在 20 世纪 10 年代后期设计的，明显受到美国杰斐逊式校园设计

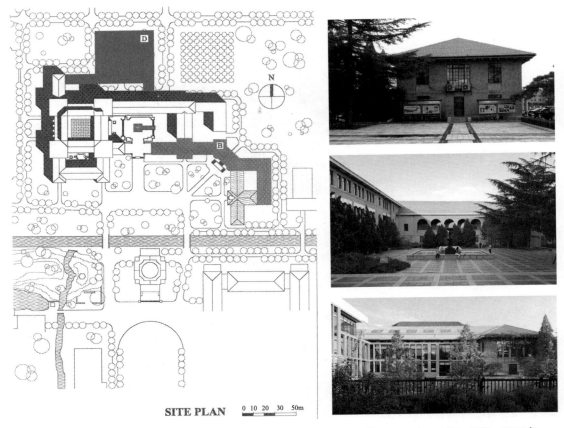

SITE PLAN 　0　10　20　30　50m

图 7.10　清华大学图书馆；左为总平面图，右上，二期，1933 年；右中，三期，1992 年，右下，四期，2016 年
来源：关肇邺院士赠；丁光辉摄，2018 年

的影响。1931 年，毕业于宾夕法尼亚大学的杨廷宝完成了第一期扩建工程，增加了一座两层坡屋顶建筑。1982 年，从麻省理工学院访学归来的关肇邺受学校委托开始设计图书馆的第二次扩建工程。他的设计思想体现在一篇文章的标题中：尊重历史，尊重环境，为今人服务，为先贤增光。[30] 在这里，他的首要任务是将 20000 平方米的扩建空间与现有环境相结合，融入大学校园的自然和文化特色，并最终唤起清华大学社区的集体记忆。[31]

关肇邺认为，建筑创作最重要的是"得体"，而非"新奇"。[32] 他反对广泛而肤浅地挪用历史元素的做法（部分受后现代建筑文化的影响），并拒绝所谓以牺牲经济或功能为代价的新颖性。得体的做法体现在新建建筑的总体布局中。建筑师首先在南部创建了一个开放式入口广场，其次是在入口中心区域设置一个带反射水池的公共庭院。这种布局显示出对南部大礼堂（也由亨利·墨菲设计）和东部旧图书馆建筑的尊重态度，并形成了清晰、动态的空间关系。增建的建筑由体量适度的中庭和开放的庭院组成，与周围环境表现出微妙的形式相似性，让人联想到美国大学的红砖建筑，对此，墨菲、杨廷宝和关肇邺都应该是印象深刻并着重刻画的。

关肇邺的重要作品大部分都建在大学校园里（如清华和北大）。这一事实表明，高校设计院已成为推动大学校园建设的重要力量。

　　近年来，年轻一代学者型建筑师，如庄惟敏、徐卫国、张利、单军、宋晔皓等参与设计院的创作实践，他们的设计极大地扩展了设计院的作品类型和复杂度。由庄惟敏领导的设计团队完成了 2008 年北京奥运会的两个主要运动场馆：射击场馆和柔道跆拳道馆。[33] 参与奥运工程全方位锤炼了设计院的综合能力，这为后续的发展积累了经验。在建筑学院师生与设计院专业技术人员的通力合作下，清华大学设计院与华东建筑设计院组成联合体，完成了国家会展中心（上海）的设计，随后又独自承担了石家庄国际会展中心等项目。国家会展中心（上海）是由四个类似的建筑单元巧妙组合而成，具有高度的识别性，俗称"四叶草"（图 7.11）。石家庄国际会展中心运用大跨度双向悬索屋面，既提供了可以自然通风和采光的灵活空间，又节约了用钢量，同时形成了具有传统意向的屋顶轮廓（图 7.12）。[34] 这些规模庞大且情况复杂项目在方案构思、技术深化、施工配合等过程中均凝结了无数人的劳动，是集体创作的典型代表。同时，它们采用了可持续技术和方法，展示了大学设计院在产、学、研协作方面所取得的成就以及专业竞争力。

图 7.11　国家会展中心（上海），2015 年
来源：铁雷博士摄赠

167

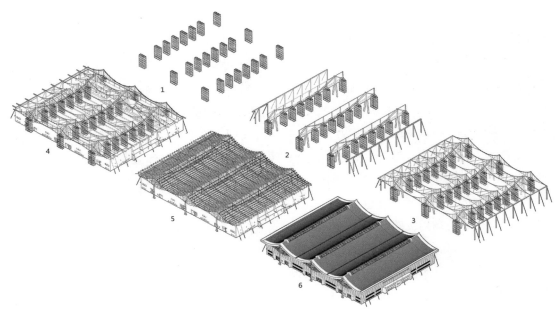

图 7.12 石家庄国际会展中心结构施工图解，2019 年

来源：清华大学建筑设计研究院

7.4 同济大学建筑设计研究院

教学联系实践（1952 ~ 1976 年）

1952 年，院系调整之际，上海和江浙一带 13 所大学的建筑和土木专业，合并入同济大学建筑工程系。这些院校包括私立的之江大学、圣约翰大学、大同大学、大夏大学、光华大学和国立上海交通大学的建筑和土木系。许多优秀的建筑师来到同济，如留学奥地利后在国内开设事务所并在交通大学教书的冯纪忠（1915 ~ 2009），伦敦 AA 和哈佛大学毕业、圣约翰大学建筑系主任黄作燊（1915 ~ 1975），留学法国后在上海海关工作、之江大学教书的吴景祥（1905 ~ 1999），美国宾夕法尼亚大学毕业、中央大学和之江大学教授谭垣（1903 ~ 1996）和德国留学，后在上海市工务局工作的金经昌（1910 ~ 2000）等。

院校调整之后，同济大学和上海其他院校的校园基建项目骤然增加，规模比一般的民用建筑项目要大。刚刚成立的公私合营或国营设计院无法应付猛增的业务。同济大学内的土木建筑人才济济，建筑工程系内建立设计处，教师做设计业务的热情高涨。设计处不仅完成本校和外校教学楼、宿舍楼的设计，还可以给建筑工程学生提供实习场所，犹如医学院附属的医院。如果校内没有实习的场所，学生就要去校外设计公司实习。1954 年，同济青年教师黄毓麟（1925 ~ 1953）和前辈教师哈雄文（1907 ~ 1981）合作设计的文远楼在校内建成，这栋楼的阶梯讲堂在大楼两个入口的侧边，中间连廊为教室和办公室，按照功能墙上开着大窗小窗。建筑呈非对称，体量随宜展开，高低错落，有几分包豪斯校舍的神韵，而入口门廊，还有简

图 7.13　同济大学 20 世纪 50 年代设计的建筑。左上为文远楼，黄毓麟、哈雄文，1954 年；右上为南北教学楼，吴景祥、戴复东、吴庐生，1955 年；左下为学生宿舍西南一楼，黄毓麟，1954 年；右下为武汉东湖梅岭一号，毛泽东居所，戴复东、吴庐生，1958 年

化的中国式传统纹样。文远楼建成后的几十年里，一直为建筑系和建工系大本营。[35] 文远楼体现了 20 世纪 50 年代初中国建筑师对现代建筑的理解和追求，而黄毓麟同时设计的学生宿舍西南楼，却采用了大屋顶形式，三层白墙上的灰瓦斜坡顶，比例恰当而协调（图 7.13）。1955 年，同济大学在校门口规划南楼和北楼作为主要教学楼，建筑系教师设计了近 20 个方案，吴景祥带领青年教师戴复东和吴庐生的设计被选上并建造。经过了近 70 年，这两座长约 150 米的红砖带镂空花格通风的教学楼建筑，依然屹立在校园入口的两侧。同时，冯纪忠设计了同济校内的物理楼、上海华东师大教学楼、南京河海大学教学楼和武汉同济医院。

　　同济建筑土木教育在 20 世纪 50 年代保持着旺盛的实践，1958 年，同济大学成立土建设计院，由吴景祥担任院长。[36] 其他大学虽有类似机构，但似并未用"院"这个级别。设计院成立后，分了 6 个工作室，每年有几百名教师和学生参与工作，1958 年，上海市政府确定的 41 项重点工程项目，同济土建设计院，完成了 7 项。学生上午进行教学活动，下午参加设计院的工作。教师也是半天教书、半天设计，没有专门脱产的设计师和管理人员。无论是教师和学生，都无额外报酬。

　　20 世纪 50 ～ 60 年代，同济设计院的作品在现代性、地方性和技术性三个维度均有拓展。如王吉螽、李德华设计的同济新村教工俱乐部，随功能布置大小建筑空间，院落和建筑结合，

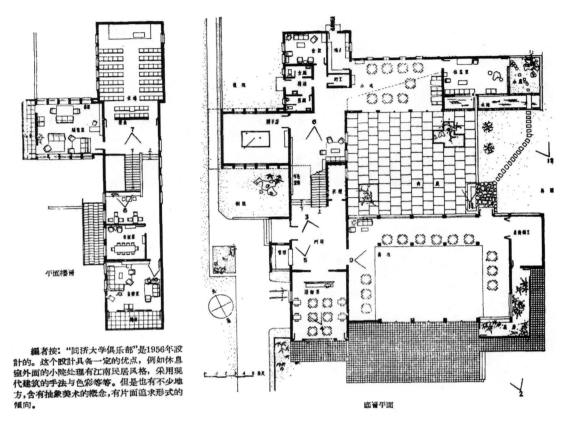

編者按："同济大学俱乐部"是1956年设计的。这个設計具备一定的优点，例如休息室外面的小院处理有江南民居风格，采用现代建筑的手法与色彩等等。但是也有不少地方，含有抽象美术的概念，有片面追求形式的倾向。

图 7.14 同济新村教工俱乐部，1954 年

来源：《建筑学报》，1958 年第 6 期，第 19 页

有遮有放（图 7.14）。两位教师受教于现代建筑思想浓厚的圣约翰大学，他们的设计，很自然地带有现代主义的品位。戴复东、吴庐生设计的武汉东湖梅岭一号毛主席住所，单层体量随宜布置，石墙融入风景地貌，大片玻璃和薄檐挑棚，又显现代气质。同样，冯纪忠设计的杭州花港茶室，两片大斜顶相对，室内空间流通变化。在采用新技术方面，同济建筑和结构教师，设计了 40 米跨度装配式混凝土联方拱形网架的大礼堂，大空间下无柱。葛如亮还设计了北京 30 万人体育场方案。

这些项目因为经常有学生加入，因此锻炼了在学之生。1959 年的北京十大工程，同济师生团队参与了方案和现场施工图设计。1960 年，上海筹备容纳 3000 人的歌剧院，黄作燊带领 4 年级学生奋战完成设计方案，包括图纸和模型，该方案由学生做主设计、学生上台演示，造型新颖，技术先进，评选时得票最多，被定为实施方案，后因预算不足被搁置，而在上海大歌剧院项目中表现出色的学生赵秀恒，则留校当了教师。同一时期，清华大学投标国家大剧院，清华大学内的老教授靠边站，由青年教师李道增率学生完成，和上海的情况十分类似。1965 年，上海拟重新上马歌剧院，周恩来总理、陈毅副总理亲临上海关注该项目，同济设计院吴景祥、陆轸向总理和上海市领导汇报，总理寄予厚望。一年后，因其他原因，该项目再次夭折。

师生集体的"业余创作"，在中国的建筑界较为突出。大概可以归于几个原因：私人事务所取消后，最优秀的设计者集中到了高等教育机构；学校历年留校的青年教师，都是班里的高材生，热爱设计；设计院并不是一个专业的公司，教师选择的常常是"有做头"的项目，而非大量性的生活生产房屋。因此，这些设计能够在同时期、同类型的建筑中脱颖而出。

"文化大革命"期间，同济大学建筑工程、材料等土建专业和上海市第二建筑公司、上海工业建筑设计院合办"五七公社"，得到上海市革命委员会的批准。[37] 师生在"五七公社"里以军事编制组织，在农场所在地安徽承接三线建设任务。1972 年，大学开始招收工农兵学员，师生都在"五七公社"的编制内。学生学习的大部分时间是在工地上，结合具体工程学习。过于强调实践的大学教育也许偏离了教育目标，但对于实践性强的土建专业和具体工程施工结合的教学，却也是一种教学特色，和包豪斯的倡导有共通之处。

改革开放时期（1978～1998 年）

1979 年，教育部批准在同济大学设立建筑设计院，并批出执照，批文指出，是要办"设计科研相结合"的单位。当时该院脱胎于"五七公社"设计室，约有 30 名员工，其中一些是兼研究和教学的教师，而其他则是主要从事设计实践的工程师。之后，许多两地分居的工程技术人员调回上海，进入同济和其他设计院。时年 75 岁的吴景祥重新出山，担任设计院院长。几位副院长辅助生产等具体业务。设计院的部分教授带研究生，并承担了实践和研究的任务，例如，对高层建筑、实验室、剧院、文教等建筑类型的研究。吴景祥指导了恢复高考后的第一代研究生，将重点放在高层建筑上作为研究课题。在吴景祥的带领下，硕士生不仅在高层住宅、办公楼和旅馆等课题写论文，还参与设计了 13 层高的外国留学生宿舍楼。20 世纪 80 年代初期，8 层以上的建筑物被归类为"高层建筑"，而 13 层的建筑物使该宿舍成为同济及其附近鹤立鸡群的最高建筑物。作为朝拜过柯布西耶的弟子，吴景祥 1981 年翻译了勒·柯布西耶的著作《走向新建筑》，主编了中国第一本高层建筑的类型研究著作。他的同事陆轸（1929～2016）是设计院副院长，编辑了实验室建筑的研究专著，并于 1982 年出版。

1979 年，建筑系和建筑工程系分开，设计院则成为学校直辖的单位。此时国内开始试行市场经济，设计院对外业务收费。建筑系和建工系的部分设计任务与建筑设计院合作。而建筑系内，依然保持了一个设计室，有几位全职设计人员，以方便建筑系教师日益增多的设计工作量。在设计室的协助下，时任建筑系主任的冯纪忠主持了上海松江方塔园的规划，冯在景观设计中，运用了"旷"、"奥"、收、放等手法，使景观和园林构筑呈现空间流动、隔而不断的效果。冯设计的方塔园北大门，用两片钢屋架坡顶相对而立（图 7.15）。而园中的何陋轩茶室，则用了金属节点和竹结构的结合，取得"中而新"（现代的，中国的）效果（图 7.16）。冯的同事葛如亮、龙永龄在浙江建德设计了一系列风景建筑，将景观、地貌和"中而新"的建筑，融合为一体（图 7.17）。

图 7.15　上海松江方塔园北大门，1982 年

来源：丁光辉摄，2012 年

图 7.16　上海松江方塔园何陋轩茶室，1986 年

来源：丁光辉摄，2012 年

图 7.17　浙江建德习山庄，1982 年

来源：支文军教授摄赠，2020 年

图 7.18　马山新疆石油工人太湖疗养院

来源：卢济威教授赠

　　遵循冯、葛等人的乡土建筑和建筑探索路线，1960 年，毕业于南京工学院的卢济威和顾如珍通过一系列疗养院和教育建筑的设计扩展了其朴素实用而讲究空间的风格。卢、顾夫妇和李顺满合作设计了太湖马山疗养院，他们沿山丘等高线散布疗养楼，在外墙使用当地的石材砌面。建筑屋顶则坡度平缓，拥有湖光远景和墙内花园，其细节既乡土又现代（图 7.18）。在这条设计方向上进行探索的，还有陆凤翔设计的扬州宾馆，8 层高，采用坡屋顶。

　　除了建筑系教师津津乐道的"乡土建筑"外，同济设计院还开辟"高端"建筑类型的设计。1979 年，同济设计院受上海戏剧学院委托，设计实验剧院。该剧院位于戏剧学院狭小的校园内，在面向华山路的门口，拆除了食堂，也只能容纳 999 个座位，但其舞台却是当时上海所有剧院中最先进和复杂的，拥有 52 道吊杆和移动面光桥。这个外表朴素的剧院于 1986 年落成，使得上海戏剧学院，成为中国莎士比亚演出中心（图 7.19）。同组设计人继续设计了上海电影制片厂的三组一体摄影棚，但可惜最后只是局部实施。

　　当 20 世纪 80 年代的建筑教育开始蓬勃发展时，50 年代的文远楼已无法满足教室、实验室和教师办公室的需求。戴复东和黄仁为建筑与城市规划学院设计了新建筑，1988 年竣工使用。[38] 入口处带有庭院的大厅将其分为两部分：东部的教师办公室和西部的教室。这两个部分有各自独立的中庭，弧形楼梯竖井和大厅上部的红色面砖覆盖的实心墙显示了当时的流行趋势（图 7.20）。

　　1995 年，中国建立了注册建筑师制度，并鼓励私人设计实践。同济大学校园周围的街道上遍布着各种规模的设计工作室和与建筑相关的业务，专门从事测量、施工监理、印刷、渲染、制图、模型制作和建筑书店。设计工作室和各种业务办公室由学校老师或校友经营，他们有

图 7.19　上海戏剧学院实验剧院透视图，1981 年
来源：薛求理绘制

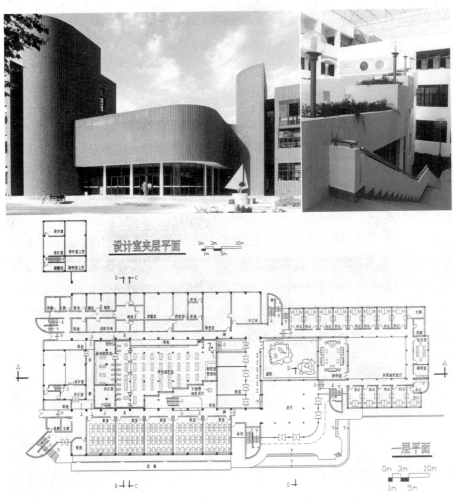

图 7.20　同济大学建筑城规学院院馆，入口、中庭和一层平面，1988 年
来源：戴复东院士赠

时是同济设计院的合作伙伴，有时是竞争对手。同济大学所在地的杨浦区，于 2007 年将校园周围的街道命名为"建筑设计一条街"，每年的产值高达几十亿元。

驶向市场汪洋（21 世纪）

经过 20 年的改革开放，到 21 世纪初，中国社会已经掀起了翻天覆地的变化，城市化浪潮汹涌，私人经济鼎盛，政府和民营企业已经积累了一定的财富。新城建设遍地开花、住宅全面商品化、私人开发商占据半壁江山，这些都给建筑设计行业带来蓬勃生机。随着时代大潮，同济设计院的业务也出现变化和新的契机。同济大学的城市规划专业，无论学术还是实践，在国内都拥有优势。20 世纪 80 年代，同济规划的深圳住宅区和山东胜利油田孤岛新城，带给设计院大量单体建筑机会。21 世纪，同济大学规划设计院为各地中小城镇做了上千个规划，势如破竹，每做一地规划，就带来许多的单体公共和民用建筑项目。例如，同济规划了东莞新市政中心，跨地块的大公园，两侧各种文化建筑。其中，会议展览中心、城市展示中心、图书馆、大剧院等项目就入同济设计院手中。同济做各大学的规划，也包括同济大学主校园外的分校区规划，大学内几乎所有建筑，都由设计院包办，如同济大学嘉定校区等。2008 年，四川发生大地震，同济教师冒着余震踏入震区勘测，及时提交了重建规划和许多单体建筑方案。而上海世博会，从总体规划到单体建筑，同济大学都是主角。

在改革开放初期，同济大学设计院可以轻松地在上海和其他省份找到客户。当更多的竞争对手加入游戏时，客户和政府变得更加挑剔，设计院不得不寻求新路。2008 年是同济大学设计院成立 50 周年。同年，它与同济规划研究所和其他几家公司合并，成立了同济建筑设计（集团）有限公司。该组织由 21 个直辖机构组成，专门从事建筑、桥梁、交通和环境设计，部分控股 9 家公司。这些机构和子公司位于上海和其他城市。其中桥梁设计院设计了多条跨海、跨江大桥，首先实现了中国人在黄浦江上设计建造桥梁的愿望；轨道交通设计院设计了上海和外地的地铁站和大跨度高铁站，这两种站房及其大型综合体，都是 20 世纪 90 年代中期以后出现的新建筑类型。该集团已从 80 年代中期的 100 名员工增长到了 3000 多名员工，2013～2017 年期间，每年产生超过 25 亿元人民币（约 4 亿美元）的设计费。这一员工人数甚至超过了同济的教师人数，因此，同济设计院的人数和产值，都在国内高校设计院中排行第一。

该院在同济大学校内的办公楼由顾如珍在 1983 年设计，约 2000 平方米。1984 年第 2 期的《新建筑》杂志将其室内照片刊在封面，称其为"同济校园内的新蕾"（图 7.21）。21 世纪初，又在旁边加建扩大两倍。由于设计院的规模不断扩大，办公楼始终无法容纳其员工，2012 年，该院搬到附近的汽车一场，而汽车一场则由政府安置到其他地方。汽车一场的停车库被改造成一个有两个中央庭院、现代而舒适的五层办公园区（图 7.22）。翻新工作由 1995 年毕业于同济大学的设计院一院院长曾群设计和领导。曾群设计过许多大型建筑，善于把握大尺度、空间和材料构造。他的作品在看似庞大的体量中融合了灵活的功能和时尚的品质。即使是如

图 7.21　同济设计院院馆，1983 年
来源：薛求理摄影

此大的总部办公楼，也只是容纳同济设计院的几个"嫡系"院所，许多控股公司、联营公司都在其他地方和省市办公。根据同济大学的介绍，目前设计院占据着校区的便利地位，将来还是要为教学和系所让位，而同济大学设计院将迁往较远的地区。

　　同济大学设计院位于中国最商业化的上海，20 世纪 80 年代以来就和海外设计师配合，提供扩初报批、施工图和现场监理服务，促成了许多国际公司在上海设计的建筑物落地竣工，包括 80 年代由中国香港建筑师设计的公寓和酒店，加拿大卡洛斯·奥特（Carlos Ott）设计的温州大剧院和东莞大剧院（2005），矶崎新为上海交响乐团设计的音乐厅（2013），安藤忠雄在嘉定的保利大剧院（2014），法国鲍赞巴克设计的上海音乐学院歌剧院（2019），美国帕金斯和威尔建筑设计事务所（Perkins + Will）设计的上海自然博物馆（2014），KPF 设计的上海古北 SOHO（2019），以及 2016 年 Gensler 设计的 632 米高的上海中心（图 7.23）。在 2010 年上海世博会中，同济设计院除了自己的项目外，也配合外国馆的建造。这些合作项目，使得不同时期的设计师得到很多锻炼和教益，学到的手法，立刻转化成其他项目的武器。

图 7.22　同济设计院搬往汽车一场的改建办公楼，2012 年

来源：曾群总建筑师赠

图 7.23　同济设计院和海外合作的表演建筑。左上为东莞大剧院，2005 年；右上为上海交响乐团音乐厅，2013 年；左下为嘉定保利大剧院，2014 年；右下为上海音乐学院歌剧院，2019 年

来源：薛求理摄

　　始于 1978 年的改革开放，其要义是从计划经济转型成市场经济，发挥个人和市场的积极性。同济设计院，从一个教师"业余"设计的系内组织，发展成超大型设计集团，经历了八个关键性变化。一是 1979 年国家通过教育部给予营业执照；二是 80 年代在市场收取设计费；三是 1984 年设计院分配制度改革，从一个学校拨款的事业单位，成为向校方贡献利润的企业。同时，个人收入与设计费挂钩，调动了个人的积极性；四是从 1985 年开始，设计院参与市场的设计投标；五是 1996 年国家开始的注册建筑师制度；六是 1997 年院校合并后，同济大学校内设计力量的整合；七是设计院的母公司同济科技园上市和大学对设计院的全面控股；八是2008 年成立同济大学建筑设计院（集团）有限公司。这八个过程，是一个校办设计机构适应中国社会剧烈变迁、市场潮流竞争的过程。在这个过程中，"同济"作为大学，可以调动其科研力量，在广阔的土建领域开展专业和跨界活动，大学的力量和名字，给设计项目带来新意和科技含量，给机构带来社会价值。而这种大学和（设计）商业的联系，在海外高等教育机构，几乎是没有的。高校设计院乃至今日的大学控股大型设计集团，无疑是中国社会制度和教育制度的特殊产物。

　　同济设计院在市场大潮中沉浮，和国内外设计机构比拼。但其设立的初衷，却是教学与生产的结合。为了保持这一纽带，建筑系于 2005 年成立都市设计院，挂在同济设计集团之下。都市院的主力，都是建筑系的教师，鼓励有资质的教师在学院内运营个人设计工作室。[39] 由于教师需要从事教学和研究工作，因此他们很难以专职建筑师的身份工作，通常由研究生和少量的专职聘用人员协助。学术建筑师具有自己的研究领域和专长，尤其是建筑创作和概念设计。以李麟学、李立、童明和章明等为代表的新兴学者型建筑师近年来创作了一系列优秀作品，为同济设计集团带来了新的业务和声誉。

同济建筑学院以往占据文远楼（A 楼）、戴复东和黄仁设计的红砖"明成楼"（B 楼），21世纪初，酝酿在边上兴建 C 楼。建筑学院内举行内部竞图，青年教师张斌的设计胜出，C 楼于 2003 年建成。张斌的设计呈盒子状，外墙均质，阳台内凹，不动声色，内部通过挖的手法，获得大小高低空间的对比。主立面前设下沉花园，使得地下层有自然采光（图 7.24）。而进入大门、跨过下沉花园的拱桥，则有象征意义。张斌设计的同济中法学院，2006 年在校内建成，

图 7.24　同济大学建筑城规学院 C 楼，2003 年

来源：薛求理摄

图 7.25　杭州市民中心，2008 年
来源：李麟学教授赠，苏圣亮摄

教学大楼和特殊体量的讲堂连接。同样值得一提的是，李麟学、任力之主持设计的杭州市民中心，位于钱江新城面江的中轴线上，由 6 座 100 米高的玻璃塔楼组成，顶部通过廊桥相连，底层开放给市民使用（图 7.25）。圆环中心为会议大厅，建筑面积 36 万平方米，集行政办公和市民活动于一体，这座巨型建筑一方面展示了个人工作室与设计院通力协作所呈现的创新能量和技术活力，否则小型团队无法应对如此巨大规模和超高难度的设计任务；另一方面也反映地方政府城市建设的雄心壮志，以及对本土设计院的信任。

　　章明的原作工作室在世博会期间，将南市发电厂改建成未来馆，后又成为上海当代艺术博物馆。工业厂房的结构、许多设备管道和高烟囱保留，而外墙则贴有现代质感的钛锌板。他设计的南通范曾艺术馆，用现代材料包裹水院、石院、合院，追求水墨画的淡染、半透效果。而杨浦滨江道的工业建筑改造，将上海工业遗产元素赋予休闲空间。这些青年建筑师多数参加过世纪之交的"150 位中国建筑师在法国"的学习进修。因此，他们的设计手法和设计风格，与上一代毕业生几乎完全不同。

　　在 21 世纪，数十个分院、数百个团队和数千名设计师在"同济"的品牌下运作。在大多数情况下，这些院所和设计团队都可以在市场上生存。他们有自己的策略，专业知识和市场定位。就设计费用和完成的工作量而言，它们在商业上是成功的。但是，相比于 20 世纪 50年代和 60 年代同济设计的生机勃勃，大部分院所缺乏独特方向和可识别的设计语言。通常，项目设计小组有 10 ~ 20 人，同济设计院经常有近 200 个左右的小组在活动，对这样的设计集团，追求明确的设计语言和方法，几乎不太可能；但对于 200 人的下属设计院或 20 人的设计组，追求一贯的方法，形成更高端的设计品质，还是有可能的。与国际知名的大师事务所不同，中国国有和高校设计院，并不是在个别有魅力大师的感召下形成的。众多建筑师在设计院的平台上，寻找自己的路向和追求。建筑教育的普及和资讯的流通，使得许多新涌现的手法，迅速成为各地公司的工具。同济的大多数商业项目固然保持一定水准，但与上海和国内其他公司的产品没有明显区别。建筑系教师的小型工作室，重新联系起教学、研究和生产的纽带，他们的作品，规模或大或小，频频获奖，为集团带来了一定的学术尊重和行业认可，为"同济设计"注入些许新鲜的气息。

在设计院初创年代，教师和学生以一颗赤诚之心投入无数血汗，奉献出建筑精品，从未有人计较过经济报酬。改革开放后，知识分子的待遇依然贫困，但建筑专业人士，通过他们的劳动，获得了可观的报酬。土建设计行业，曾被评为"金领"行业。同济大学建筑系教师和设计院在 20 世纪 80 年代末期，开始享受"金领"行业的馈赠。馈赠不仅给予了个人，也给予了大学和集体。同济设计院本部的每次扩建，主要都是依靠自己的资金。建筑学院经费充沛，支持学生参加各种国内外学术活动。建筑学院的几本学术期刊，《时代建筑》、《城市规划汇刊》，近年新创办的《建筑遗产》中英文杂志，都受惠于设计经费的支持。而在国内外享有名声的《城市中国》杂志，则是由规划院匡晓明教授自资创立和运营。

7.5　三重螺旋：生产—教学—研究

教学与实践之间的相互依存一直是中国建筑院校的独特特征。自 20 世纪 50 年代以来，建筑系的教职员工和学生积极参与了设计活动，提交城乡建设方案，服务社会各界。具体来说，参与实践项目已经成为设计教学的一种延伸，而广大教职工在为社会创造优质设计的过程中扮演着不可或缺的角色。其次，建筑创作的过程表明，设计是一项集体努力，教师和学生都为实现高质量的项目做出了贡献。

高校设计院显然已成为教师 / 建筑师尝试新观念和新概念的重要平台，同时也使学生能够参与实际工程项目。与大学经营的附属医院类似，高校设计院也将实践、教学和研究相结合。这种复合模式最初是由国家所提倡，也受到了许多教师 / 建筑师的认可。作为建筑学课程的必要组成部分，高校设计院的教育模式与传统学徒模式颇为相似。年轻的建筑师和学生与资深人士紧密合作，从而获益匪浅。在这方面，它也可以被看作是 1949 年以前的巴黎美术学院工作室体系（atelier system）的延续。[40] 对于 4 年制或 5 年制的本科生而言，高校设计院为他们提供了广泛的实践条件和专业服务平台；对于研究生（硕士和博士）而言，在导师的指导下进行设计项目已经成为学习中必不可少的一部分（有时是主要部分）。这种中国典型的建筑教育模式带来一些启示。

何镜堂认为，产学研模式能够使大学设计院保持竞争优势。[41] 首先，它使建筑师将大学产生的新知识和新技术快速应用到建筑实践中去，从而提高设计的质量和效益。其次，通过参与实际项目学生可以提高解决问题的能力，高校设计院提供的知识平台有助于培养下一代建筑师并促进社会发展。最后，因为大学设计院积极参与市场竞争，它们获得的收入最终使大学、学院和个人受益。[42] 但是，他也敏锐地意识到，高校设计院的使命不是追求市场利润最大化，而是综合平衡经济、社会、文化和环境等方面的诉求。[43]

例如，华南理工大学研究生课程的目的不是培养纯粹的理论研究人员或专业的商业建筑师，而是培养工程型研究生——有能力从事理论研究和高层次的建筑创作。在此框架之内，鼓励学生参加重要的建筑项目，以发展他们的批判性思维和自我反思的实践能力。作为教育工作者和建筑师，何镜堂的平易近人态度和支持创造了一个协同工作的创作环境，鼓励开展设计探究和实验。值得注意的是，在生产、教学和研究模式的链条之中，关键因素仍是生产，因为它提供了进行教学和研究的媒介。与此同时，建筑创作的过程与研究有着千丝万缕的联系。在这里，研究的定义应在中国当下的社会、文化和学术背景下加以理解。[44]

在西方学术界，设计与研究之间的关系曾引起了很多争论。[45] 但在中国的建筑院校中，研究倾向于为实践服务，或者说深入的理论探究或彻底的历史调查往往让位于实践。通常设计过程中的研究仅限于一个狭窄的领域，在此，理论和历史知识被当作是生成建筑形式的工具。[46] 这种务实的方法强调了研究或知识在现实项目中的实际应用（接近儒家"经世致用"的思想），反映了实用主义的教育目标，其目的不是个人的学术发展而是强调功利主义的学习——"修身、齐家、治国、平天下"。[47]

追求与当前社会直接相关的实用知识，而不是形而上学的思辨，与国家对生产、教学和研究相结合的热情倡导紧密地契合。建筑作为一门应用艺术学科，经常被鼓励采用这种模式。高校设计院是当今建筑实践的重要组成部分，它们有效结合了教师/建筑师的文化承诺和设计院强大的技术支持。大量的优秀研究生也为设计创新做出了相应的贡献，在此过程之中得到锻炼和成长。

高校教师对特定类型建筑的研究、教学和实践是体现产学研模式优越性的一个显著案例。比如，哈尔滨工业大学建筑学教授梅季魁在体育建筑领域长期探索，成果卓著。[48] 梅季魁、蔡鹤年与杰出的结构工程专家、哈尔滨工业大学的同事沈世钊通力合作，先后完成了吉林省吉林市冰球中心（已拆除，用地建造了住宅楼）、北京石景山体育馆和朝阳体育馆等中小型体育项目（图 7.26）。其中朝阳体育馆和石景山体育馆均建于 20 世纪 80 年代后期，是为举办 1990 年北京亚运会而设计的。这几个体育馆结构新颖，形式清晰，充分运用自然采光和通风，功能安排较为灵活，可以说是我国中小型体育建筑的经典之作。

梅季魁在体育建筑设计方面的成就与他的团队在这一特定领域的研究和实践紧密相关。在"大跃进"期间，梅和同事曾提议大力建设体育馆，但由于当时落后的经济条件，这些设计提案很少得以实施。[49] 但是，多年以来，他们的教学和研究始终专注于体育建筑，改革开放以来培养了许多才华横溢的研究生，他们最初协助梅季魁设计项目，后来又独立完成了众多

图 7.26　北京石景山体育馆，1988 年
来源：梅季魁等编著.体育建筑设计作品选 [M].北京：中国建筑工业出版社，2010

大中型体育场馆的设计。例如，曾经参与石景山体育馆设计的张伶伶，毕业后先后在哈尔滨工业大学和沈阳建筑大学任教，指导众多研究生专攻体育建筑。张伶伶团队依托沈阳建筑大学的天作建筑设计研究院，完成了 2013 年第 20 届全运会辽东湾体育中心的设计，包括一个主体育场和三个半圆形平台相连的竞技场。[50]

　　张伶伶的校友孙一民同样在梅季魁的指导下完成了体育建筑方向的博士学位，毕业后在广州华南理工大学任教。除了北京的两个奥运场馆外，孙一民和他的团队为众多大学和地方政府（主要是广东省）建造了大量的体育场馆。有趣的是，孙一民的许多硕士和博士研究生大都选择了体育建筑作为论文的研究主题。总之，梅季魁的例子说明了高质量的设计、教学和研究可以相互协调，相互促进。

产学研模式面临的挑战

　　在承认大学设计院促进建筑文化发展的同时，也要看到当前情况下产学研模式面临的严峻挑战。这些挑战表现在三个方面。第一，由于其体制原因，高校设计院就像许多国有企业一样，也遭受人才流失的困扰。自从国家在 20 世纪 90 年代中期重新建立了建筑师注册制度并允许私人执业以来，许多富有文化雄心的建筑师选择开设私人工作室。建筑行业设计人才的重新流动在某种程度上正在重塑中国的建筑执业环境。

　　第二，高校设计院作为学生实习场所的作用越来越弱，因为大学校园以外的其他设计公司，如民营设计单位，外国设计公司和国有设计院也在吸引学生们的注意。就研究生而言，加入导师的工作室，跟随导师做工程实践项目已经成为许多高校研究生教学的重要一环（这些导师工作室隶属于大学设计院或私人设计企业）。但是，由于不同导师的设计能力和责任心高度不均衡，这种模式的教学质量不太稳定。尽管有些学生很幸运，有机会受教于那些拥有文化抱负和丰富实践经验的研究生导师，但同时不可避免的是，另一些学生的导师可能会看中更多的物质利益而非知识探索，而其中研究生成为设计生产过程中的廉价劳动力。研究生教育的不均衡以及学生个人意识的日益增强，迫使教育官员和学者反思高校设计机构在教学科研实践中的有效性。

第三，高校设计院倾向于强调应用研究和直接的经济效益，而那些需要长期奉献、持续的人力和物力投资的基础研究常常不受重视。换句话说，当今许多大学设计院将研究的重点放在项目设计上，而不是将项目设计当作学术研究。这实际上也反映了当前社会语境下从业人员对眼前物质利益急功近利的追求，而对原创性、基础性研究的忽视，正是后者制约了建筑文化的实验和创新。

教师 / 建筑师作为一种文化生产者

建筑编辑家杨永生（1931～2012）在他的《中国四代建筑师》一书中收录了20世纪中国众多知名建筑师。其中，教育工作者 / 建筑师占有很大的比重，他们之所以出类拔萃，不仅是因为创作了许多重要项目，而且还因为他们致力于通过教学和写作来研讨和推进建筑文化。许多优秀建筑师曾经在国内外享有盛誉的建筑院校接受专业教育，毕业后也从事教学和实践活动。作为一个特殊的专业群体，学者型建筑师致力于探索建筑实践的文化含义。他们的教学，设计和理论活动在建筑期刊中得到了很好的宣传，因此具有很大的影响力并受到广泛尊重。

学者型建筑师通过各种交流渠道（出版物，展览和重大奖项申报）来增强建筑的文化特性和意义。用文学批评家瓦尔特·本雅明（Walter Benjamin）的话来说，这种雄心壮志暗示着一种身份的转换——从"作者"（authors）或"建筑师"的位置向"生产者"（producers）转变。[51] 在这里，"生产者"一词意味着建筑师倾向于与高校学生（帮助他们阐明设计概念）、设计院同事（专注于绘制施工图和整理建设文档）以及更加宽广范围内的杂志编辑和策展人进行合作。这些教育工作者 / 建筑师强调学术出版的重要性，它们可以促使读者一起成为"意义"的生产者和消费者。从这个层面上讲，学者型建筑师在建筑知识的生产，分配和消费过程中扮演着极为特殊的角色，揭示了自身在建筑生产过程中的进步地位，并表明了对培育创新文化的坚定承诺。教师 / 建筑师的设计实践为自身的教学和研究提供了工具和平台，在很大程度上解决了前所未有的快速城市化和当前社会对设计知识的迫切需求，但在面对市场的主导性压力时，往往失去了批判性研究和系统性思考。

在寻求科技创新（包括建筑设计在内）的全球领导地位时，政府提倡创新驱动的发展战略，更加重视基础性、原创性研究。要实施这一策略，大学及其附属设计院的创新能力亟待加强。最近十年，各大城市发展转型的速度逐渐放缓（因此设计任务也在减少萎缩）。在市场和行政的双重驱动下，高校设计院强调生产效率和经济利润，其大多数员工是专业建筑师和工程师而非高校教师。而不断变化的社会、经济和学术环境也要求教师 / 建筑师专注于教学和研究质量（体现在学术出版物和设计获奖），而不是项目数量（经济利润）。机构内部的人事竞争也迫使建筑学院和大学设计院之间的管理日益脱开——从大学内部日益明确的分工中可以看到这种分离。尽管机构环境不断变化，但依托大学的学者型建筑师所扮演的关键角色不容忽视。通过高校设计院的平台，他们的设计实验和创新活动巩固了建筑学院与大学设计院之间在财务、声誉、人力和知识上的相互依赖性。

注释

1　吴景祥. 边教学边生产是理论联系实际的好办法 [J]. 建筑学报，1958（07）：39.

2　贾璐. 高校建筑学院教授工作室发展研究 [D]. 天津大学，2012.

3　Aaron Cayer, Peggy Deamer, Sben Korsh, Eric Peterson and Manuel Shvartzberg, eds., Asymmetric Labors：The Economy of Architecture in Theory and Practice[A]. New York: The Architecture Lobby, 2016.

4　1952 年，中国学习苏联模式而放弃中华人民共和国成立之前建立的欧美教育模式，对高等学校和学科进行了根本性的重组，大力建设单科性专门学院，削减原综合类大学，强化工科，弱化文科。其目的部分是为了实施第一个五年计划而培训大量技术人员。院系调整终结了私立大学和基督教大学的存在。每所大学都有各自的优势专业领域，例如人文、机械、石油、地质、航空工程、科学、外语或艺术。

5　冯江. 建筑作为一种生涯——柳士英与夏昌世在喻家山麓的相遇 [J]. 新建筑，2013（01）：33-38.

6　肖毅强，陈智. 华南理工大学建筑设计研究院发展历程评析 [J]. 南方建筑，2009（05）：10-14.

7　Weiping Wu. Building Research Universities for Knowledge Transfer: The Case of China[G]// hahid Yusuf and Kaoru Nabeshima, eds. How Universities Promote Economic Growth. World Bank Directions in Development Series, Washington, DC: the World Bank, 2007：185-197.

8　建筑师李绮霞同样毕业于华南工学院，之后在北京市建筑设计院工作了 20 年，后来，他们放弃在北京的工作，举家迁往广州。

9　周莉华. 何镜堂建筑人生 [M]. 广州：华南理工大学出版社，2010.

10　何镜堂，李绮霞. 造型·功能·空间与格调——谈深圳科学馆的设计特色 [J]. 建筑学报，1988（07）：10-15.

11　许晓东. 六十岁真正起步的建筑人生——访华南理工大学建筑学院院长兼设计院院长、总建筑师何镜堂 [J]. 设计家，2010（01）：24-31.

12　Cong Cao. China's Scientific Elite[M]. London and New York：Routledge, 2004.

13　Pierre Bourdieu. The Forms of Capital[G]// J. G. Richardson, ed. Handbook for Theory and Research for the Sociology of Education. New York：Greenwood Publishing Group, 1986：241-258.

14　何镜堂工作室 [J]. 城市环境设计，2019（9）：92.

15　何镜堂于 1992 年当选设计院院长，2018 年设计院改制为有限公司，他任首届董事长，倪阳接任总经理、院长一职。

16　柴裴义 . 站在建筑第一线 [J]. 城市环境设计，2013（10）：51.

17　何镜堂，郭卫宏，郑少鹏，黄沛宁 . 一组岭南历史建筑的更新改造——何镜堂建筑创作工作室设计思考 [J].建筑学报，2012（08）：56-57.

18　在他的访谈中，何镜堂反复强调团队合作是他的工作室和设计院取得市场成功的关键因素，参见许晓东 .六十岁真正起步的建筑人生 [J]. 设计家，30.

19　这种市场经济的竞争意识在一定程度上反映了中国改革开放前沿地带的总体情况。

20　何镜堂 . 当代大学校园规划理论与设计实践 [M]. 北京：中国建筑工业出版社，2009.

21　南京市规划局编 . 侵华日军南京大屠杀遇难同胞纪念馆规划设计扩建工程概念方案国际征集作品集 [M]. 北京：中国建筑工业出版社，2007.

22　齐康 . 构思的钥匙——记南京大屠杀纪念馆方案的创作 [J]. 新建筑，1986（02）：3-7+2.

23　何镜堂，倪阳，刘宇波 . 突出遗址主题，营造纪念场所——侵华日军南京大屠杀遇难同胞纪念馆扩建工程设计体会 [J]. 建筑学报，2008（03）：10-17.

24　崔愷 . 建筑的"何"流 [J]. 城市环境设计，2013（10）：50-51.

25　作者借鉴了玛丽·安妮·亨廷（Mary Anne Hunting）对美国建筑师爱德华·杜雷尔·斯通（Edward Durell Stone）的评论。在许多方面，何镜堂的建筑实践方式与斯通颇为相似。Mary Anne Hunting. Edward Durell Stone：Modernism's Populist Architect[M]. New York：W.W. Norton and Company, 2012.

26　庄惟敏主编 . 清华大学建筑设计研究院纪念文集 [C]. 北京：清华大学出版社，2008.

27　许懋彦，董笑笑 . 清华大学 1950 年代的校园规划与东扩 [J]. 建筑史，2019（02）：165-180.

28　吴良镛 . 广义建筑学 [M]. 北京：清华大学出版社，1990; 吴良镛 . 人居环境科学导论 [M]. 北京：中国建筑工业出版社，2001.

29　吴良镛 . 北京旧城菊儿胡同 [M]. 北京：中国建筑工业出版社，1994.

30　关肇邺 . 尊重历史、尊重环境、为今人服务、为先贤增辉——清华大学图书馆新馆设计 [J]. 建筑学报，1985（07）：24-29+83-84.

31　关肇邺 . 重要的是得体，不是豪华与新奇 [J]. 建筑学报，1992（01）：8-11.

32　同 31, 10.

33　这项成就可与华南理工大学设计院相媲美，后者在何镜堂和孙一民的领导下赢得了摔跤馆和羽毛球馆的设计。类似奥运项目还包括同济大学设计院钱锋主持设计的乒乓球馆。

34　这一结构形式直接借鉴德国 gmp 建筑事务所设计的汉诺威博览会 9 号馆（1999 年），区别在于，汉诺威博览会 9 号馆是横向连续敞开的无柱大跨空间（240 米长，两端各有 5 排 A 形柱），而在石家庄国际会展中心中，既有三榀并联而成的单一场馆，也有三个单独场馆平行的组合场馆，这其中 A 型柱之间跨度 108 米，但是中间有 2 根立柱，划分了单个展览空间和之间的消防和货物通道。张爵扬，张相勇，张春水，陈华周，夏远哲，赵云龙 . 石家庄国际会展中心施工模拟分析及应用研究 [J]. 建筑结构，2020，50（23）：37-42+23.

35　《民间影像》编 . 文远楼和她的时代 [M]. 上海：同济大学出版社，2017.

36 吴景祥，1929 年毕业于清华大学，1933 年获法国巴黎建筑专门学院建筑师文凭（École Spécialed'Architecture）。之后在建筑师阿尔伯特·拉普拉德（Albert Laprade）的工作室工作了一段时间，然后返回中国，1935 年在海关部门担任内部建筑师。1954 年，吴景祥主持设计了同济大学的教学楼和学生宿舍。关于吴景祥的生活和职业，同济大学建筑与城市规划学院编 . 吴景祥纪念文集 [C]. 北京：中国建筑工业出版社，2012.

37 "五七"公社的来源是指毛泽东于 1966 年 5 月 7 日给中共中央军事委员会的信。信中指出，知识分子 / 学生应该去工厂和农村向工人学习，军队应该经营自己的小型农场和工业。毛泽东 . 毛泽东选集第 4 卷 [M]. 北京：人民出版社，1960.

38 戴复东 1952 年毕业于南京工学院，在 20 世纪 50 年代他协助吴景祥完成了许多项目。1986 年，他被任命为新成立的建筑与城市规划学院院长。1983—1984 年，戴复东作为访问学者在美国哥伦比亚大学学习，并参观了美国许多著名建筑。他吸收了新的设计趋势和方法，丰富了自己的设计语言。

39 吴长福，汤朔宁，谢振宇 . 建筑创作产学研协同发展之路：同济大学建筑设计研究院（集团）有限公司都市建筑设计院十年历程 [J]. 时代建筑，2015（06）：150-159.

40 20 世纪 20 年代，在西方受过教育的中国第一代建筑师开始职业生涯时，其中一些人在大学边任教时边从事设计业务，就像国外的教师 / 建筑师一样。高年级学生或毕业生协助老师在工作室开展设计实践。

41 何镜堂 . 华南理工大学建筑学科产学研一体化教育模式探析 [J]. 南方建筑，2012（05）：4-6.

42 同 41，6.

43 同 41

44 在学术界，学术研究分为纵向课题和横向课题两类：前者是由政府主管部门和基金会（国家自然科学基金委员会和国家社会科学基金委员会）资助的、通过同行评审的研究项目。这种研究经费来自政府，代表政府对研究人员的某种"肯定"。学者获得课题，不仅是个人的荣誉，也是学校的办学业绩。于是只要获得课题，还没有开展研究，学者就被宣传，而学校也将其列为办学成果。横向研究是指由公共机构或私人公司委托的项目。有关对这两种研究类型的评论，熊丙奇 . 科研项目应取消"纵向"和"横向"分类 [N]. 中国科学报，2013 年 1 月 10 日。

45 Linda N. Groat and David Wang. Architectural Research Methods[M]. 2nd edition New Jersey：Wiley，2013.

46 Jeremy Till. What Is Architectural Research? Three Myths and One Model[ED/OL]. London，RIBA，2007，http://www.architecture.com/Files/RIBAProfessionalServices/ResearchAndDevelopment/WhatisArchitecturalResearch.pdf.[2018-4-29].

47 Liu Yingkai. Educational Utilitarianism：Where Goes Higher Education?[G]//M. Agelasto and B. Adamson，Higher Education in Post-Mao China. Hong Kong：Hong Kong University Press，1998：121-140.

48 20 世纪 50 年代，梅季魁分别在哈尔滨建筑工程学院和同济大学接受了土木工程和建筑学方面的训练。1958 年毕业后返回哈尔滨建筑工程学院，在建筑系任教了七年，然后又赴西藏工作了十年（1965–1975）。梅季魁口述 . 往事琐谈：我与体育建筑的一世情缘 [M]. 孙一民、侯叶访谈与编辑 . 北京：中国建筑工业出版社，2018.

49 梅季魁 . 大型体育馆的形式，采光及视觉质量问题 [J]. 建筑学报，1959（12）：16-21；梅季魁 . 吉林冰上运动中心设计回顾 [J]. 建筑学报，1987（07）：40-45.

50 张伶伶，李辰琦，黄勇，高学松 . 辽东湾体育中心 [J]. 建筑学报，2013（10）: 72-76.

51 Walter Benjamin. The Author as Producer[M]// Michael W. Jennings et al. Selected Writings，volume 2：1927-1934. Cambridge，Mass.; London：Belknap Press of Harvard University Press，1999：768-782.

第8章
全球流动与中外合作：设计院的中介作用

　　场景：1983 年，金陵饭店在南京新街口建成，金陵饭店的方塔楼有 37 层、110 米高。无数人在新街口向楼顶仰望，但一般人是不能随便进入的。整个 20 世纪 80 年代，北京、上海建起了海外建筑师设计的高档宾馆，引起人们的好奇和艳美，但多数人没有机会进入。这些建筑设计的外方投资者和设计人，主要来自香港地区。1990 年，上海商城和波特曼酒店在上海南京西路落成，这个建筑虽然密度高，但大众却可以进入花园和两层高的廊道漫步，许多高档品牌、航空公司和超市在此开店，那时候，乘飞机和自取商品的超市都不是普通市民可以问津的消费。上海商城带给上海人的，不仅是建筑设计，而且是现代生活方式。（薛求理）

　　场景：20 世纪 80 年代，从外滩往浦东望去，是一片平滩。从延安路轮渡站，花 6 分钱乘轮渡，可以到对岸，但上了浦东的岸，却是一派农村景象。"宁要浦西一张床，不要浦东一套房"是有道理的。1990 年，中央作出了开发浦东的计划，而上海早已蓄势待发。较早起步的是东方明珠电视塔，接着是连接浦东的杨浦大桥和南浦大桥。我们的教学单位，跃跃欲试去浦东投标设计，但浦东一开局，已经是中国香港和海外建筑设计公司较量的战场。1998 年，我在香港某公司工作，这家公司设计了陆家嘴的某栋大楼，一组人每一两周往返上海香港一次。随着浦东陆家嘴摩天大楼的节节升高，延安路车行高架桥冲向外滩，一往左转，就会看见陆家嘴高楼毫无遮挡、突然呈现的雄伟景象，犹如科幻电影。陆家嘴是过去几十年上海的名片，各种宣传广告或者搜索引擎都指向这一场景。（薛求理）

　　场景：1984 年底，北京的《世界建筑》杂志刊登黑川纪章专辑，在此之前，《建筑学报》曾发表邱秀文对黑川介绍的文章，中国杂志可能是第一次如此发表外国建筑师的专辑。日本政府让黑川担纲中日青年交流中心的设计，部分因为其在理论和实践上的先锋态势和国际上的影响。我多次去日本追寻黑川的设计，参观他在大阪世博园内的人类学博物馆和东京的办公楼、中银舱体及新美术馆，深感其从 20 世纪 70 年代起已经领导设计潮流。2002 年，我去柏林参加世界建筑师大会，黑川在会上介绍郑东和哈萨克斯坦的规划方案，完全打破旧有秩序，建立新的更美好环境。据河南省建筑设计院的同志们介绍，黑川每次来河南，都从上海转机，十分匆忙，有时就在机场里吃碗泡面。经过十几年地方政府的努力，郑东新区日益完善，成了郑州和河南经济文化的发动机。可惜，黑川先生未能亲眼见到。（薛求理）

　　场景：2002 年 3 月 28 日中午,北京,法国建筑师保罗·安德鲁来到国家大剧院的施工工地。

此时正是午饭时刻，工人们手里捧着搪瓷盆，排队打饭。这或许是建筑工人们最轻松的一刻，暂时忘却上午的疲劳，享用午餐。工程夜以继日地向前推进，工人们也是轮流上班，一天12小时，风雨无阻，节假日无休。工地上嘈杂无序，装着混凝土的搅拌车来来往往。工人们把水泥浇筑在支好的结构模板中。施工人员大多来自农村，繁忙高峰时大约有3000名，大有"排山倒海"之势。戴着黄色头盔的是工人，戴着红色头盔的是监理，戴着白色或蓝色头盔的是技术专家。短短几年之间，安德鲁飘逸的草图被北京市建筑设计研究院的设计师转化成可以施工的蓝图，送到工地后经建设者的双手转化成巨大的主体结构和金属屋盖，并最终演变成一片水池中升起的庞然大物。虽然造型充满争议，但国家大剧院这一中外合作设计项目也见证了中国在21世纪拥抱世界的开放心态。[1]

在今天的大型公共建筑设计招标投标中，中外合作设计已经司空见惯，不再是什么新鲜事情。从20世纪80年代初期，国外设计公司开始进入中国建筑设计市场，短短40年间，中外建筑师合作创作了数以千计的建筑和城市设计项目：从SOM的上海金茂大厦到扎哈·哈迪德的广州大剧院；从OMA的中央电视台大楼到诺曼·福斯特的北京首都国际机场T3航站楼。中国城市内引人瞩目的地标性建筑，包括诸多中央商务区、摩天大楼、大剧院、图书馆、博物馆和美术馆等项目，方案多来自设计竞赛和国际知名的建筑师和公司。在每一个作品的背后，都有一家实力强劲的国有设计院，后者负责提供施工文件、报批手续和工地监理等专业服务，并在建设过程中协调不同的参与者。相比较高调宣传的明星建筑师或事务所，国有设计院的建筑师大都十分低调。[2]通过参与中外合作设计，设计院锻炼了自身的技术能力，为后期胜任大型复杂项目奠定了基础。

中外合作设计的存在，间接反映了资本、商品、信息、劳动力和知识的跨境流动和重新配置。国外的设计人员，其设计理念、执业方式、建筑设备和材料通常与境外资本一起流入国内，通过与本地设计院合作，转化成落地的城市规划和建筑作品。建成之后，又通过图像媒介传播到世界各地，从而让更多人了解中国的建筑和城市，进而吸引更多的人才、资本、商品、服务和知识流入，形成一个持续不断、更加多元化的跨境、跨地区双向"流动"现象。那么，如何审视和评价这种现象呢？本章试图在全球流动的视野下，回顾中外设计合作的缘由、合作模式、在城市设计和建筑单体层面的表现，以及它对中国建筑界的意义和影响。

中外合作设计是建筑领域全球流动现象的一个典型表现形式。虽然它并非一个全新事物，但是改革开放以来的中外合作设计展现了许多亟待总结的新鲜特征。流动现象的背后反映了差异、需求和潜在市场，从宏观方面来看，是资本主义全球扩张的一部分。为了解决过剩问题，资本需要在全球市场寻求积累和增值机会，而建造城市、工厂、交通枢纽、各类基础设施等空间生产是资本进行全球流动的主要形式。20世纪80年代以来，中国快速的城市化进程与这一现象密切相关，这也就是地理学家大卫·哈维所称的"空间修复"（spatial fix）。[3]

本地设计院在中外合作过程中通常承担一种文化和技术中介的角色——一种"沟通适配

器"(communication adapter), 连接原本无法直接对接的不同单位或"配件"(equipment): 一方面, 设计院把业主的需求与项目设计有关的各种信息提供给外方, 甚至一起平等参与相关构思设计; 另一方面, 把外方的设计创意转化为业主需要的图纸和服务。本地设计院可以说是设计过程的协调者, 而非设计本身的创作者 (the coordinator of design process rather than the author of design itself)。[4] 这种独特的国际劳动分工, 虽然过程之中存在各种问题, 现阶段对中国建筑界有着积极意义: 它诞生了一批构思新颖的建筑作品, 丰富了当代中国的建筑文化, 提升了中国建筑师的职业化水平, 保护并提高了本地设计院的技术能力, 降低了业主的建筑成本, 甚至在无形之中改变了部分业主不尊重专业知识的落后观念 (如随意压缩设计周期)。中外设计协作的过程反映了中国与现代世界错综复杂的关系, 通过这种方法, 现代性的理念在海外和国内建筑师的手中被稍加修改, 转变成一个个具有识别性的建筑造型, 成为中国崛起过程中的图像符号。

8.1　中外设计合作的缘由

设计院在外方设计公司与本地业主之间架起了一座桥梁, 起到信息的传递、过滤、改编和调整作用。那么, 为什么需要存在这个沟通中介, 而不是外方设计单位与本地业主直接对接呢? 这里面与一系列的因素有关: 首先, 境外设计公司一般不熟悉本地的法律法规、文化背景、行业规范等情况, 需要本地设计院提供咨询帮助; 其次, 中国法律为了保护本土设计企业, 避免改革开放带来的负面冲击, 规定境外设计企业需与本地设计院合作工程设计; 再次, 业主对境外设计服务有明确需求 (有的是追求一个高质量的建筑工程, 有的是想要一个夸张的形式或某个明星大师的名字, 用于宣传和资本积累), 但是如果全部业务委托给外方, 会支付高额的设计费用, 而本地设计院从事施工图设计则会节约一定的成本; 最后, 设计院主动参与设计合作, 一则可以带来额外的设计收费, 二则有机会学习外方的经验和技术, 进而提高自身的能力。

改革开放初期引进的海外设计, 如北京的香山饭店(1982)、南京金陵饭店(1982)、上海商城(1990)等, 都引起中国建筑界的瞩目, 一石激起千层浪 (图 8.1 和图 8.2)。《建筑学报》、《建筑师》和《时代建筑》杂志都组织了专题讨论, 一线的建筑师、工程师和学者纷纷发言, 讲述这些建筑对中国建筑环境和使用习惯的冲击和示范作用。建筑师和海外同行合作设计, 可以近距离学习海外的设计方法以及材料和设备的应用。例如, 20 世纪 80 年代初, 中国尚不能自行生产玻璃幕墙和一些空调设备, 海外设计带来了这些设备和材料, 使中国的工程技术人员和普通百姓都能体会到先进的技术。另外, 合作设计使得中国的工程技术人员有机会出国, 去亲身考察和体会海外的建成环境, 这在当时是十分难得的学习机会。[5]

1993 年 7 月 5 日, 清华大学的《世界建筑》和广州的《南方建筑》杂志在广东省佛山市共同组织了一个研讨会, 专门讨论由境外建筑师在大陆设计的建筑项目。[6] 杂志编辑邀请了来自北京、上海、广州、桂林、郑州、西安和武汉等地的建筑师和评论家, 介绍他们与境外建

图 8.1　南京金陵饭店，1982 年

来源：中国香港巴马丹拿建筑师事务所

图 8.2　上海商城, 1990 年

来源: 美国波特曼建筑师事务所

筑师的合作经验。正如这些与会者所声称的那样，这次会议不仅评价了境外建筑师在中国的项目，而且讨论了设计实践全球化对中国建筑师的机遇和挑战。[7]

虽然这次活动讨论的重点是 20 世纪 80 年代建造的项目，但外国建筑师在中国实践的历史可以追溯到 18 世纪，甚至更早。当时，西方建筑师在北京颐和园为清朝皇帝建造了西洋建筑，而欧洲商人在广州的沙面建造了各种洋行和公寓。[8]除了"文化大革命"期间，外国建筑师长期活跃于中国大陆。例如，在 19 世纪末至 20 世纪初，海外建筑师在中国的开埠城市（如上海，天津，青岛，厦门和武汉）设计了各种各样的民用项目。当中国在 20 世纪 50 年代开始重建城市和工业时，苏联建筑师在工业和民用项目规划设计中发挥了关键作用。

根据 1986 年的法律规定，如果建设方将项目委托给外国建筑师，则中国的设计院应参与设计过程。[9]该法规有助于保护本地设计市场和机构，落实以安全、健康为原则的本地建筑法规，并通过密切合作最终提高了本地设计院的专业能力。实际上，最常见的合作模式是外国建筑师负责概念方案设计，而中国同行则专注于施工图设计。这种合作模式将境外建筑师的创意与本土建筑师对客户要求、当地建筑规范的熟悉，以及适用建筑材料和技术的更好理解相结合。

比如，时任桂林建筑设计研究院院长谭志民在 1993 年佛山会议上的讲话中总结了设计协作的优势，指出合作设计有助于国内建筑师快速熟悉国际最新的建筑材料、设备和技术。由于长期与西方隔绝，在 20 世纪 80 年代，很少有中国建筑师知道这些事情。[10]由于风景秀丽的桂林市吸引了外国投资商人来建设旅游设施，桂林建筑设计研究院有机会与国际酒店公司和建筑师合作。例如，在合作设计桂林文华饭店过程中，谭志民赞赏中国香港建筑师黄允炽能够在严格的高度限制下，在 1.1 公顷的场地中创造性地布置 494 间客房和公共设施的能力。[11]为了有效利用土地，建筑师设计了两个院子：一个是开放的，种植本地植物；另一个是由玻璃屋顶覆盖，用作中庭，大多数客房位于庭院周围。为了尊重周围的漓江，入口立面设有梯阶形状，以此来回应丘陵地形。[12]

在某种程度上，1993 年的会议记录了中国建筑现代化历史上的一个特殊时刻——设计合作体现了改革开放的复杂过程，需要中外双方的交流、谈判和相互理解。北京建筑师和评论家顾孟潮（书面发言）指出，境外设计公司的影响力不仅限于设计思想和技能，还扩大到设计机制，市场运作，管理风格，新技术和新材料运用，甚至是建筑教育。[13]

1992 年，邓小平发表"南方谈话"之后，设计合作的范围和规模不断扩大，从侧面展示了社会主义市场经济的蓬勃发展。从 1992～1997 年，上海建造了 120 多个合作设计项目。[14]20 世纪 80 年代的境外建筑师主要来自中国香港地区和日本，受邀设计外商投资的酒店项目，而 90 年代越来越多的北美建筑师开始进入中国市场，建造标志性的高层建筑，尤其是在上海浦东新区。21 世纪之初，正是外国建筑师大举进入中国市场的关键时期，他们的设计作品和实践方式带给中国同行巨大的刺激、启发、焦虑和反思。《世界建筑》、《时代建筑》、《建筑学报》等杂志先后组织研讨会，交流和探讨中外设计合作的问题。大多数与会者都认识到了国际合作设计的积极意义。[15]

比如，时任机械工业部设计研究院总建筑师费麟认为，"通过中外合作设计，可交流双方的经验，可以借鉴国（境）外先进经验为我所用。即使经验丰富了，也不能排斥外来先进技术。巴黎九大国庆工程，博采众长，并没有将设计工作全部由法国建筑师来包揽，就是很好的例证。"[16] 早在 20 世纪 80 年代，费麟就出国参与国际交流合作，对中外设计协作的重要性有着切身体会，同时呼吁设计院在体制机制方面进行大胆的改革，提高管理效率和灵活性（如设计人员出国考察、订购材料面临困难，把部分业务分包给外方专业公司更难，无法高效匹配资源）。[17] 由于经常参与国际竞赛评审，建筑学者彭一刚认为，外国建筑师的优势有以下几点：1）设计理念新颖、开放，条条框框比较少；2）创新精神强，构思大胆，往往出奇制胜，一举中标；3）技术含量比较高，结构体系的选择先进合理；4）驾驭大型复杂工程的综合能力强。他呼吁中国建筑师需要正视差距，不可盲目自大。[18]

针对合作设计中存在的问题，也有参与建筑师从自身角度总结了几点经验：1）中方对合同起草的不够专业和明确，导致权利和责任界定不清晰；2）双方由于观念差异，对设计深度、行业规范、报批文件要求等方面认识不同，从而形成工作重复、拖延或误工。[19] 在国际合作中提前重视这些问题，有助于合作的顺利展开。

自从中国在世纪之交开始深入参与全球市场以来，借助于互联网技术，国际与国内建筑师紧密合作的程度有所提高。2001 年，中国加入了世界贸易组织（WTO），承诺外国建筑师可以在中国开业。同一年，北京成功申办了 2008 年奥运会，为此需要建设许多先进的文化、商业和体育设施。这两个事件随后触发了大规模的中外合作设计运动。繁荣的经济使得各级政府机构以及随后的私人业主纷纷邀请国际知名建筑师来设计建筑项目，包括政府投资的大剧院、会展中心、体育中心、美术馆、博物馆和私人投资的地产项目和企业总部等。

8.2　中外合作设计模式及影响

通常来说，中外设计合作可以分为两种主要模式：1）按设计阶段分工合作。工程项目的从无到有一般包括前期咨询与策划、可行性研究、方案设计、初步设计、施工图设计、室内设计、招标投标、施工配合等阶段。设计院根据业主、外方建筑师需求，可以分情况介入到各个设计阶段。比较常见的是外方建筑师负责方案创意或初步设计（或者，中方建筑师配合咨询），中方设计院负责施工图设计（或者，外方建筑师协助咨询）。2）按设计专业分工合作。大型复杂项目设计往往涉及建筑、结构、机电、幕墙、人防、智能化、绿色建筑、消防等不同专业。这里面工程总承包单位负责牵头各分包设计单位，按照工程进度和设计要求，充分发挥各参与方的特长。[20] 实际上，这两种合作模式往往相互交叉。比如，在方案设计阶段，外方建筑师牵头各顾问单位，到了施工图阶段，会由中方设计院来协调各个专业。

为了论述中外合作设计带给中国建筑界，特别是合作设计院、参与建筑师的影响，本节选取几个典型案例，从合作过程中双方的权力关系、贡献大小等角度，来阐释两种不同的设计合作模式及其潜在意义。

配合、学习、再创新模式

这种合作模式的主要特征是中方建筑师向外方同行学习，通过积极配合、消化、吸收外方的优势与特长，来进一步提高自己的创新能力和综合素养。主要合作项目以国家级重大标志性工程为主，通常是外方提供的设计方案在国际竞赛中一举中标，后续本地设计院配合承担施工图设计。比如，2007 年竣工的国家大剧院，由法国建筑师保罗·安德鲁（Paul Andreu，1938 ~ 2018）领导的巴黎机场集团和北京市建筑设计院等合作完成。安德鲁的国家大剧院方案在数轮竞赛中，突破重围，最后中标（图 8.3）。尽管业界对该建筑的形式、安全性和成本等方面存有重大争议，两家公司的数百名建筑师和工程师通力合作，为建立这个设施先进的剧院做出了积极贡献。[21]

安德鲁从一位专业设计机场的建筑师，成为中国和亚洲文化建筑炙手可热的设计家。他在北京胜出之后，又参加上海浦东东方艺术中心的设计竞赛，并再次获得项目，五个蛋球的设计，从空中俯瞰，犹如五朵花瓣。弧形玻璃壳由内部的钢桁架支撑，内中包含三个剧院，剧院之间的空隙多为公共空间（图 8.4）。这个项目由上海华东建筑设计研究院的崔中芳团队

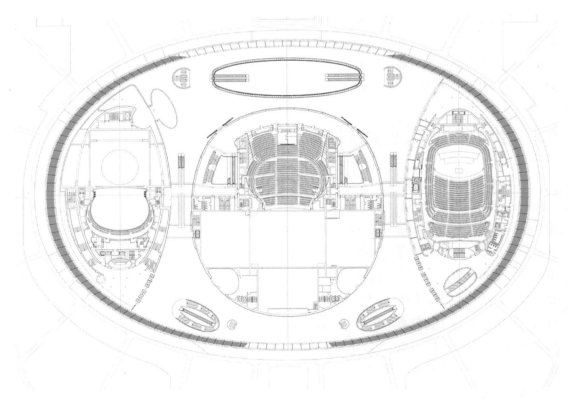

图 8.3　国家大剧院平面图，2007 年

来源：保罗·安德鲁建筑师事务所

图 8.4　上海东方艺术中心鸟瞰夜景，2005 年
来源：傅兴摄影师赠

协助，并解决了许多复杂的技术问题。[22] 东方艺术中心于 2005 年落成，比早几年上马、备受争议的国家大剧院，还要提前两年开幕。安德鲁和崔中芳在合作设计东方艺术中心时，又接到苏州文化艺术中心设计的任务，由安德鲁画草图，崔中芳带领华东院同事，完成全部设计。这些项目培育了崔中芳和同事们在剧院设计方面的经验，他们于 2015 年设计了江苏大剧院，将原本哈迪德的草图意思，在另一块基地发挥，这是为数不多的中国设计院赢得的大剧院建筑项目（图 8.5）。上海大歌剧院由挪威 Snohetta 事务所设计，也由崔中芳团队配合（图 8.6）。华建集团多个专业团队，如剧院、医疗、机场、轨道交通、体育建筑等，都是在中外联合设计的环境下成长，具备和国际设计公司合作的经验。这些专业团队基本上都有 100 多名员工。集团只要接手参与特殊建筑类型，首选就是这些专业团队。

安德鲁在中国的作品展现了他把复杂的建筑功能明晰化的策略，换句话说，他擅于把大型公共建筑设计成具有类似造型、体积协调的单元组合。这一手法在上海东方艺术中心、广州市体育馆、成都天府新区办公楼、太原博物馆等项目中都能看到。与此同时，他也倾向于使用各种表皮装饰和新颖奢华材料，尽管造价不菲，但传递了法兰西文化浪漫、富有艺术感染力的一面。这与德国文化强调严谨、简洁的做法，如 gmp 事务所的作品形成强烈的反差。安德鲁的作品在造型大胆、新奇与功能合乎逻辑之间保持谨慎的平衡，让他的设计赢得了包括业界评委、政府领导和机构业主的好评。在中方设计院的支持下，他的作品呈现较高的"完

图 8.5　江苏大剧院，2017 年

来源：孙聪博士摄赠

图 8.6　上海大歌剧院模型

来源：薛求理摄，2019 年

成度"，这不仅体现了他的构思技高一筹，而且验证了合作伙伴的技术能力、合作精神、耐心及灵活度。

以类似手法设计的中外合作项目还包括福州海峡文化艺术中心，是由芬兰 PES 建筑师事务所与中国中建设计集团徐宗武团队合作完成。[23] 这个项目在平面的花朵寓意与抽象的动态造型之间取得了协调（图 8.7）。前者赋予作品强烈的象征（茉莉花），便于政府领导和业主接受；后者展现了大型公共建筑群体的差异性与协调性。建筑由多功能戏剧厅、歌剧院、音乐厅、艺术博物馆和影视中心等组成，每一部分自成一体，并共享中央大厅。相比较把所有功能放进一个巨大的单体屋顶之下，这一策略有效地缩小了建筑体量和造价，也比较容易塑造单体建筑与城市环境的协调关系。

2002 年，来自中国建筑设计研究院的年轻建筑师李兴钢前往瑞士巴塞尔，与赫尔佐格和德梅隆事务所（Herzog & de Meuron）合作设计国家体育场项目。瑞士建筑师邀请了中国建筑设计研究院作为本地合作伙伴，邀请了奥雅纳（ARUP）担任结构和体育设计顾问。李兴钢的欧洲进修经历以及他先前与法国 AREP 公司合作设计北京西直门交通枢纽的经验使他成为合适的项目人选。同时，在早期阶段参与方案设计也反映了双方团队对集体合作的重视。实际上，该项目的中标证明了大型项目的复杂作者属性以及协作设计的优势。据李兴钢介绍，体育场的标志性编织结构归功于外方事务所建筑师帕特里克·豪伯格（Patric Heuberger），但倾

图 8.7　福州海峡文化艺术中心，2018 年
来源：徐宗武教授赠，章勇摄

图 8.8 "鸟巢"——国家体育场，2008 年

来源：傅兴摄影师赠

斜的底座，碗状看台和结构网络构思却来自主持建筑师赫尔佐格。除了担任设计顾问外，中方团队还负责技术设计、根据客户要求进行的各种修改，并学习使用盖里科技软件（Gehry Technology）创建"鸟巢"的三维钢结构模型（图 8.8）。[24]

李兴钢与来自世界知名建筑师的合作对他的设计方法产生了微妙影响。例如，在赫尔佐格和德梅隆事务所设计模式的启发下，他成立了自己的工作室，与志同道合的院内同事一起开展探索性实践（见第 5 章）。受益于这种合作经验，他已成长为为数不多的有能力从事大型体育建筑的建筑师之一，由他主持的 2020 年北京冬奥会延庆赛区运动场馆便是这种综合能力的典型体现（图 8.9 和图 8.10）。

在为 2008 年奥运会而建的大型公共项目中，由英国福斯特建筑师事务所（Foster and Partners）和北京市建筑设计研究院共同设计的北京首都国际机场 3 号航站楼是争议最小、深受好评的一个项目。与香港国际机场相似，福斯特在北京的设计成功地将人、建筑、车辆、飞机和商店编织成一个复杂而清晰的系统，庆祝该机场成为 21 世纪北京的新大门（图 8.11）。[25]该设计在四年内实现，很大程度上归功于邵韦平及其中国设计和施工团队。北京市建筑设计研究院执行总建筑师邵韦平负责协调中方建筑师和工程师，将福斯特的设计思想转化为高质量的建筑形式。

图 8.9　2020 年北京冬奥会延庆赛区雪车雪橇中心
来源：李兴钢工作室，孙海霆摄

图 8.10　2020 年北京冬奥会延庆赛区雪车雪橇中心总体轴侧
来源：李兴钢工作室 / 中国建筑设计研究院

图 8.11 北京首都国际机场 T3 航站楼，2008 年

来源：傅兴摄影师赠

　　福斯特事务所的专业分工明确合理的规则，以及对每个阶段设计质量的精确控制都让邵韦平印象深刻。这些经验与中国建筑师的工作方法形成鲜明对比，后者的职业训练更多强调多面手而非专门化。在北京市建筑设计研究院下属的 UFo 工作室中，邵韦平鼓励同行成为专家，以期提高设计质量和效率。他从与国际建筑师合作的经验中受益匪浅，掌握了如何精确控制复杂的大型城市项目的设计和建造。

　　邵韦平主持设计的北京凤凰中心项目是体现他设计技巧和精确控制的一个例子（图 8.12）。建筑位于朝阳公园的西南角，外形以"莫比乌斯环"为特征，由高层办公楼和低层广播电视楼组成。这两部分完全由钢结构和玻璃组成的连续外壳包裹。邵韦平及其同事通过创建各种公共空间探索了新的空间可能性。虽然建筑的钢结构及其节点设计与世界顶尖水平还有不小的差距，但是外观玻璃幕墙以及室内坡道的设计在当时的中国建筑界的依然具有突破性意义（图 8.13）。该建筑的开放形式与业主的意识形态相吻合，突显了开放和包容的态度。从建筑形式和象征层面上讲，它呈现了一个具有高度公共性的造型，这种形式与由荷兰大都会建筑事务所（OMA）和华东建筑设计研究院共同完成的中央电视台总部截然不同。

　　邵韦平在设计北京首都国际机场 3 航站楼之前，曾评论过国际明星建筑师主导中国高端建筑现象，建议中国建筑师应该谦虚地向国际同行学习，并与他们自信地竞争。[26] 他强调，与外方合作时应提倡审慎和理性思维，毕竟创造具有当地文化特征的建筑任务落在了国内建筑师的肩上。国家体育场和北京首都国际机场 3 航站楼等奥运项目是具有代表性的中外合作

图 8.12　北京凤凰中心，2013 年
来源：北京市建筑设计研究院

图 8.13　北京凤凰中心室内，2013 年
来源：丁光辉摄，2018 年

设计项目，在其中，中国建筑师起到很好的协调和沟通作用。

强强联合设计模式

这种模式的特征是中外双方设计人员从方案阶段就开始合作，共同构思来回应业主的潜在需求。它区别于常见的外方建筑师负责方案，中方建筑师待方案中标后才开始承担施工图设计。在强强联合设计模式中，中方建筑师的作用不仅仅是配合角色，甚至在关键节点主导方案设计的推进。出于各种原因（社会的崇洋媚外、媒体的推波助澜、中方人员的谦让等），他们的贡献没有得到应有的业界认可和物质回报，以至于外界误以为创意功劳全属于外方。

早在 20 世纪 80 年代中期，由北京市建筑设计研究院与黑川纪章建筑都市设计事务所合作设计的北京中日青年交流中心项目是强强联合设计模式的一个典型案例。中日青年交流中心是时任胡耀邦总书记和日本中曾根康弘首相共同倡导，中日友好 21 世纪委员会向两国政府建议、利用中国政府拨款和日本政府无偿援款共同建设的项目。1985 年 7 月，北京市建筑设计研究院项目负责人李宗泽建筑师赶赴日本东京开展合作设计。在此之前，他已经拿出了明确的方案构思、总图布局和单体造型，其中剧院、饭店、办公、康体设施分别位于场地的四角，中间形成一个气势恢宏、南北贯通的院落。此时，黑川纪章还没有开始方案创作，而李宗泽的规划图纸、模型以及这个名为"和合"的方案构思让黑川纪章称赞为"很有魅力"。[27]

在后续的深化合作中，黑川在认可总图功能布局的同时，坚持把建筑造型做得更加活泼一些，比如，游泳馆改为橄榄球造型，外包银灰色金属屋面，剧院改为一高一低两个半圆形体量的组合，饭店改为圆柱塔楼，顶部是水平挑檐，东西建筑体量之间用架空廊桥相连（图 8.14）。李宗泽部分认可黑川对建筑造型的修改，但也坚持认为，饭店塔楼不够理想，容易让人想起日本侵略者在中国建设的炮楼，随后把圆形平面修改为 20 边形，四周形成五道凹槽，顶部一高一低，非对称造型试图呼应剧院屋顶。在中方建筑师和负责官员的坚持下，这一修改也得到黑川的认可。随后李宗泽负责由中国出资建设的饭店、整个室外环境和园林绿化的施工图设计。黑川负责由日本赠款建设的剧院、游泳馆和研修用房的施工图。

1986 年，日本首相中曾根康弘访问北京。但是在方案汇报、媒体报道以及设计费收取等方面，黑川均抢占风头，而中方建筑师团队少有人问津。中国建筑师社会地位较低的状况让建筑评论家曾昭奋愤然鸣不平。一方面，他认可整个合作设计是友好成功的，"建筑师在构思、定案、具体处理手法等方面，互有争议，互有补充，互有吸取。这种争议和补充，或者是否定与肯定，是在学术范围内进行的，体现着全面负责、精益求精的精神，是一种正常的现象"。[28]另一方面，他也为中方建筑师的遭遇而大胆呼吁，尽力宣传他们的积极贡献，为他们的优秀作品而喝彩。

另一个体现中外双方通力合作的成功案例是北京奥运会国家游泳中心——水立方。它的中标得益于中建国际与澳大利亚 PTW 建筑师事务所、奥雅纳工程公司的平等、高效合作——中方建筑师赵小钧团队对方形平面的构思，外方建筑师提出外立面运用 ETFE 膜材料。[29]他们

图 8.14　北京中日青年交流中心，1991 年
来源：黑川纪章博士赠

的方案，无论是效果图渲染的梦幻水晶场景，还是叙事文案（方形平面与国家体育场的椭圆形平面构成强烈的对比），均容易打动业主和竞赛评委（图 8.15 和图 8.16）。

在某些情况下，中方设计团队有能力提出独特的方案，并主导设计过程。加上与外方伙伴的良好合作经历，创造出更容易被业主认可的设计。比如，北京院与英国泰瑞·法莱尔建筑师事务所（Terry Farrell and Partners）合作设计的中国石油天然气公司总部。针对场地南北长，东西狭窄的现状，中方团队提出一系列塔楼相连的方案，意在创造更多的南向采光，而英方团队提出顺应北京东二环的板式布局。中方团队针对业主对南向采光的需求，说服合作伙伴接受自己的提案，最终在投标中获得业主的认可。

这个项目获得了 2008 年第一届中国建筑传媒奖最佳建筑奖提名，其中提名人——意大利 Domus 杂志中文版主编于冰写道："该项目设计中实现了中国建筑师与国际建筑师合作工作模式的突破，中国建筑师首次在国内 20 万平方米以上地标性以及高科技含量要求的大型公共建筑设计中领衔设计，独立领导项目设计组，负责实施方案等全部工作，包括选择和协调该项目的全部相关国际顾问团队。"[30]

近些年来，中国建筑师驾驭复杂项目的能力逐步提高，这让他们有能力协调国内外各种专业资源，有机会主导大型标志性项目的设计，自信地参与国际设计竞赛并中标。例如，中国建筑西南设计研究院牵头，与中国民航机场建设集团、法国巴黎机场集团建筑设计公司（ADPI，擅长机场功能、工艺）组成联合体，成功中标了四川成都天府国际机场的设计，展现

图 8.15　北京奥运会游泳馆模型，2008 年

来源：薛求理摄

图 8.16　北京奥运会游泳馆室内，2008 年

来源：薛求理摄

图 8.17　成都天府国际机场，2021 年
来源：中国建筑西南设计研究院，存在摄影工作室摄

了建筑师邱小勇、刘艺团队关于大型机场枢纽的创作能力。天府国际机场设计采用两个 T 型航站楼背靠背布置方案，形成了颇具新意的"手拉手"构型（图 8.17）。从一定程度上来看，这一构思是在"五角星"或"六角星"构型基础上转化而成——比如，把北京大兴国际机场航站楼"劈开"，一分为二，然后通过中间体连接，进而形成目前的方案。近些年，这类多指廊、单中心/双中心/三中心一体化航站楼布局集中出现，是一系列因素综合作用的结果：业主对建筑形象的重视（地方政府看中机场的城市门户宣传作用）；大型城市机场的客流与经济规模支撑；设计对旅客流线和登机体验的追求；机场运营对陆侧商业与空侧效率的平衡考虑等。[31]

8.3　城市设计的中外合作

在 20 世纪 80 年代早期，外国设计公司进入中国市场主要从事单体建筑设计，但是随着改革开放的推进，地方政府在城市设计领域也逐渐邀请外国公司提供规划咨询和方案设计。在本地设计院的协助下，部分城市设计成果得到贯彻实施，一些规划的建筑项目也得以建造，这在更大层面上重塑了中国的城市面貌。本节以上海浦东陆家嘴金融区和郑州郑东新区中央商务区为例，探讨中外合作设计对城市设计和建筑创作的积极影响。前者是中国第一次举行高水平国际竞赛，虽然获胜方案没有实施，但是展现了富有远景的城市意象；后者是第一个完整按照获胜方案进行建设的城市新区，打造了独具特色的城市结构，带动了整个区域的发展繁荣。二者是代表改革开放以来中外合作开展城市设计和建设的典型案例。

上海浦东新区

如果说深圳的崛起体现了 20 世纪 80 年代经济改革的活力，而 90 年代初，上海浦东地区的发展则表明了中央政府在刺激地方经济方面的雄心。80 年代初期，浦东地区仍然是一片宁静的水田和工业仓库用地。80 年代中期，开发浦东已经被列入市政议程。1985 年，上海市政府制订了《上海市城市总体规划方案》，把"浦东开发"列入其中。两年后，上海市规划局编制完成《浦东新区规划纲要》初步方案。与此同时，一些专业人士如金瓯卜、黄富厢在报刊杂志等上发表文章提议大力发展浦东地区，同时联合上海城市规划设计研究院的同事们就总体规划做了几个方案。但是，浦东新区真正的发展直到 1991 年邓小平视察上海之后才开始加速。邓小平指出："开发浦东，这个影响就大了，不只是浦东的问题，是关系上海发展的问题，是利用上海这个基地发展长江三角洲和长江流域的问题"，"希望上海人民思想更解放一点，胆子更大一点，步子更快一点。"

浦东新区的开发既是拓展城市功能、促进经济发展的需要，同时也是政治形势所迫、国际压力升高的应对之策。20 世纪 80 年代之前，上海为全国的经济建设做出了极大的贡献。80 年代，面对东南沿海经济特区的快速崛起，上海经济受制于城市规模和政策红利，在全国的带头作用逐渐弱化。中央政府期望利用浦东新区的开发，一方面，向国际社会展示中国对外开放政策的连续性和稳定性；另一方面，带动长江流域的经济发展。

在法国方面提供的技术和资金援助下，上海市政府于 1992 年为浦东陆家嘴地区组织了一次国际规划咨询，邀请了五家设计团队，包括英国的理查德·罗杰斯（Richard Rogers）事务所，法国的多米尼克·佩罗（Dominique Perrault）事务所，日本的伊东丰雄（Toyo Ito）事务所和意大利的福克萨斯（Massimiliano Fuksas）事务所，以及上海联合咨询设计小组（包括上海城市规划设计研究院，上海市民用建筑设计研究院，华东建筑设计研究院和同济大学）。其中，罗杰斯事务所与伦敦大学建筑学院、剑桥大学建筑系合作完成的方案，获得陆家嘴规划咨询一等奖，其基本形态为圆形，中心为中央公园，6 条道路向外延伸，与浦西其他地区连接起来。建筑形态遵循圆形总体布局，塔楼的高度从外部到核心区逐渐上升。这个方案较好协调了交通多样性、公共空间的丰富性、城市天际线的独特性以及功能混合原则，展现了良好的想象力和前瞻性，可以说是田园城市的现代演绎（图 8.18）。[32]

法国佩罗的方案在沿黄浦江的两侧布置高层建筑，在方形用地布置多层建筑和中央公园，体现了法兰西城市规划的几何形态和硬朗的秩序感；伊东丰雄的方案在长方形用地里安排高层建筑，条形公园和地下综合空间系统，展示了日本城市设计的全面性和综合性；福克萨斯的方案规划了一个椭圆形、高层建筑集中区域，中间被一条绿化公园所分割，外围由另一条自由绿带环绕；上海本地团队的方案在形态上没有体现强烈的几何秩序，相反，却强调了一条明显的东西轴线，这条轴线也是地方领导的意图，试图在城市形象上连接浦西地区。

在规划咨询进行的同时，陆家嘴的一些建筑物已经在建设中。但是，国际设计方案并未

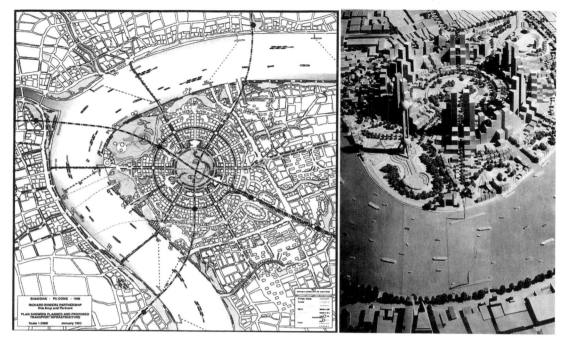

图 8.18　上海浦东陆家嘴地区规划，罗杰斯方案，1992 年
来源：罗杰斯及其合伙人事务所

考虑其存在。由于缺乏经济灵活性以及忽视现状条件，罗杰斯的获奖规划未能实施。按照地方领导的要求，上海本地规划人员在综合国外方案的基础上，制定了一个与现状建筑协调的规划。[33] 在该规划中，一条 100 米宽的世纪大道横穿陆家嘴中心，向东延伸 5.5 公里到世纪公园。大道两侧的土地分为许多小块，出售给跨国公司以建造地标或总部。[34]

　　陆家嘴金融区规划强调中轴线的宏伟姿态，较多的是从上往下俯瞰角度考虑，而非街上行人的实际感受，这为后续开发带来诸多难题。城市设计存在以下问题：公共空间支离破碎，缺乏有机联系，设计的中央公园可达性较差；地面交通以车行为主，步行不便；地下空间开发缺乏前瞻性统一考虑，造成后期改造困难；功能分布以办公为主，缺乏混合多样性；浦东、浦西地区过江交通联系不够畅达。由于政治、经济等多种条件的制约，城市设计的总体效果存在不少问题，反映了改革开放初期政治和行业精英对于建设全球卓越城市的不同观念、设想和认识。

　　陆家嘴金融区国际规划咨询开启了中国大力引进国际设计智慧的创举，也是一次成功的城市形象推广和营销，具有重要的历史和现实意义。经过 30 年的持续建设，浦东新区得到了脱胎换骨般的改变，整个地区成为摆脱旧有模式、拥抱全球化的前沿城市样板。虽然在普通行人城市体验上存在一些不足，但是从外滩遥望浦东，高楼大厦鳞次栉比，优美壮观的天际线展现了现代化的巨大成就，成为中国城市的国际化名片（图 8.19）。

　　在陆家嘴地区的后续建设中，高层和超高层建筑占据绝对的角色，其中很大部分是由中

图 8.19　上海浦东新区天际线，2016 年
来源：汤震川摄赠

外合作设计完成的（通常外方建筑师负责方案，中方设计院负责施工图），这些建筑构成了浦东新区的城市景观。在这当中，三栋塔楼变成了最耀眼的三颗明星，在众多高层建筑的衬托下，显得格外引人瞩目。他们就是金茂大厦（美国 SOM 建筑设计事务所、上海建筑设计研究院，1993～1998 年，421 米），上海环球金融中心（美国 KPF 建筑设计事务所、日本清水建设株式会社、森大厦株式会社一级建筑师事务所、华东建筑设计研究院，1995～2008 年，492 米）和上海中心（美国 Gensler 建筑设计事务所、同济大学建筑设计院，2008～2016 年，632 米，竣工时是中国最高、全球第二高的建筑）。金茂大厦和上海中心均是国际竞赛获胜之作，而上海环球金融中心由日本投资商委托 KPF 设计。在设计竞赛中，中方设计院与外方建筑师同台竞技，既展示了自身的创作和技术能力，也暴露出在造型创意方面的不足。考虑到此前设计院缺乏设计超高层建筑的经验，与外方合作不失为提高自己综合能力的必要之举。

　　在设计金茂大厦过程中，业主邀请国内外六家有资格的设计单位参与竞争。[35] 其中，SOM 的方案用不锈钢和玻璃幕墙诠释了中国古塔节节升高，不断变化的造型特征，受到国内外评委、上海和中央领导的一致认可。[36] 上海建筑设计研究院受业主推荐、并经 SOM 考察、确认后担任咨询顾问，并选派设计小组赶赴芝加哥，协助深化设计。[37] 除了协助与政府有关方面的沟通、联系外，上海院提供咨询的范围涵盖从天文、地质到消防、交通、人防；从总体规划、建筑形象到文化内涵与建筑材料的选择。[38] 建筑师邢同和坦诚地指出，在 90 年代初要建中国最高的建筑，自己属实没有经验；同时对外国同事的强大技术和专业能力印象深刻。[39] 他说，这种经验后来对他独立创作高层建筑有很大帮助。金茂大厦主创建筑师阿德里安·史密斯（Adrian Smith）也十分认可邢同和及其团队对金茂大厦的贡献。

　　通过大量的中外合作设计，华东设计院也培育了自己团队应对超高层建筑的设计能力。

在 2009 年，华东设计院在建筑师徐维平的主持下，独自设计了 438 米高（88 层）的武汉中心项目，打破了国外团队在超高层建筑领域的垄断地位（图 8.20）。[40]

图 8.20 武汉中心，2019 年
来源：华建集团

　　在浦东规划的数年前，"城市设计"作为一种概念和学科被引入中国。[41] 陆家嘴的规划展示了城市设计如何在创造新的城市形象和指导建筑设计中发挥作用。来自设计院和大学的建筑师和规划师共同推动了城市设计与建筑设计融合的发展。浦东规划十年后，上海筹办世界博览会，这是把上海再次推向世界的尝试和机会。在浦江两岸 5 平方公里的土地上，上海建筑设计院邢同和工作室等单位进行海外考察和方案可行性尝试，拟定设计任务书。2001 年，通过一轮邀请竞赛，获得七个方案，法国公司的"花桥"方案获得一致好评。在各方面了解用地和项目的优势和缺陷的基础上，2004 年再进行第二轮的竞赛，最后采用的同济规划院方案，可以说是博采了先前多个方案的长处。没有之前中外公司的大量努力，也就不会有最后综合方案。上海世界博览会于 2010 年 5 月到 10 月举行，吸引了七千万的观众入场（图 8.21 和图 8.22）。世博会之后，大部分展场拆除，黄浦江两岸的地块，重新划分和出让，做体育中心、办公楼等，又成为中外建筑师献技的场所。

　　一般来说，城市规划或城市设计，需要比较多的对本地资料的了解，不适宜于海外来的设计师。但在创立城市品牌、形象优先的氛围驱使下，各地还是争相邀请海外公司特别是明星事务所参与。而这些海外公司也多揣摩业主和领导的心态，使得在中国的设计，除了带有那些公司的印记外，也有浓厚的"中国"当代色彩。由于许多省市政府发誓要创建"国际级"城市，城市设计的规模愈趋大型。除了正常的总体规划外，新市中心的形象也被认为特别重要，

图 8.21　上海世博会中央轴线景观，2020 年
来源：薛求理摄

图 8.22　上海世博会丹麦馆，2010 年
来源：薛求理摄

竞赛方案通常使用流行的文学隐喻进行包装，例如"雄鹰展翅"，"浪中帆船"……设计机构
及其员工需要画效果图和编纂这样的"典故"，视觉形象和文学修辞成为与客户和公众沟通的
简便方式。这常常会形成一些夸张的设计，如新加坡 CPG 公司规划的鄂尔多斯新城康巴什的
规划（"草原上升起不落的太阳"），就是大而空旷、尺度不当、缺乏富有活力的街道生活的典
型案例（图 8.23）。近些年来，虽然康巴什的居住人口有所增加，旅游活力渐增，但是城市规
划结构严重依赖私人汽车，制约紧凑、可持续性绿色发展（图 8.24）。

图 8.23　鄂尔多斯新城康巴什规划，2003 年

图 8.24　鄂尔多斯康巴什中心区建成现状，2011 年
来源：薛求理摄

郑东新区

　　尽管浦东陆家嘴地区国际设计竞赛的首选方案未完全实现，大约十年后，中原地区的郑州举办郑东新区国际规划竞赛，规模更加庞大，日本建筑师黑川纪章的设计被选定并认真地实施。作为中国八大古都之一，郑州常被称为火车拉来的城市——也是国家铁路枢纽和中原商业中心。20 世纪末期，郑州的市域面积大约为 132 平方公里，人口 250 万，是当时城市化率最低的城市之一，在全国城市经济排名中处于劣势。与北京、上海、广州和深圳等发达地方相比，郑州通常被视为"二线城市"。

　　2000 年前后，河南省委、省政府首次提出计划开拓郑东新区，希望利用港澳和海外华侨的投资来规划建设"港澳新城"。当时邀请了华南理工大学建筑设计研究院、同济大学规划设计院和中国城市规划设计院等机构参与新区规划，但是结果并不令领导满意。在调查了几个城市的新区规划（上海、青岛和深圳）之后，郑州市决定为郑东新区举办一次国际设计竞赛。2001 年，六家设计公司应邀参加，包括日本的黑川纪章事务所（Kisho Kurokawa）、澳大利亚考克斯（Cox）、美国 Sasaki Associates Inc. 公司、法国夏邦杰事务所、新加坡 PWD Consultants Pte 有限公司和中国城市规划设计研究院。这也是继上海浦东新区，广州珠江新城之后又一次引人瞩目的设计竞赛。

　　评审团认为黑川的方案明智地平衡了新旧城区的可持续融合发展，有鲜明、独特的城市形象，因此被授予一等奖（图 8.25）。与此同时，他的方案也受到广大市民群众的欢迎和支持。在规划之初，时任河南省省委书记的李克强强调，城市发展要一张蓝图绘到底。随后郑州市人民代表大会通过了一项决议，以法律法规的形式确认了黑川的规划设计为实施方案，展现

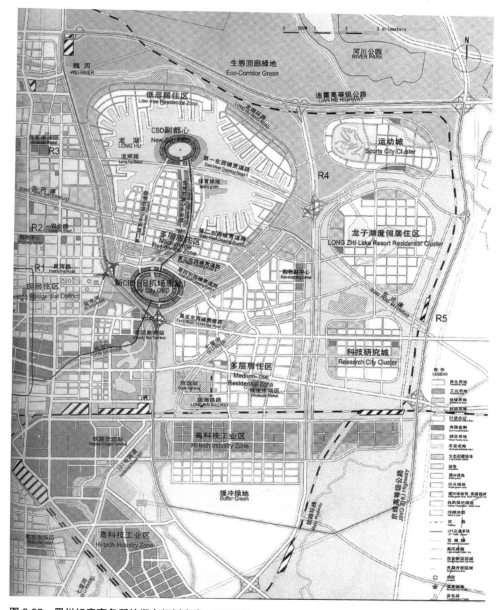

图 8.25　黑川纪章事务所的郑东规划方案，2002 年

来源：郑州市郑东新区管理委员会，郑州市城市规划局编，郑州市郑东新区城市规划与建筑设计，2001～2009，1：郑东新区总体规划 [M].
北京：中国建筑工业出版社，2010

了地方政府决心尊重原计划的意愿，同时避免了个别人员的干预。[42]

　　郑东新区规划面积约为 150 平方公里，与老城区大小相当，两者由穿城而过的中州大道分开。郑东新区由包括中央商务区（CBD）、龙湖地区、商住物流区、龙子湖高校园区和科技园区五个功能组团组成。其中核心区是圆形的中央商务区，占地 345 公顷。圆形的中心区域包括人工湖、公园、国际会展中心、一个 280 米高的酒店塔楼和河南艺术中心，外围是两排高层建筑——内排为 80 米高的住宅，外排为 120 米高的办公楼。

占地 48 公顷的龙湖地区通过一条 3.7 公里长的运河与中央商务区相连，运河水系的形状像中国的"如意"（寓意吉祥）。CBD 副中心同样规划为近圆形，伸入龙湖形成半岛，规划面积约 0.48 平方公里；与 CBD 类似的是，CBD 副中心是由 2 栋高层建筑围合而成，里面一圈建筑高度为 60 米，由写字楼、宾馆和特色住宅等组成；外环为 120 米高的高层建筑，主要为高档酒店、办公、商业金融功能。运河两岸是 45 米高的建筑。

郑东新区的建设始于 2003 年，经过 17 年的高强度发展，基本轮廓已经成型确立（图 8.26）。其中会展中心是黑川纪章事务所与当地的机械工业第六设计研究院共同设计的首个重要公共项目，于 2007 年竣工并投入使用，河南艺术中心是由来自加拿大的乌拉圭裔建筑师卡洛斯·奥托（Carlos Ott）和北京中国航空规划设计院（集团）设计，于 2009 年竣工（图 8.27）。CBD 核心周围的所有土地均快速出售，被高层住宅和办公楼所占据。280 米的酒店大楼是由美国 SOM 公司和上海华东建筑设计研究院共同设计的。

但是在 2010 年之前，由于配套设施不够健全，新区的入住率较低，以至于外界常常把它描述为"鬼城"。考虑到河南省巨大的人口基数，郑州市在全省的辐射带动作用，新区独具特色的城市空间格局，加上配套设施的不断完善，郑东新区的发展潜力一步步得到释放。新区规划的高品质滨水绿地公园大大弥补了郑州老城优质公共空间的不足，吸引市区和周边居民在周末和节假日前来中央公园玩耍，形成了越来越具有活力的地方。

图 8.26　郑东新区鸟瞰图，2010 年

图 8.27　河南艺术中心，2009 年

来源：丁光辉摄，2018 年

　　黑川纪章事务所与郑东新区的实际合同仅在规划方案阶段，为期两年。接下来的十几年中，新区的大部分修建性详细规划工作是由当地设计院和规划机构完成的。郑东新区规划委员会的负责人周定友，原为黑川事务所员工，参与了规划，之后"海归"到郑州工作，成为业主方。他在郑东规划委员会的工作，保证了原设计意图的贯彻。2007 年，黑川纪章去世后，为了严格执行黑川规划的蓝图，地方政府邀请了另一位日本建筑师矶崎新（Isozaki Arata）着手制定城市设计指南，特别是针对副中心的滨水区，以及连接中央商务区的运河周围地块。

　　矶崎新的参与，表明了地方政府致力于持续塑造综合性的城市形象。为了打造有序多样的城市风貌，郑东新区管理委员会在政治和财政上主导了副中心的发展。他们没有将土地分块出售给开发商进行自主设计和建造，因为这种市场驱动的开发模式容易导致城市发展零散和无序。矶崎新邀请了大约 20 个国内外的建筑师、设计院和公司来参与设计，这些项目由地方政府统一投资建造完成后，再出售给各个公司，以保证规划的完整性。

　　黑川的共生思想满足了政治精英的雄心，以及对未来的期望。他提案中的中央商务区和副中心创造了具有远见和前瞻性的城市景观，超越了被现有铁路系统分割的无个性的老城区。这个项目在 2002 年世界建筑师大会上被授予"最佳城市规划"奖。郑东新区创造了崭新的都市环境，给居民带来了舒适和自信。2010 年还比较空旷的郑东新区，十年后成为郑州最时尚新颖的居住和工作场所，其节节升高的房价，是居住者渴望入住的明证。河南艺术中心和人工湖畔，到了夜晚和周末，都十分热闹。河南艺术中心内的展览和演出之频繁，和一线城市的文化场所相仿。2020 年，郑州已然成为新一线中的领头城市。郑东新区成为城市扩张运动中的典范。城市空间和产业的深刻变革刺激了经济的快速增长，各级领导人对新区在引领城市发展中的作用愈加重视。[43]

从浦东新区到郑东新区，城市设计成了拉动城市经济和建设发展的发动机。城市设计加上新区内标志性建筑，是新区的启动项目，因其新颖和规模，吸引后继项目不断落户，迅速形成新区的规模和面貌。它们是海内外建筑师角力的战场，也是中国建筑设计院学习海外经验、帮助创新方案落地、大规模开展业务的火热工地。正是设计院投入了大量默默的工作，使得21世纪的中国城市丰富多彩。

每一个高质量的中外合作项目都展现了中外建筑师团队之间的密切合作，方案主创设计师的灵光乍现固然重要，若没有团队成员的前期介入、中期协调、后期配合，那些合作设计便难以实施。中外合作设计帮助中国建筑师快速熟悉了国际规则，提高了自己的创作构思能力和技术水平，留下了鲜明的时代印记，成为中国现代化的物质遗产，这反过来也会帮助中国建筑师进入世界市场。在"一带一路"倡议的带动下，中国建筑师在合作设计中学习到宝贵经验，有机会运用到跨国建筑实践中去，这也是下一章即将探讨的主题。

注释

1　（法）安德鲁著；唐柳，王恬译．安德鲁与国家大剧院 [M]．北京：中国建筑工业出版社，2009．

2　通常建筑界和社会媒体的关注点是国外大师的"神来之笔"，而中方合作者的贡献鲜有提及。

3　David Harvey. Globalization and the "Spatial Fix" [J].Geographische Revue，2，（2001）：23-30．

4　Donald McNeill. The Global Architect：Firms，Fame and Urban Form[M]. New York：Routledge，2009．

5　例如，20世纪80年代初，广州的莫伯治和上海同济的吴庐生团队与香港建筑师合作，有机会到访香港，而香港当时正处于经济和城市建设的蓬勃辉煌时期，回去之后，将见闻写成文章，发表于杂志，和更多的同行和学生们分享。

6　佛山：海外和港台建筑师在大陆作品研讨会 [J]．世界建筑，1993（04）：8．

7　王文．"海外和港台建筑师在大陆作品研讨会"在佛山市召开 [J]．华中建筑，1993（04）：38．

8　马国馨．近代中外建筑交流的回顾及其他 [J]．世界建筑，1993（04）：9-14．

9　国家计划委员会，对外经济贸易部发布，中外合作设计工程项目暂行规定，1986年6月5日。

10　谭志民．桂林十余年中外设计合作回顾 [J]．世界建筑，1993（04）：14-17．

11　同10，16．

12　同10，17．

13　顾孟潮．一次有意义的会议 [J]．世界建筑，1993（04）：58．

14　贾东东，吴耀东．总结经验，提出问题，找出差距，促进发展——第二次中外建筑师合作设计研讨会召开 [J]．世界建筑，1997（05）：7-8．

15　合作与交流——"第二次中外建筑师合作设计研讨会"综合报道 [J]．时代建筑，1997（03）：4-7．

16　费麟．关于中外合作设计的回顾与思考 [J]．世界建筑，1997（05）：18-22．

17　同 16，27.

18　李姝，彭一刚，蔡镇钰，崔愷，姜维，赵小钧，柳冠中.中国建筑师 VS 境外建筑师——由国家大剧院引发的思考 [J].城市环境设计，2004（01）：56-60.

19　胡荣国.与境外设计公司合作设计的经验 [J].建筑科学，2007（05）：65-69.

20　汪恒.激荡与超越——关于中外合作设计的几点思考 [J].世界建筑，1997（05）：27-29.

21　张秀国，刘锦标.合作·汲取·升华：国家大剧院合作设计心得 [J].建筑创作，2007（10）：74-78.

22　崔中芳，1987 年毕业于上海城市建设学院，之后一直在华东建筑设计院工作.

23　徐宗武，顾工.基于文化自觉的建筑设计——福州海峡文化艺术中心创作与实践 [J].建筑学报，2019（10）：70-73.

24　李兴钢.第一见证："鸟巢"的诞生、理念、技术和时代决定性 [D].天津大学，2012，183-187.

25　邵韦平.首都机场 T3 航站楼设计 [J].建筑学报，2008（05）：1-13.

26　邵韦平，王鹏.审慎的尊重和理性的思考——国际明星建筑师及其作品给中国建筑师带来了什么？[J].时代建筑，2003（04）：66-69.

27　李宗泽.建筑：历史·文化·空间 [J].建筑学报，1991（03）：33-39.

28　曾昭奋.争气与泄气——中日青年交流中心琐记 [J].世界建筑，1992（01）：22-29.

29　中建总公司设计联合体，赵小钧，王敏，商宏."水立方"之设计构思 [J].北京规划建设，2003（05）：116-120.

30　于冰.第一届中国建筑传媒奖最佳建筑奖提名语 [EB/OL].http://www.ikuku.cn/project/zhongguo-shiyou-daxia.[2020-12-21].

31　关于航站楼设计的研究，参阅《建筑学报》在 2019 年第 9 期出版的特辑"面向未来的航空综合交通枢纽".

32　Richard Burdett, Richard Rogers Partnership, Works and Projects[M]. New York：The Monacelli Press, 1996.

33　中共上海市委党史研究室编.奇迹：浦东早期开发亲历者说（1990–2000）[M].上海人民出版社，2020.

34　Charlie Q. L. Xue, Hailin Zhai and Brian Mitchenere. Shaping Lujiazui：The Formation and Building of the CBD in Pudong, Shanghai[J]. Journal of Urban Design, 16, 2（2011）：209-232.

35　项目业主为对外经济贸易部，大楼命名取"经贸"的谐音"金茂"二字，以区别于全国各地的经贸大厦。业主邀请日本的日建设计，美国的波特曼公司和 SOM 公司，以及中国香港地区的 1 家，中外合资的 1 家，国内的 1 家。

36　刘山在，黄啸.刘山在：缺钱少技术，金茂如何建成的 [J].浦东开发，2020（04）：23-26.

37　金茂大厦的施工图深化设计由上海市建工设计研究院负责（汇总、协调、深化世界各地各分包商提供的不同专业的初步设计成果），它隶属于该项目的工程总承包商上海建工集团。根据合同规定，所有的深化设计图纸和文件资料，都必须经 SOM 最终审批认可后，才能发送给施工单位。季聪.金茂大厦的施工图设计与管理 [J].建筑施工，1997（05）：35-36.

38　邢同和.城市品位的标志——谈金茂大厦建筑设计 [J].建筑创作，2001（03）：8-18.

39　邢同和.跨越时空的中外建筑设计合作 [J].世界建筑，1997（05）：15-18.

40　徐维平.务实·专注·理性：让创新走得更远——"武汉中心"超高层设计实践 [J].建筑学报，2019（03）：24-27.

41 通过翻译一系列西方学者作品，中国学者在 20 世纪 80 年代介绍了城市设计概念。芦原义信 . 外部空间设计 [M]. 尹培桐译 . 北京：中国建筑工业出版社，1985；吉伯德著 . 市镇设计 [M]. 程里尧译 . 北京：中国建筑工业出版社，1983；凯文·林奇著 . 城市意象 [M]. 项秉仁译 . 中国建筑工业出版社，1990；埃罗·沙里宁著 . 城市：它的发展、衰败与未来 [M]. 顾启源译 . 北京：中国建筑工业出版社，1986.

42 郑州市郑东新区管理委员会，郑州市城市规划局编，郑州市郑东新区城市规划与建筑设计，2001−2009，1：郑东新区总体规划 [M]. 北京：中国建筑工业出版社，2010.

43 Charlie Xue, Ying Wang and Luther Tsai. Building New Towns in China：A Case Study of Zhengdong New District[J]. Cities，30，2（2013）：223-232；Charlie Xue, Lesley L. Sun and Luther Tsai. The Architectural Legacies of Kisho Kurokawa in China[J]. The Journal of Architecture，16，3（2011）：453-480.

第9章
设计输出与跨国流动：设计院的援外实践

场景： 1970年底，结构工程师由宝贤再次来到斯里兰卡首都科伦坡的班达拉奈克国际会议中心施工现场。此时距离他上一次到达这里开展现场考察和方案设计已经过去了6年，这中间斯方经历了政权更迭和工程中断，而国内也经历了一系列变化。当工程重新上马时，中国派出的建筑师、工程师和施工人员来到科伦坡，在艰苦的热带环境下工作，两人合住在4平方米左右的工棚，晚上用来睡觉，白天就是画图工作室。蚊虫叮咬，也无冷气。本地的斯里兰卡工人，可以每周领7公斤大米，或每年领18米长的中国布料作为报酬。工程所用的大部分材料和设备均由中国捐赠，白色大理石产自山东。内装修用的木料产自本地，但室内细节，包括大楼梯的精致木栏杆，全由中国派出的60余位八级木工师傅手作。为了装点室内空间，中国运去3000多件家具；并用了1.5吨的银铸造出5万多件闪闪发亮的银合金餐具。在现场工作近3年的由宝贤工程师，将这些餐具和家具一件件移交给当地管理方。[1]

场景： 2007年7月，加纳共和国首都阿克拉。为期三天的第九届非盟峰会正在举行，30多个国家和地区的领导人参会，包括南非、津巴布韦和尼日利亚总统。在开幕式上，来自中国代表团的发言显得格外特别。建筑师任力之代表同济大学建筑设计研究院向与会人员介绍了刚刚中标的由中国援助的非盟总部大楼设计方案。上一次中国建筑师在重要国际政治舞台上亮相或许就是1947年梁思成与勒·柯布西耶和奥斯卡·尼迈耶等建筑师一道，讨论联合国总部大楼的设计。而由同济院独立完成的非盟总部则代表了新世纪中国援外建筑的新高度。2010年12月圣诞节前夕，同济院建筑师邰燕荣作为该项目的室内设计代表乘机抵达埃塞俄比亚首都亚的斯亚贝巴，开启了为期一年多的驻场工作：监督设计进度、协调施工方按图施工、联系厂家确定材料样品等。从某种程度上来看，任力之和邰燕荣的经历是60年来中国建筑援外的一个缩影。援建项目往往条件艰苦、任务繁重，建筑师和施工人员在异国他乡，需要克服意想不到的困难和挑战，有时候会付出生命代价，但是他们的集体劳动展现了中国与世界的互动方式：慷慨、平等、协作、追求经济发展、政治解放、生活进步和文化交流。[2]

如果说中外合作设计更多体现了设计人员、知识服务、资本商品从境外流向国内，从而缔造了多元的建筑文化，那么中国的援外建筑则代表了另一种流动方式——建筑师、施工人员、建筑材料、设计文化流向世界，在广大发展中国家留下了中国建筑的空间遗产。中国的援外建筑是整个国家援外活动的一部分，与美国、苏联等国家的跨国建筑实践具有一定的区别和联系。[3] 与中外合作较为类似的是，大型设计院是承担中国援外建筑的主导角色，是执行国家援外政策的核心力量，但是其作用和贡献在国内外学术界缺乏系统的阐释和评价。

第二次世界大战结束后，美国在西欧通过"马歇尔计划"（Marshall Plan）援助各国进行战后重建。美国出资 130 亿美元，协助欧洲重建生产、扩大贸易并防止共产主义渗透。美国向欧洲展示了"现代化"美好生活的模式。[4] 美国在海外开展各类建筑工程，被称为建筑、工程和施工（AEC，architecture，engineering，construction）策略，鼓励专业人士和建筑公司走向海外。在欧洲和非洲的许多项目，由美国及多边组织如世界银行、联合国教科文组织（UNESCO）、经济合作与发展组织（OECD）、福特基金会（Ford Foundation）等推进。在非洲，这些项目构成了后殖民时期的城市图景。[5] 在亚洲，从 20 世纪 70 年代开始，日本积极地向外开展其援助项目，日本建筑师在城市和建筑设计方面的服务，助推了东南亚国家的城市现代化进程，而这些建筑又成为亚洲现代主义建筑发展的经典作品。[6] 与此同时，苏联和东欧地区的社会主义国家也在亚洲、非洲尤其是中东一带开展援助项目，这些建筑由来自莫斯科、华沙和东柏林等地的建筑师设计，促进了中东及其他亚非国家的工业、教育和生活水平的提高。[7]它们自身遵循现代主义设计和美学准则，因地制宜，补充了主流现代主义建筑的发展，被冠以"第三世界的现代主义""热带现代主义"。[8] "第二世界"对"第三世界"的支持，可以认为是社会主义建筑在境外的延伸和特定国际条件下的跨境建筑设计实践。[9]

20 世纪 50 年代初，中国接受了来自苏联和东欧社会主义阵营的多项援助。同一时期，在不结盟运动的框架下，中国开始向亚非拉的发展中国家提供援助。与国际上通常由从发达国家流向不发达地区的经济援助模式不同，中国的援助是在自身处于经济困难、人民勒紧裤带的情况下，仍然发展出"穷帮穷"的独特模式。截至 2009 年，中国已向 100 多个国家提供了 2000 多个成套（包括建筑）项目，涉及工业、农业、灌溉、渔业、公共设施、教育、卫生、体育等内容，其中建成了 1000 多栋建筑，包括政府办公、议会大厦、会议展览中心、体育场馆、剧院、学校、医院、图书馆、铁路及车站等。中国承担了大部分项目的资金投入、设计与施工建造。21 世纪以来，中国央企、国企和私企以融资、投资和项目投标的方式，在亚洲、非洲、欧洲、大洋洲、拉丁美洲（广义的"一带一路"地区）积极承担了多项基础设施项目，具有更加长远的经济共荣与国际合作的战略性意义。

长久以来，西方国家在发展中国家的建设、西方建筑师在各国传播现代主义的作品引人注目，成为现代建筑历史的重要组成部分，有的甚至载入教科书中。近年对苏联和东欧在中东和非洲的设计研究，丰富了冷战时期的建筑史学。[10] 然而中国在海外的建筑设计项目，无论是数量还是质量均处于国际前列，却未能引起足够的国内外重视与探讨。虽然中国出版的建筑杂志和书籍介绍过部分项目，但仍然缺乏对于项目诞生的背景、建成后的效果、建筑使用者的反馈及其建筑学意义系统性、综合性研究。[11] 而海外的零星报道，则有误导和抹黑成分。

本章旨在梳理中国援外建筑的历史进程，探索和展示设计院这一国有集体组织在此进程中的专业贡献和外交作用。文章主体分作三个部分，第一部分回顾了 1976 年前中国援外的起始和作品；第二部分考察了 1978 年改革开放后，中国援外政策调整后的援外活动和建筑；第三部分检视 21 世纪以来，中国在海外建设中的广度和作用。对比参照各个时期的援外建筑和同时期国内项目，并分析其设计特点。

　　设计院的援外实践使得中国建筑处于一种国际流动、对话和交流过程，挑战了以下两种既定观念：改革开放以前与国际隔绝状态；20 世纪 80 年代之后被动接受外来输入。在援外实践中，设计院承担一种外交功能，展示了中国政府的经济支持和道义承诺，并把这种介入转化成有形的物质环境，从而构建了一种微妙的社会关系，它具有以下特征：1）它是中国和受援国之间外交关系升级的产物和延伸；2）一般是应受援国的要求而建，展示了一种对称而非胁迫的权力关系；3）体现了不同建筑文化、设计规范、建造体系的碰撞、交流、冲突和融合；4）创造了一种平等的"文化接触区"，区别于后殖民主义视角下"文化接触区"的含义——不同文化相互交融，相互冲突和斗争的社会空间，具有高度不对称的权力关系。[12]

9.1　社会主义阵营兄弟道义（1958 ~ 1980 年）

　　任何政权的首要任务，是对外确保一个和平的国际环境，对内提高生产力和人民的生活水平。建国初期，中国政府面临着美苏两大集团之间的冷战，为了在这种充满敌意的国际环境中巩固政权、争取良好外部环境，中国和苏联联盟，并接受其经济援助。[13] 苏联专家曾经帮助中国建立了较为完善的工业体系，与此同时，中国和不结盟运动国家交往和合作。1955 年印尼万隆会议上，周恩来总理提出了国家之间和平共处五项原则，得到许多第三世界国家的响应。

　　1958 年，中共中央在《关于加强对外经济、技术援助工作领导的请示报告》中首次提到，以对外经济援助作为手段，巩固自己的政治、经济和外交地位，报告强调，中国的对外援助应优先考虑那些与自己具有类似意识形态和历史经历的国家。[14] 在此报告之前，中国已经对越南和朝鲜进行了大量的军事援助，在越南建设碾米厂、火柴厂、会堂和办公楼，由上海工业建筑设计院和广东省城建设计院设计。在 20 世纪 50 年代至 60 年代，越南是接受中国援助最多的国家。

　　在其他受援国当中，蒙古国是最先承认中华人民共和国的国家之一，并推行社会主义政策，因而在 50 年代末期得到了中国持续大量的物资援助，包括修建工厂、企业、兴修水利、桥梁、公路。周恩来总理于 1960 年 5 月访问蒙古，签订中蒙友好互助条约，受到当地热烈欢迎。[15] 对外援助是一项复杂且艰辛的任务，需要由一些特殊的机构进行组织和协调，包括中央外事组、原国家计委、财政部和建筑工程部。[16] 设计任务通常下达到建筑工程部所属的中央和各大区设计院。

　　在 20 世纪 50 年代后期和 60 年代初期，北京工业设计院为蒙古国出色而高效地完成了许多建设项目。在建筑师龚德顺的带领下，设计团队在乌兰巴托市完成了一个国际酒店、两栋豪华别墅和一个百货商场项目。在这些设计中，龚德顺致力于将现代主义建筑理念与当地条件相结合，探索了简洁洗练的建筑语言（图 9.1）。需要指出的是，建筑师没有将他在 1957 年完工的北京建筑工程部大楼项目中使用的具有明显折中主义的手法照搬到这些建筑设计当中。乌兰巴托百货大楼设计应对方要求，参考了北京王府井的百货大楼，但是建筑师进行了形式简化，突出了水平和垂直线条，强调了简洁、轻盈、抽象的现代主义美学，该商场至今仍是乌兰巴托市的热闹商业中心（图 9.2）。[17] 乌兰巴托体育场由中国建设公司施工，1961 年建成，在以后的 60 年中，是蒙古国最重要的体育设施，每年夏天会在那里举办盛大的"那达慕"大会。

图 9.1　援蒙古乌兰巴托宾馆，1962 年
来源：中国建筑设计研究院

图 9.2　援蒙古首都乌兰巴托百货商店，1961 年

来源：NOMIN 控股集团

中国在这一时期捐建的建筑和体育设施，首先是考虑国家间意识形态相通的友谊，如秉持社会主义政策的朝鲜、越南、阿尔及利亚、加纳和古巴，以及摆脱殖民统治的主权国家，如坦桑尼亚、乌干达。其次是与国际事件相关，由于当时中国尚未恢复在国际奥委会的席位，中国支持友邻国家举办亚洲新兴力量运动会，第一届于 1963 年在印尼雅加达召开，第二届于1966 年计划在柬埔寨首都金边召开，中国分别提供资金和劳动力援建了印度尼西亚体育场馆和柬埔寨国家体育场馆。位于金边的柬埔寨体育场馆为该国建筑师莫利万（Vann Molyvann，1926～2017）设计，中国援助施工，其混凝土看台悬挑结构和室内自然通风的处理方式，启发了中国建筑设计人员。中国的技术和施工援助，部分成就了以莫利万为代表的"新高棉建筑"运动（图 9.3）。[18]

20 世纪 50 年代中后期，中国建筑界的官方话语是民族形式、社会主义内容。在国内，

图 9.3　旺·莫利万，柬埔寨金边国家体育场，1964 年
来源：世界历史遗址基金会

极少建筑师有机会探索不同环境下现代主义建筑的可能性，而援外项目提供了难得的机遇。在这些建筑当中，位于斯里兰卡科伦坡（Colombo，Sri Lanka）的班达拉奈克国际会议大厦（Bandaranaike Memorial International Conference Hall）是一个杰出的作品，它由北京工业建筑设计院戴念慈总建筑师主持设计，集中体现了中国建筑师在结合现代建筑语汇与当地气候和传统文化方面的能力和技巧。

　　1964 年，周恩来总理访问了斯里兰卡，时任斯里兰卡总理的西丽玛沃·班达拉奈克夫人（Mrs. Sirimavo Bandaranaike）请求中国援助修建一座缅怀其（被暗杀）丈夫的建筑。此次援建有两个很重要的历史背景：首先，两国拥有相似的历史经历和一致拥护"不干涉原则"的态度；其次，在周总理访问科伦坡的前几周，他提出了中国在经济和技术援助上的八项原则，强调援助是平等和互惠互利的，并将政治目的排除在援助目标之外。[19]

　　在周总理同意了斯里兰卡方面的请求之后，建筑工程部再一次指派北京工业建筑设计院提供设计方案。同年 8 月，由院长袁镜身、总建筑师戴念慈、建筑师杨芸、结构工程师由宝贤以及其他助理人员组成的项目小组飞往科伦坡。在他们动身之前，小组就此项目进行了多次讨论并提出了三个设计原则：第一，建筑的尺度应当适合纪念建筑的要求但不能过于巨大；

第二，形式上应当考虑热带气候条件和当地特色，不能从中国建筑形式上生搬硬套，尤其避免使用北方的建筑形式；第三，室内应当考虑最新的技术和设备。在这些设计准则和基地调研的基础上，戴念慈和杨芸等人着手准备了两个方案构思并把它们展示给斯里兰卡方面。两个方案最大的不同是会议大厅的主体部分，一个是八边形，一个是圆形。班达拉奈克夫人最终选择了八边形。这个方案位处科伦坡中心外交使馆区，占地 13 英亩（约 52609 平方米），总建筑面积约 30000 平方米。由进厅引导到两侧沿边的大楼梯上到二层，会议大厅前设宽阔前厅，摆放毛主席和周总理的白色胸像。会议大厅内分楼座和池座，主会议大厅能够容纳 1500 人，配备同声传译等设备。会议大厅下为展览和活动室。[20]

　　建筑师将 28 米高的会议大厅安排在抬高的平台之上，并由 40 根柱子环绕外部形成柱廊。入口踏步中轴对称，极具仪式感（图 9.4）。柱廊的白色柱子均由金色花纹装饰，由柱廊支撑钢结构屋顶倾斜向上，屋顶向外出挑，将大厅外的玻璃幕墙遮蔽在阴影之中（图 9.5）。当时设计时，仅会堂内有冷气，大厅采用玻璃百叶形式，可以自然通风透气，节约能源，十分符合热带气候条件。戴念慈和同事运用了当地的建造方法和装饰细节，试图将斯里兰卡传统建筑风格用现代建筑概念完整地展现出来。整个建筑使人联想到美国建筑师爱德华·斯通（Edward D. Stone）1959 年在印度新德里（New Delhi）建造的美国大使馆。[21]

　　戴念慈的设计既区别于他之前的折中主义风格，也表达了与苏联输出的教条主义倾向的分道扬镳。1954 年，戴念慈作为中方建筑师协助苏联建筑专家谢尔盖·安德烈耶夫（Sergei Andreyev）设计了北京苏联展览馆。[22] 安德烈耶夫一直主张采取典型的"社会主义现实主义"的方法，在设计中展示了经典的尖塔和五角星等苏联建筑元素。1959 年，北京"十大建筑"中，戴念慈设计了琉璃瓦贴檐的中国美术馆。在斯里兰卡的项目中，戴完全摒弃了在北京的做法，他的"布扎体系"教育背景和他对现代主义的偏好使他能够在异国环境中有意识地探索当地传统与现代主义之间融合的可能性。[23] 由于援建项目的自主空间，他具有现代主义倾向的思想在斯里兰卡得到了更好地实现，超过了他在国内的任何其他作品。

　　1965 年，班达拉奈克夫人的第一个任期结束，班达拉奈克国际会议大厅的设计也因而延迟，1970 年她再度出任总理，并要求中国政府继续完成这个项目。然而，当时的中国正卷入"文化大革命"的动荡中，参与的建筑师和工程师正在农场下放。同年，他们被召回北京重启这个项目。从 1970 年末到 1973 年初，大约有 450 名中国的技术人员和建筑工人以及 900 名斯里兰卡工人参与了这项工程。斯里兰卡项目的卓越设计，对 1976 年后的中国建筑实践，起到引领作用。斯里兰卡是发展中国家，20 世纪 60 ~ 70 年代建造的大部分民用建筑都是砖石和木结构。班达拉奈克会议中心建成后，成了该国最高等级的建筑，举行国家元首间的国际会议，也供本地院校举办毕业典礼和其他官方民间活动，是当地政治和文化生活中的重要场所。[24]

　　这一时期的代表性援外作品还包括苏丹友谊厅、几内亚人民宫、索马里国家剧院、坦赞铁路火车站以及一些工业厂房等，这些建筑与我国同类建筑相呼应。因为有了国内建设的经

图9.4　班达拉奈克国际会议中心入口远景、大厅及会议中心室内

来源：薛求理摄，2018年

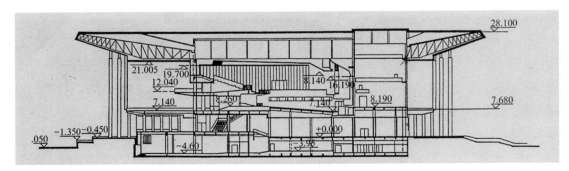

图9.5　班达拉奈克国际会议大厅剖面

验，援外建筑有时表现出更加成熟的设计，其中一些成为中国建筑师的代表作。例如，位于苏丹首都喀土穆的友谊厅是"文化大革命"后期上海市民用建筑设计院汪定曾主持设计的一个优秀案例。建筑位于尼罗河南岸，根据功能灵活布局，自由舒展，颇有包豪斯校舍的灵动，打破了政府机构建筑的纪念性和对称布局。友谊厅的造型简洁，形式组合清晰，没有采用过多的符号，整体效果十分简洁（图 9.6）。班达拉奈克会议大厅、几内亚人民宫、索马里国家剧院等会堂建筑类似的地方是，它们都采用抽象的形式语言，运用湿热地带典型的遮阳花窗，共同表达了一种地域特色鲜明的现代主义建筑，这在国内也十分罕见。

1963 年 12 月到 1964 年 2 月，为了打破美苏的封锁，周总理和陈毅外长率代表团访问亚非欧 14 国，行程十万八千里，每到一个地方，周总理认真聆听各国政府对我国的实际愿望和要求，关切中国在当地的援助项目，执行情况如何，能否帮助到当地的经济和生活。周总理在加纳，发表了著名的援外八项原则：1）平等互利；2）尊重主权、不附加条件；3）无息或低息贷款；4）有利自力更生；5）有利国家收入、积累资金；6）国际价格，按质论价，保证质量；7）技术出口；8）中国专家，和本地同级人士同等待遇。[25] 西方国家的捐助资金，很多被专家在当地的豪华消费耗去，这在一些书籍文章中有所记载。[26] 而中国专家艰苦奋斗，吃住在工地，

图 9.6 苏丹友谊厅，1976 年

来源：现代设计集团

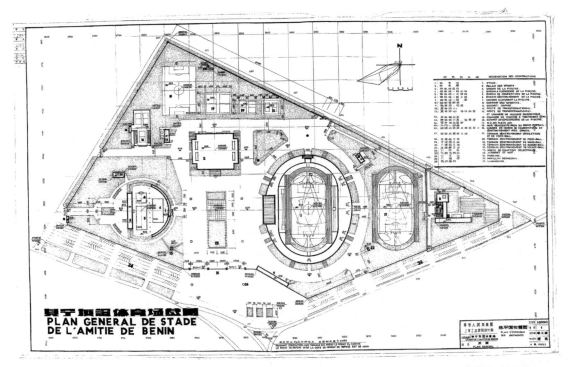

图 9.7 上海工业建筑设计院 1977 年设计的贝宁体育场，倪天增主笔设计，1983 年竣工。此为手绘的竣工图
来源：现代设计集团

将有限的资源，用在援助的工程上，有特别高的效率。即使在"文化大革命"期间，在亚非国家援建的体育场馆，仍以每 1～2 年完成一座的速度建造，这些体育场的规模一般在 4 万座位左右（图 9.7）。1973 年，援外占据了国民开支的 7%，远超国民经济的承受能力，使得国计民生的其他方面开支更显紧促。 在中苏关系逐步恶化和中美关系渐趋破冰的背景下，由于对受援国家经济和技术的支持，这种对外建筑输出帮助中国促进对外贸易、提升国际信任，并获得有力支持。

1960～1980 年间的援外工程代表了中国现代主义建筑发展的一个高峰，具有以下特征——也区别于随后的援外实践：1）当时的援外建筑，主要由北京工业建筑设计院（建设部设计院的前身）、上海工业（华东）和民用建筑设计院、铁道部设计院（坦赞铁路）等少数几家大设计院承担。这些设计院集中了中国最优秀的建筑师。他们带队现场考察，亲自设计。援外项目是中国赠送给外国的礼物，所以建筑师和施工人员的选择往往倾向于那些政治立场坚定、技术过硬、身体健康、又红又专出身好的同志，其设计大多经过集体讨论、反复推敲。项目只考虑政治影响，工程不为利润，参与人员不辱使命，而且设计的时间，都较以后市场经济时的项目要长。设计项目经过了充分的酝酿推敲。2）部分参与建筑师具有留学经历和国际视野，又了解受援国的基本建筑状况，对国际话语和实践相对熟悉，尊重地域文化，努力摆脱国内主流美学风格。3）建筑师的原创设计能够得到领导和对方业主的尊重，很多时候是受援国总统或总理等高层人士亲自拍板和支持。这些人大多高瞻远瞩，见多识广，有极高的审美和决断能力。

9.2　中国现代主义在海外（1980 ~ 1999 年）

20 世纪 80 年代以来，中国的建筑援外数量在增加，地域从亚洲、非洲扩大到拉丁美洲和大洋洲。建筑类型，既有纪念性的国家会议中心、体育场馆，也有许多中小型的适用项目，如青少年活动中心、学校、医院、农业展示基地等。由于国民经济总产值的增长，援外占国家开支的百分比不断下降，且意识形态的一致性已经不再是对外援助的主要关注点。1980 年底，对外经济联络部发布试行《关于对外经援项目试行投资包干制的暂行办法》，由各个职能部门对援外、涉外工程进行承包管理，负起经济技术责任，享有自主权。务求使经济和技术援助由多部门来承担，让形式更加多样化，开展互利合作，强调共同利益和往来贸易。[27]

在这一阶段，中国在非洲扩展了其援助的国家范围。其中一个典型项目即是位于肯尼亚首都内罗毕卡萨拉尼区的莫伊国际体育中心。为了支持即将在内罗毕召开的第四届全非运动会，中国政府同意援建包括容纳 6 万座位的体育场、5000 座位的室内体育馆、2000 座位的游泳馆、108 个房间的宾馆及娱乐设施在内的综合体育中心，占地达 100hm^2（图 9.8）。肯尼亚同意以分期付款的方式在 20 年后支付中国政府 1 亿元人民币。中国西南建筑设计研究院承担了该项目的设计任务，而承建人员则来自四川省。

图 9.8　肯尼亚内罗毕莫伊国际体育中心模型

来源：徐尚志. 徐尚志作品集：中国建筑设计大师 [M]. 中国建筑西南设计研究院编. 四川科学技术出版社，2000

　　徐尚志总建筑师带领9名建筑师和工程师于1980年前往基地考察。自从1963年独立以来，肯尼亚拥有训练有素的当地及国际化的专家。对方起初怀疑中国建筑师的能力。在此压力之下，徐尚志及他的团队全面地探究了当地的文化和设计方法。他们受到内罗毕城市设计，特别是由挪威建筑师诺斯维克（Nøstvik）和肯尼亚建筑师穆提索（Mutiso）设计的肯雅塔国际会议中心的影响。中国团队设计了一个用湖面、运动广场及道路点缀于各类体育场馆之间的体育公园。建筑师将先进的现代技术同肯尼亚当地建筑文化相结合，设计了大规模的体育建筑群，采用表面裸露的梁柱结构来象征东非的本地精神。主体育场、室内体育馆和运动员酒店单体分别由黎陀芬、周方中和孙先本三位建筑师设计（图9.9和图9.10）。前期方案设计历经7个月的艰苦工作，最终获得了甲方的肯定。[28] 体育中心于1987年基本建设完成。在此之后，来自中国建筑西南设计研究院的设计团队为扎伊尔、埃塞俄比亚和突尼斯设计了体育建筑。23年之后，中国政府无偿对莫伊体育中心进行修缮，修缮依然由中国企业承担。

　　在西南设计院设计肯尼亚项目不久后，上海民用建筑设计院（现名上海建筑设计研究院）正在奔赴埃及首都的路上。援助开罗国际会议中心的项目由中国建筑总公司承包。1982年和1984年，建设部组织专家赴埃及考察，团队成员包括上海民用院的钱学中和魏敦山总师。项目选址定了开罗新首都萨达特城——1981年萨达特总统在这里的检阅台遇刺身亡，基地北面为埃及国家足球场，西面是博览会，有些建筑已经建成。基地的东南侧，是无名英雄纪念碑，

图9.9　肯尼亚内罗毕莫伊国际体育中心，体育场内景
来源：黄正骊博士摄，2019年

图 9.10　肯尼亚内罗毕莫伊国际体育中心，体育馆室内
来源：黄正骊博士摄，2019 年

形状像金字塔，由四片墙组成，萨达特总统的墓就埋在下面。在数次访问后，设计的任务书逐步形成，包括容纳 2500 人的国际会议厅、容纳 800 人、600 人、200 人、100 人的会议厅、500 人的宴会厅、新闻中心，120 个代表团房间。当时该项目是除坦赞铁路外中国最大的援外民用建筑。

　　上海民用设计院发动群众，设计了 10 多个方案，后期归纳成 3 个，制作了比较简单的模型，送到埃及，埃及军政府选了其中一个方案，该方案按地形和周边道路，总平面呈三角形，其主体圆形国际会议厅，轴线对着无名英雄纪念碑（图 9.11）。一个类似于人民大会堂的大型国际会议中心，设计并没有采用对称刻板的形式（图 9.12）。大小会议厅和宴会厅，拉结成三角形。这个设计，底层多数架空，依循地势，斜坡道逐渐升到上面主入口，大、中、小会议厅的舞台内部部分，尽量集中，而对外的门厅则共享，可以进入这些会议大厅。中小会议厅，可以一分二，再分四，形成灵活的间隔。

　　建筑形式努力体现伊斯兰风格，排排尖圆拱券、柱廊，多数地方，则是明快的白墙、大玻璃的虚实对比（图 9.13）。大厅内的壁画、纹样都由上海的设计人员设计。装饰和工艺美术结合，表现埃及源远流长的历史文化。设计师们沿尼罗河畔参观金字塔、神庙和拜访开罗大学文物保护专业，他们感受到埃及人民对自己文化的骄傲。在东北角上安排中国园林，上海园林设计院把淀山湖的大观园搬了过来。在 600 座会议厅的南侧，做了个总统休息室，全部

图 9.11　埃及开罗国际会议中心，项目模型
来源：魏敦山院士赠

图 9.12　埃及开罗国际会议中心，大会议室
来源：魏敦山院士赠

图 9.13　上海民用建筑设计院设计人员在开罗国际会议中心前合影，1989 年
来源：魏敦山院士赠

采用中国的红木家具。整个建筑，和 20 世纪 80 年代上海民用院、工业设计院和园林设计院的最好作品水平相当且略高，如可比于上海当时作为典范的龙柏饭店、上海宾馆等。

开罗会议中心会堂的大跨度钢结构，按照中国设计规范，由上海建工集团施工。[29] 以前的援外项目多是用人民币，尽量用国内材料。这个工程用瑞士法郎结算，会议厅家具是西班牙的，球形的灯是日本进口，因为我国当时还没有成熟的玻璃幕墙技术，所以幕墙从香港公司进口，石头来自意大利、西班牙，设计师和甲方也去采石场看石头。外墙用日本 SKK 涂料，看上去像人造石，经久耐用。

20 世纪 80 年代市场经济掀起，设计体制改革，设计院开始收费。建筑设计鼓励创作创新，全国性的设计竞赛——如剧场、中小型体育馆、农村住宅等此起彼伏。80 年代中期，援外项目引入设计竞赛机制，使得像杭州市建筑设计院、东南大学建筑设计院、建设部北京建筑设计事务所等等以往无法跻身"国家级"的设计院，有机会走出国门，参与援外设计。一个值得探讨的实例是加纳的国家剧院。1985 年，中国政府决定向加纳援建一个国家表演中心。对外经济贸易合作部作为国内的参与机构负责组织设计和施工，加纳政府则参与设计和施工检查。[30] 1986 年，杭州市建筑设计研究院的建筑师程泰宁和他的团队在国内的设计竞赛中赢得了这个项目，他们的竞赛方案只是一种"抽象的"概念设计，因为竞赛委员会只提供了详细的规模说明，其他基地的有关信息均未提及。竞赛之后委员会公布了项目地点，建筑师也可以再提出一个新的设计方案。建筑师叶湘菡领导的设计团队借此机会前往加纳考察，获得了许多第一手的项目资料，加深了他们对当地气候、历史、文化、艺术、经济和技术状况等方面的理解。

基地调研之后，设计团队彻底修改了以前的方案，新方案由一系列相互呼应的三角形体块组成，然而程泰宁认为这种规律而理性的方案缺乏表现力，他想表达像非洲的舞蹈和雕塑那样原始又炽热的情感。[31] 在最终方案里，三个方形的体块分别放置在基地的三个角，中部体块与其相互连接并形成院落，其上的三个由方形切割形成的屋顶具有明显的符号性（图9.14）。三个方形体块分别是剧院、展览厅和排练厅（图9.15）。这个设计方案体量关系清晰、造型简洁有力，外部形式能够暗示出建筑的内部功能组织，室内装饰也大量融入当地传统（图9.16）。建筑师将抽象的建筑形式与当地文化相结合，并说服当地政府和人民接受这样的想法。虽然加纳建筑师同行会有不同看法，但是剧院为当地人民喜爱，并印在加纳的钞票上，展示了一种文化自豪感。

程泰宁在1994年还完成了位于马里首都巴马科（Bamako，Mali）的会议大厅设计，这些项目也使杭州市设计院和程泰宁团队在援外建筑中声名鹊起。从20世纪80年代中期开始，援外建筑由国家和受援国拟定项目、地点和任务书，在国内进行设计招标，一般选择2~3个入选方案，由受援国最终决定。在设计竞赛阶段，设计者并未去过项目所在地。中标者方有

图9.14　加纳国家剧院全景，1988年

来源：程泰宁院士赠

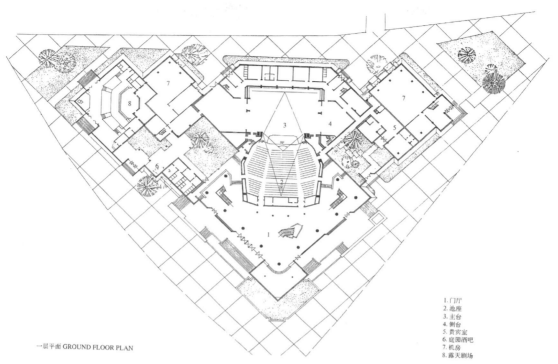

一层平面 GROUND FLOOR PLAN

1. 门厅
2. 池座
3. 主台
4. 侧台
5. 贵宾室
6. 庭园酒吧
7. 机房
8. 露天剧场

图 9.15　加纳国家剧院首层平面
来源：程泰宁院士赠

图 9.16　加纳国家剧院门厅
来源：程泰宁院士赠

机会去海外当地考察，修改提高设计。杭州建筑设计院并非国家"旗舰大院"，通过设计实力，赢得项目。自此以后，许多设计院纷纷加入投标竞争行列。在国家之间，援助是政治活动，而对国内的设计公司，则是另一设计战场，涌现了一些海外设计的"大户赢家"，如北京市建筑设计院、中元国际工程设计有限公司、上海现代设计集团、中南建筑设计院等。

改革开放时期援外建筑的这三个实例：内罗毕体育中心、开罗会议中心和加纳国家剧院，代表了中国建筑师在 20 世纪 80 年代可能达到的最高设计水平。当时国内建筑界热议的"民族形式""地方特征""现代主义""后现代主义"对象征符号的雕琢，结构、材料、设备的先进技术，在这些域外建筑上，都有敏感的反映或最先的实验，这些建筑和国内的建筑相辅，成为中国现代建筑的宝贵财富。

即便如此，中国的援建活动也与其他国家的跨国建筑活动有很大的不同，例如在冷战期间，来自东欧的建筑师通常会通过参加国际设计竞赛获得建筑项目或从当地客户那里直接接受项目的委托。[32] 而前述的肯尼亚会议中心设计者，挪威人诺斯维克直接就受雇于内罗毕的政府工务署。 这一时期的援外建筑，特别注意到了建筑所在地的地域性特点，这或许和国内此时期流行的建筑理论和主张有关，如乡土、地域、文脉等。因为援外建筑多处异国热带，其地方特质和建筑设计所用的策略和国内不同，因此在中国建筑展翅欲飞的年代，这些建筑启发了国内的建筑创作。20 世纪 80 ~ 90 年代，国内正处于从计划经济向市场经济转型，援外设计也面临这方面的挑战，一些中青年建筑师创作热情喷薄而出，积极参与市场竞争，表现不俗，这也使得这一时期的援外设计保持在一个较高的水准之上，但是与国际同行或同类建筑相比，还有不小差距。

9.3 积极的海外开拓（21 世纪）

在 21 世纪的前 20 年中，寻求经济利益成为各个国有设计机构和民营事务所参与全球市场的重要目的。1994 年，中国进出口银行成立，后在世界各地设立分行；1995 年援外体制改革，进出口银行开始承办援外优惠贷款及转贷业务。此后，在非洲和其他地区的大量基建项目，都由中国进出口银行提供融资，给予优惠贷款，解决了这些国家欲基建启动现代化，又缺乏资金的困境。1999 年，中国政府提出了"走出去战略"，鼓励中国企业在世界各地投资。2013 年，中国政府提出"一带一路"倡议，从海上到陆路，牵涉到 100 多个国家。到 2013 年底，中国在非洲的直接投资达 250 亿美元，创造了 10 万多个工作机会，大量低价的中国制造产品销售给了非洲人民，并在多地建起了大型商场。[33] 同时，中国公司还购买了来自非洲大陆的铜、铁、大豆、原油和其他原材料。有一些学者认为，中国的跨国援建活动是基于西方所提出的自由市场原则，是全球化进程的一部分。[34]

2000 年，北京开始举办中非合作论坛，《中国对外援助白皮书》强调这个论坛是中国与非洲国家对话的重要平台，是新形势下务实合作的一种有效机制。[35] 在 2006 年的中非合作论坛北京峰会上，中国政府决定为非洲联盟建设一个新的总部以加强双边关系。该项目将在一块埃塞俄比亚捐赠的土地上修建，代表着中国和非洲之间蓬勃发展的双边关系。公告发布后不久商务部组织了全国设计竞赛，并和非洲联盟一起选定同济大学建筑设计研究院总建筑师任力之及其团队提交的设计方案。[36]

建筑基地位于较破旧的住宅区和前非洲联盟总部之间，20 世纪 30 年代意大利人曾在此建设亚的斯亚贝巴中央监狱，后被当地政府拆除，基地为不规则形状，并有 20 米的高差。会议中心建筑面积 50000 平方米，由一个水平方向的体块和一个 99.9 米高的垂直体块构成。高塔和裙房的外部均由一系列竖向线条装饰。垂直部分为办公功能，水平部分包含了一个两层通高的玻璃顶大厅，这些元素使得建筑具有强烈的纪念性和符号性，预示着中非关系的美好前景。水平建筑的中部设有一个 2550 座位的大型会议厅，周边围绕其设置了一个有 650 座位的中型会议厅，一些小办公室和其他功能房间。在会议大厅和周围办公室之间，是明亮简洁的中庭空间，建筑师将其设置为供社交所用的公共空间，并在空间中引入更多的自然光。会议中心无疑是这个建筑最具特点的部分，这个精心设计的圆形空间代表了中国援外建筑的新标准（图 9.17）。

这栋豪华的建筑耗资 8 亿元人民币（包括家具和技术设备在内），完全由中国政府出资建设。中国建筑工程总公司在施工过程中同时聘用了来自中国和埃塞俄比亚的工人，不仅创造了就业机会，还培训了当地的建筑工人和技术人员。尽管非洲领导人称赞该项目代表着非洲新大陆的崛起，但是，也有当地的评论家指出，这段基地上的黑暗历史——前亚的斯亚贝巴中央监狱，暗示着死亡、酷刑、暴力和绝望——随着会议中心的施工已经消失殆尽。[37] 会议中心所表达的现代性十分明确，主要体现在流动的空间组织、优雅的室内风格、完善的细节与科技设备、舒适的气氛和可持续性等方面。这个建筑体现了一种移植的现代性（transplanted modernity），它按照商务部的要求，从设计、施工、技术和项目管理等方面代表着中国在全球化舞台上的最高建筑标准。[38] 然而，海外媒体对中国援助的建筑也存有疑虑。[39]

中国援外建筑的类型，通常采用国内比较成熟的技术。北京人民大会堂建成之后，中国开始有信心在海外设计建造会堂建筑。在国内有了北京工人体育场、上海万人体育馆后，中国在亚非拉的体育场馆建筑，得以顺利建造。国际奥委会前主席萨马兰奇曾说，要看中国的体育建筑，请到非洲来。[40] 至今，中国已经在亚洲、非洲、拉丁美洲和大洋洲建造了 110 多个体育中心和场馆。申请举办非洲杯足球赛的国家，多数都获得中国捐赠体育场，例如，举行 2010 年非洲杯的安哥拉，4 座场馆皆由中国捐赠。非洲人民热爱体育，这些场馆在足球比赛和国家庆典仪式中，通过电视向几亿人实况转播，影响深远。在 2008 年北京举行奥运会前夕，中国在海外的体育场馆建设也达到高峰，其代表作为坦桑尼亚国家体育场。

坦桑尼亚作为世界最不发达国家之一，在此建设浪潮中受益匪浅。自 1964 年同中国建交以来，坦桑尼亚接受了中国早期大规模的援助工程（例如坦—赞铁路，1975 年）。不同于中国早期的援助项目，2007 年的坦桑尼亚国家体育场由中国政府和坦桑尼亚政府共同出资 0.58 亿

图 9.17　非洲联盟总部，2011 年

来源：同济大学设计集团

美元兴建（中方出资 0.35 亿美元，坦方出资 0.23 亿美元）。

　　这座容纳 6 万人的体育场位于坦桑尼亚首都达累斯萨拉姆，是中国政府当时援助的最大体育场之一。体育场依据中国国内大型体育场的设计标准设计，并符合国际田径联合会（IAAF）和国际足球联合会（FIFA）国际赛事的标准。和以往中国援外项目中方建筑师的主导方式不同，体育场概念规划方案由南非 BKS 公司设计，其中体育场单体设计由南非的 WMS 建筑师事务所完成。当北京建工集团赢得施工合同时，北京市建筑设计研究院承担施工图深化设计。这种合作方式常见于在此后很多中国援外项目，例如由上海现代设计集团同美国 HOK 公司合作设计牙买加板球场。

　　为了缩小观众同足球比赛场地的视距，建筑师选择将看台的形式设计为东西直角边和两个半圆组成的形状，替代了中国国内体育场常用的四瓣同心圆形状。同时，当地有超过 10% 的居民为残疾人。因此，这个体育场内无障碍座椅的数量高于国内无障碍设计规范中的规定（图 9.18）。此外，体育场的屋面采用了先进的 PTFE 材料，该材料具有良好的阻热性能（反射太阳辐射达 70% 以上），在北京的"水立方"游泳馆中曾被大量应用。由于达累斯萨拉姆地区十分干旱，设计师为体育场设计了特殊的雨水循环系统。该案例很好地展示了中国设计师开始更多地关注受援国的当地环境和气候，而不是简单将中国国内体育场馆方案照搬照抄。[41]

　　中国援建海外的 110 多座体育场馆中，有 70% 在非洲。1985 年，中国在塞内加尔首都达卡（Dakar）援建了能容纳 6 万人的体育场，其中 12000 座位上有罩棚，是当时中国在海外建

图 9.18　坦桑尼亚国家体育场鸟瞰
来源：Raidarmax（David Mugo）

造的最大体育场之一。从历史上看，中塞外交关系不太稳定——塞内加尔于 1971 年与中国建交，1995 年断交，2005 年复交，之后，中国在该国的投资和两国贸易，不断提升，中国援建了（当时非洲最大的）国家剧院、儿童医院和黑人文明博物馆等项目。塞内加尔人民喜欢足球，更喜欢摔跤，传统格斗式摔跤被视为"国术"。但该国并无专门的摔跤场，以前正规比赛都在足球场内举行。中国及时援建 2 万人的摔跤竞技场，由中元国际工程公司设计。和通常的椭圆足球场不同，竞技场采用 U 形看台座位，210 米跨度的钢屋架，覆盖了大部分座位，而这一钢结构，又象征了摔跤冠军获奖时披的"金腰带"（图 9.19）。2016 年，施工单位湖南建工集团进场时，基地是充满泥泞、杂草丛生的沼泽地，连续降雨和排水困难造成基坑坍塌，经常返工，影响进度。施工中异型构件多，钢罩棚跨度大，施工单位克服重重困难，推进工程，还手把手教本地工人技艺，终于在 2018 年完成工程，让塞内加尔人民圆了竞技场梦。[42]

　　中国设计和施工企业的"走出去"，不仅包括作为礼物的援外项目，还包括多种形式的、由中国进出口银行融资的商业项目和海外的设计竞赛、施工竞标活动。涉外建筑项目生产，多采用 EPC（engineering-procurement-construction）方式，这种承包方式，由施工单位牵头、将造价控制包干，对设计提出更多挑战。在项目投标活动中，除了比较设计，还比较造价控制和服务承诺。设计方面，参与的单位必须往绩优良，在商务部的服务名册上，目前能够有资格参赛被列入名册的，只有 20 多家设计院，多数为国有大型设计院。而评审的专家来自专家库，海外项目遍布上百个国家，这些专家对海外的情况了解有限。在获得设计以后，设计院以往多采用中国标准，但在最近 10 多年，部分受援国也要求采用本地标准，这增加了设计研

图 9.19　塞内加尔摔跤场，2018 年
来源：李洋建筑师摄赠

究和适应的时间。有些项目，方案由业主方提供，中国设计院将其画成中国施工单位能够看懂的程度。这些制度和规范上的操作，在一定程度上影响了建筑可能达到的质量和面貌。

　　21 世纪头 20 年，我国在海外的工程项目，远远超过 20 世纪的数量和规模——数量是 20 世纪所有海外项目的将近 5 倍。由于种种原因，民营设计公司难以参与竞标，传统大设计院继续把持大量的援外和海外项目，如北京市建筑设计院、上海华建（原现代）集团、中南建筑设计院等。其他设计院在援外项目的投标中，不断表现出色成绩。如中元国际工程有限公司（原机械工业部设计院）从 20 世纪 70 年代开始做援外的工业项目。几十年来在海外做了 140 多个项目，包括医院、学校、办公、体育场、会议中心以及工业工程，仅医院类型就有 30 多个，遍及亚洲、非洲、拉丁美洲、欧洲和大洋洲的 50 几个国家。服务范围从前期的可行性研究、设计到工程管理和项目总承包四方面。

　　由于上述的投标机制，设计方案必须首先说服国内评审的专家，再要获得外国政要的好感。在此过程之中，建筑师很难有机会去现场考察，只有竞赛方案（造型）获胜之后，才有机会去受援国实地调研，甚至大幅修改设计。因此，除了建筑功能等基本要求外，一些擅长"讲故事"和表达地方特色的方案容易出线。[43]

　　近几年，许多国有和民营设计机构也参与到了援建项目中，使得援建形式更加多样化，集中表现为大规模、快速的城市扩张。国有设计院设计了标志性建筑，创造了壮观的地标以此象征着不断加强的双边关系。而众多私人设计机构的加入主要针对潜在市场，寻求资本积累。中国近年来在非洲最大的援建项目之一是在安哥拉（Angola）的社会住房，位于距首都罗旺达（Luanda）西南部 30 公里的凯兰巴·凯亚西（Kilamba Kiaxi）。

　　安哥拉作为当时中国的第二大原油来源国（2014 年数据），对维护中国的海外能源安全有至关重要的作用。同时，中国在建筑和基础设施建设上的优势也满足了安哥拉政府对国家

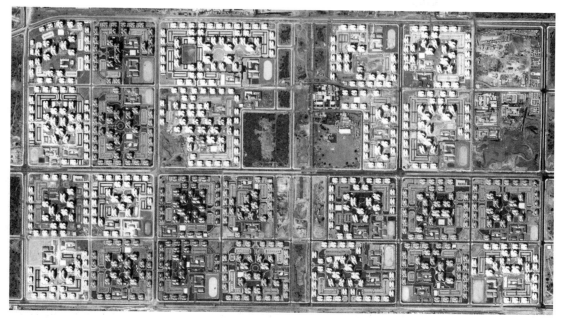

图 9.20　安哥拉社会住房项目，谷歌地图
来源：北京城建设计发展集团海外设计院

重建的需求，这种双赢的伙伴关系，为中国在该地区的建筑援建奠定了基础。在工程、采购、施工（EPC）总承包框架下，建筑项目由北京城建设计发展集团海外设计院负责工程设计、质量把控和成本控制。项目总占地 100hm²，一期包括 710 栋住宅楼（为普通收入、低收入和高收入的居民提供 20000 套公寓）、17 所体育设施完备的学校、24 所幼儿园、一所医院、240 个底层商铺、几座教堂、花园和其他设施等（图 9.20）。

　　建筑师和规划师在方案中设计了三级道路系统：快速道路（宽度为 60 米）、主路（宽度为40 米）和街道（宽度为 20 米），将原本荒芜的场地分为 24 个街区，主要景观轴线最引人注目，轴线串联了一系列公共建筑，形成一个大型的城市中心，其中包括办公建筑、酒店和购物商城[44]。5 层高的住宅楼沿街区边沿布置，底层设置大量的商业店铺，用于形成多样化的城市生活氛围。9 层、10 层和 13 层等带电梯的公寓设置在每一个地块的中心部分，这样可以获得更好的花园景观（图 9.21）。针对每一个公寓，建筑师还仔细考量了自然通风、照明、保温，形成实用的房间布局。建筑师和规划师试图用中国式方法来对不同项目进行整合设计，希望能够在当地经济落后的条件下，建设一个设施齐全的住宅社区。[45]

　　该项目为当地人民带来新的生活方式，但地点离开城市较远，单程公共交通，需要一个半小时，这些是选点的问题，和设计无关。这种中国式的城市扩张以快速、高效和低成本为主要特点，虽然长期影响尚不明确，但它切实改善了无数人的生活条件，曾经被很多记者称为"鬼城"的凯兰巴·凯亚西正在逐渐繁荣起来。当居民搬进新公寓就能够立即享受宜居城市环境提供的教育、医疗、宗教、购物、社区和公共秩序服务。完善的建筑基础设计和配套

图 9.21　安哥拉社会住房项目，鸟瞰，2015 年
来源：北京城建设计发展集团海外设计院

设施对新城的发展至关重要，居民成为城市规划、设计、施工和运营的优先考虑对象。这样的联合经营方式反映了安哥拉政府和中国建筑企业之间合作的积极态度。

　　同样地，新疆民营的华凌集团在中亚大高加索地区投资开发，格鲁吉亚、阿塞拜疆和亚美尼亚，原为苏联的加盟共和国，独立后经济一直比较落后。华凌集团首先进入格鲁吉亚，带来了当地从未见过的大型商场、居住小区、中高档酒店，对当地来说是一种崭新的生活方式，提供大量就业机会。这种由中国开发商在当地获得土地、自带设计的项目，并不需要设计竞赛。开发商只是将任务交给信得过的设计师，民营设计院规划师陈国章、建筑师刘人恺，结合当地实际情况，设计出既大气、又实用的建筑。商场中有来自中国和当地的零售商店，使得价廉物美的中国产品在当地销售，丰富人民生活。小区的住户，既有本地的中产阶级、有政府买位低价租给底层民众，也有来自中国的买家。这些商场和小区，不能用传统"建筑艺术"的标准来衡量，只能从发展中国家的运营现状来考虑最适合的形式（图 9.22）。如格鲁吉亚的海广场，商场立面长 500 米，当地的规范不全，设计师按照中国建筑规范，每 150 米设一防火分区，每一段内，有自己的中庭、屋顶花园，使得逛商场的人们，不觉得疲累。中国的建筑和商品，激发了相对落后地区人们的商业、经济和竞争的意识。在"一带一路"的东风下，中国的开发商、规划师和建筑师，正在海外五大洲重振 20 世纪 80 年代中国改革开放初期的英姿雄风和勃勃生机。[46]

（a）

（b）

图 9.22 （a）为格鲁吉亚首都第比利斯华凌新城规划，（b）为海广场商场
来源：华凌集团

类似的新城开发、住宅和基础设施建设也在亚洲和非洲如火如荼的展开，这种投资模式展现了中国（民营）建筑企业在设计、施工和运维环节的综合实力，在充满变化的市场上快速寻求资本回报，而建筑学的艺术价值不是资本方关注的重点。但是对于国有设计院来说，它们依然承担着展现中国文化（美学）的责任。当前，中国建筑师关注和实践的重点依然是国内市场，似乎还没有太大的生存压力去寻求国际业务。随着跨国建筑实践越来越多，如何精心设计具有现代审美的作品，而非照搬国内建筑市场上的"大路货"，如何关注世界潮流，同时巧妙应对地域文化，不但是大型设计院的内在使命，也对援外建筑设计选拔和业务组织机制提出了新的挑战。在这方面，中国建筑师还有很长路要走。

9.4 革新的现代主义

中国对发展中国家的建筑援助不仅是一个长期的道义承诺，更是一种爱心工程，演绎了超越建筑美学之外的多重含义，阐释了各种复杂的关系。但因其深受政治影响且在参与模式上的局限性，中国的建筑援建活动既获得了广泛的赞誉，也受到了批评和质疑。事实证明，中国的援外建筑为政治精英和普通大众带来了很多好处，受援国政府将援建活动看作是政权合法性和权力的象征，而普通人也获得了工作技能、改变命运和参与活动的机会。其中一个典型的例子就是"体育场外交"，非洲的许多体育场是由中国人所建，作为部分"体育外交"政策的产物，许多场馆已成为地方当局和民众庆祝体育赛事、体现国家精神的重要场所。

中国建筑师在建筑援助中尝试新的建筑和城市解决方案，探索切合基地、气候和文化有关的新形式，展示了一种"革新的现代主义"（transformational modernism），它综合体现了高效能、高性价比、适宜性和创造性，同时也与"前卫"美学保持了一定的距离[47]。虽然中国政府同情一些国家的价值取向，但建筑援助项目几乎没有承载任何革命性的幻想，中国建筑师既不认为自己是革命文化的一部分，也没有使用海外援建来描绘其乌托邦的思想和实验的冲动。作为一个社会参与的现代项目，建筑援助是一种进步的体现，具有强烈的公民吸引力并扮演了催化剂的角色，能够实质性地改善受援国当地的居民生活条件，创造更好的社区生活，与发展中国家追求现代化的目标是一致的。但是，部分援建项目由于投资巨大，运行维护不佳，惠及面有限，也受到不同人士的批评。

中国对外建筑援助的成果受到国内意识形态、政治、文化和经济技术环境等方面不同程度的影响，这种"革新的现代主义"基本上是中国社会变革的结果，阐释了传统与现代之间的微妙冲突。整个建筑参与的过程是不断变化和发展的，中国建筑师在结合现代主义原则、中国经验和地方环境方面发挥了中介作用。虽然当代的建筑项目也被利润驱动，以大规模和迅速城市扩张为特征，但是通过这些项目，建筑师们始终在努力解决许多发展中国家所面临的人居环境问题。这也可能是一种尝试新形式和新技术的方式，它推动着建筑师们挑战现状，追求社会平等和政治解放。

过去 60 年的大部分时间中，援外项目设计是在设计院的体制下进行的。在早期，设计院是国家机器的一部分，而设计人员则是机器部件中的一颗螺丝钉。在这种个人绝对服从集体的制度下，大部分建筑设计依然沿着其本原方向运行，个人的创造力在中国和外国政府的认可下得到彰显。在不少项目中，建筑师享受了当时国内难以获得的创作自由，他们的作品，建成后对国内的设计产生启发。改革开放后，援外的方法有所改变，以有限资金产生更大社会效益。设计既要省钱，达到面积和功能目标，还要做得好，对设计人员提出更高要求。援外项目的设计竞赛和投标制度，对设计院来说，更多的是一种商业活动。而受援国政府选择的方案，十分倾向于带有本国当地语言的作品，哪怕这种"语言"只是肤浅的标签。21 世纪初期，援外的"高大上"国家工程和民营企业"走出去"的商业项目一起，汇成中国建筑在海外的滚滚洪流。其中，既有寄托了受援国政府和人民深切期望的国家剧院、体育场馆，也有适合普通民众日常生活的百货商场和居住小区。它们的造价、质量、艺术效果和受众千差万别，其实也是中国城乡建筑现状在海外的一种投射。设计院在海外的设计，是中国现代建筑宝贵的一部分。在"一带一路"如火如荼开展的今天，更加多的设计和施工企业在走向海外，并在国际商业项目招标投标中崭露头角。

注释

1 常威博士对由宝贤先生的访谈，2018 年 10 月 25 日。宝贤 . 忆班达拉奈克国际会议大厦的设计 [G]// 中国建筑设计研究院 . 建筑设计札记 . 北京：清华大学出版社，2007.

2 任力之主编 . 非盟会议中心 [M]. 北京：中国建筑工业出版社，2019.

3 援外是国家与国家之间的一种互助合作方式，指援助国对受援国在经济、物质、技术、医疗卫生、教育培训等各个方面的帮助。援外建筑是由援助国向受援国提供资金和技术，并委托本国技术人员进行设计、施工的受援国境内的建筑项目。

4 Greg Castillo. Cold War on the Home Front：The Soft Power of Midcentury Design[M]. Minneapolis：University of Minnesota Press，2010; Jeffrey Cody. Exporting American Architecture 1870-2000[M]. London and New York：Routledge，2003.

5 Cole Roskam. Non-aligned Architecture：China's Design on and in Ghana and Guinea 1955-1992 [J]. Architectural History，2015（58）：261-291.

6 Charlie Xue，Jing Xiao. Japanese Modernity Deviated：Its Importation and Legacy in the Southeast Asian Architecture since the 1970s[J]. Habitat International，2014（44）：227-236.

7 Lukasz Stanek. Introduction：the "Second World's" Architecture and Planning in the "Third World" [J]. The Journal of Architecture，2012（3）：299-307.

8 Duanfang Lu, ed. Third World Modernity：Architecture, Development and History[M]. New York：Routledge，2011.

9   Neil Leach, ed. Architecture and Revolution：Contemporary Perspectives on Central and Eastern Europe[M].
    London and New York：Routledge，1999.

10 Lukasz Stanek. Architecture in Global Socialism：Eastern Europe, West African, and the Middle East in the Cold
    War[M]. New York：Princeton University Press，2020.

11 关于援外建筑实践，部分参与的建筑师有个人记述。除此之外，《世界建筑》2015 年第 1 期、《华建筑》
    2020 年第 31 期、《新建筑》2021 年先后出版专辑讨论援外实践，邹德侬 . 中国现代建筑二十讲 [M]. 北京：
    商务印书馆，2015.

12 Mary Louise Pratt. Arts of the Contact Zone[J]. Profession，（1991）：33-40.

13 董志凯，吴江 . 新中国工业的奠基石——156 项建设研究（1950—2000）[M]. 广州：广东经济出版社，
    2004.

14 中央文献研究室 . 建国以后重要文件选编（第一册）[M]. 北京：中央文献出版社，1992.

15 《人民日报》，1960 年 6 月 1 日报道。

16 石林 . 当代中国的对外经济合作 [M]. 北京：中国社会科学出版社，1989.

17 巫加都 . 建筑师巫敬桓、张琦云 [M]. 北京：中国建筑工业出版社，2015.

18 朱晓明，吴杨杰 . 独立与外援 柬埔寨新高棉建筑及总建筑师凡·莫利万作品研究 [J]. 时代建筑，2018（06）：
    131-135.

19 中华人民共和国外交部 . 中共中央文献研究室 . 周恩来外交文选 [M]. 北京：中央文献出版社，1990.

20 袁镜身，王金森 . 建院，发展，壮大 [G]// 中国建筑设计研究院成立五十周年纪念丛书：历程篇 . 北京：清
    华大学出版社，2002.

21 M.A. Hunting. Edward Durell Stone：Modernism's Populist Architect[M]. New York and London：W.W. Norton
    & Company, 2013; J.C. Loeffler. The Architecture of Diplomacy：Building America's Embassies[M]. New York：
    Princeton Architectural Press，2011.

22 戴念慈 . 中国美术馆设计介绍 [J]. 建筑学报，1962（08）：1-3.

23 Duanfang Lu. Architecture and Global Imagination in China[J]. The Journal of Architecture，2007
    （02）：127- 145.

24 后期，中国还负责了该建筑的扩建和维修，并于该建筑落成 40 周年的 2013 年，在庭院中加建研究中心、
    会议准备室等辅助设施，将大厅换成全空调。笔者接触到的斯里兰卡民众，对该建筑不仅印象深刻，而且
    对中国深怀感激。2012 年，在该国际会议中心附近，落成了中国捐建的国家剧院"莲花池"，由北京市建
    筑设计院施工图设计，烟台建筑公司施工。

25 周总理 1963-1964 年在亚非欧访问的情况，黄镇 . 周恩来冒险访问加纳让中国形象在非洲大增光辉 [EB/
    OL]. 人民网 . http：//zhouenlai.people.cn/n1/2018/0420/c409117-29940150.html. [2018-04-20]. 中国 20 世纪 50
    年代对外关系，师哲口述 . 在历史巨人身边：师哲回忆录 [M]. 北京：九州出版社，2015.

26 关于西方专家在援外项目上的生活花费情况，Jamie Monson. Africa's Freedom Railway：How a Chinese
    Development Project Changed Lives and Livelihoods in Tanzania[M]. Bloomington：Indiana University Press，
    2009.

27 张郁慧 . 中国对外援助研究（1950-2010）[M]. 北京：九州出版社，2012.

28　徐尚志 . 在肯尼亚的日日夜夜 [G]// 杨永生主编 . 建筑百家回忆录续编 . 北京：知识产权出版社，中国水利水电出版社，2003.

29　当地气候炎热，中国工人在钢结构上焊接，挥汗如雨。工人和工程师上班和住宿都在建筑工地的工棚，图板带过去画，边设计边施工。中国派驻员工平时不能离开施工现场。有的员工在埃及一待就是 4 年，最短的 2 年。魏敦山总师每年去 3 个月，就在施工现场。和国内家人的联系，国内亲属写到某某信箱，由信使集中带到埃及分发。援外人员赶紧写回信，再由信使带回国内分寄家中。以前做设计是没有奖金的。做这个工程开始，发了奖金，魏敦山作为设计总负责人，领到 110 元，其他同志领到 60 元、70 元或 90 元。开罗国际会议中心于 1991 年建成，李先念作为国家主席，参加了奠基仪式；开幕时，国家主席杨尚昆剪彩；温家宝、李克强总理也先后去过。30 年来，开罗国际会议中心的国家政治、商务和民间活动源源不断。埃及开罗国际会议中心的情况，主要来源于薛求理对魏敦山院士的采访，2018 年 7 月 10 日。

30　程泰宁 . 从加纳国家剧院创作想起的——漫议建筑创作机制与体制 [J]. 新建筑，1996（01）：3-7.

31　程泰宁，叶湘菡，蒋淑仙 . 理性与意象的复合——加纳国家剧场创作札记 [J]. 建筑学报，1990（11）：21-25.

32　Ronald Coase and Ning Wang. How China Became Capitalist [M]. New York：Palgrave Macmillan，2012.

33　高虎城 . 厚积薄发，亮点纷呈，中非经贸合作前景广阔 [EB/OL]. 商务部新闻办公室 http：//www.mofcom.gov.cn/article/ae/ai/201405/20140500572361.shtml. [2014-05-05].

34　Anonymous. China in Africa：Never too Late to Scramble[J]. The Economist，2006（10）：53-56.

35　Ian Taylor. China's New Role in Africa[M]. Colorado：Lynne Rienner Pub，2010.

36　国务院新闻办公室 .《中国的对外援助》白皮书 [R/OL]. http：//www.scio.gov.cn/zxbd/tt、Document/1011345/1011345_1.htm. [2011-04-21].

37　Mekdes Mezgebu. The African Union Headquarters：A Symbol of Contradictions[EB/OL]. http：//genius.com/Mekdes-mezgebu-the-african-union-headquarters-a-symbol-of-contradictions-annotated. [2013-12-24].

38　任力之，张丽萍，吴杰 . 矗立非洲——非盟会议中心设计 [J]. 时代建筑，2012（03）：94-101；黄昉苨 . 建成非盟总部大楼的中国人 [N]. 青年参考（A08），2012-04-11.

39　Shannon Tiezzi. If China bugged AU headquarters, what African countries should be worried? [EB/OL] The Diplomat，Jan 31，2018. https：//thediplomat.com/2018/01/if-china-bugged-the-auheadquarters-what-african-countries-should-be-worried/；Rachel Will. China's Stadium Diplomacy[J]. World Policy Journal，Summer 2012.

40　引自邹德侬 . 中国现代建筑史 [M]. 天津科技出版社，2001.

41　江宏 . 坦桑尼亚国家体育场 [J]. 建筑创作，2007（01）：50-55.

42　关于塞内加尔摔跤竞技场的情况，部分源自香港城市大常威博士对中元国际设计公司的采访，2018 年 11 月 21 日。Charlie Xue，Guanghui Ding，Wei Chang and Yan Wan. Architecture of "Stadium diplomacy" – China-aid sport buildings in Africa[J]. Habitat International，Volume 90，Aug 2019. 1-11，https：//doi.org/10.1016/j.habitatint.2019.05.004.

43　作者调查的几十个实例，皆符合此规律，这与 20 世纪 60 年代和 70 年代的做法有很大区别。

44　感谢北京城建设计发展集团海外设计院建筑师侯毅刚先生和熊军先生提供的相关资料。

45　黄正骊 . 中国建造在非洲：专访马维胜 [J]. 城市中国，2014（63）：74-79.

46　华凌集团和在大高加索地区的开发情况，源自香港城市大学博士生蔡晓磊同学在新疆乌鲁木齐的采访，
　　2019 年 12 月 20–25 日。

47　Jianfei Zhu. Architecture of Modern China：A Historical Critique[M]. London and New York：Routledge，2009.

第 10 章

在流动之外：设计院作为一种混合型组织

波兰裔社会学家齐格蒙特·鲍曼（Zygmunt Bauman）曾用"流动的现代性"（liquid modernity）这一概念来描述当今社会人类的生存处境，以区别于之前那种稳固的、沉重的资本主义现代性，因为流动意味着权力关系、社会规范、价值观念和生活方式等方面不停地变化，不断地调整。[1] 从某种程度上来说，设计院的内部发展演变以及与外部世界的复杂关系反映了这种流动特征，并随着外界因素的变化而调整。但是，在这种动态、不确定的视野之外，设计院还存在一种较为稳定的内在结构——一种融合了科层特色（bureaucracy）与个人魅力（charisma）的混合组织。[2] 这种既对立又共存的二重性结构（dualist structure）本质上是由国家对设计院的要求所决定：不但要创造社会主义的物质文明（环境营造），也要创造社会主义的精神文明（文化创新）。支撑这种二重性结构的因素有三个：1）从组织和生产模式上来说，设计院需要集体创作与个人探索的共存；2）从生产动机上来看，设计院需要实用主义与文化自觉的共存；3）从意识形态和制度安排上来说，设计院需要设计人员嵌入体制的同时保持一定的思想解放。

在过去的 70 年里，国有设计院在建筑生产和社会实践中发挥怎样的作用？其背后的制度逻辑和内在张力何在？在结论部分，作者运用一种辩证——关联的理论框架（dialectical-relational framework）来论述这三种矛盾的对立统一关系，在此基础之上剖析设计院实践的理论意义和文化价值。[3] 辩证是强调一分为二地看待问题，从整体结构上把握建筑生产的复杂性和多元性；关联是强调对立双方的各自行为活动及其相互作用。

集体创作与个人探索

国有设计院的诞生依托于把社会上分散的设计力量进行强制性整合，作为一个典型的单位，它强调集体主义原则和等级制度。在设计和建造大型项目中，倾向于强调集体协作，而个人创造力往往受到一定程度的限制，尤其是具有政治和文化意义的公共工程。在某些特定历史条件下，个人言论往往被批评为带有资产阶级的倾向"个人主义"。因此，人们不得不做出符合集体认知的设计并谨慎发言。

1959 年，时任建筑工程部部长的刘秀峰做了"创造中国的社会主义的建筑新风格"的报告，认可大型项目的设计竞赛，提倡以专家为首的集体创作。[4] 为了参与国家大剧院设计竞赛，北京工业设计院在 1958 年成立了以总建筑师林乐义为首的创作小组，集中全院的设计精英，完成了数轮方案并最终获得头奖。此后又以这种模式设计了北京电影宫。由于经济原因这两个项目都没有建成。与此同时，清华大学建筑系主任梁思成也提倡集体创作，他写道：

集体创作是群众路线在设计工作中的具体运用，在这次工作中得到了显著的成功。过去建筑师从来是把设计工作当作个人创作，一般是不许插手的；至多也不过是二三个知友，气味投机，才在一道作设计。同学和老师集体创作是从来没有听到过的。从来没有像今天这样在党的领导下，年长教师、年青教师、同学、能者，这样亲密的结合成一个集体，大家分别调查研究，集体讨论，大家提方案；教师自己作方案，也指导同学作方案，然后互相讨论、比较，实事求是地集中了各方案的优点，逐步趋于完善。然后多管齐下，集体渲染，接力赛跑，一整夜功夫就能够赶出画面大而质量高的渲染图来，然后拿到各处去请提意见，反复修改。[5]

这段精彩的论述生动地描述了师生之间紧密合作进行集体创作的场景，同时也批评了建筑创作中的个人主义倾向。这种强调集体主义，弱化个人主义的基调也映射了时代的主流意识形态。在这期间，《建筑学报》发表的多篇文章都署名为某某设计、研究或教学小组。

尽管存在这些环境约束，但个体仍然能够在批判探索中发挥出一定的主观积极作用，这不仅是因为个人表达是人性的重要组成部分，更重要的是，建筑设计通常是从个人思维出发的。个人在社会主义建设队伍中的作用，首先体现在设计院的组织上。无论一个特定设计院的首席建筑师有多么伟大，他或她都不可能轻易地主导该院的整体生产。例如，在20世纪50年代，新成立的北京市建筑设计院，就有八位总建筑师/总工程师（如华揽洪、杨锡镠、张镈、张开济、赵冬日、朱兆雪、顾鹏程、杨宽麟），他们各自在院内负责指导一个设计工作室。[6]这种相互竞争、而非一人主导的设计模式（群星闪烁而非一人独大）有利于形成"百花齐放、百家争鸣"的局面，塑造了北京院在成立初期多样化的建筑生产。

尽管他们拥有不同的美学和原则，这些建筑师通过独立工作，创造了具有显著政治和文化意义的民用建筑。值得注意的是，平行的组织结构为创造性表达构建了一个相对独立的空间，并有助于资深建筑师以自己擅长的方式工作。与独立建筑师主持的设计公司相比，许多大型设计院会有若干位总建筑师，因此保持了多样化的设计风格和原则。虽然由院内几位总建筑师和工程师组成的设计委员会负责审查重大项目（类似于诺曼·福斯特事务所的设计委员会，Foster + Partners Design Board），但绝大多数项目是由每个设计工作室的负责建筑师指导和创作的。即使在大规模的集体创作中，个人思想表达也可以在建筑杂志的页面上找到踪迹。

对个人主义的压抑并不意味着建筑设计中个人创造的可有可无。恰恰相反，富有才华的建筑师在创新性实践中仍然发挥着举足轻重的作用。在20世纪70年代，曾在中国建筑研究院工作的建筑师尚廓被下放到广西桂林市建筑设计室，他在当地主持了一系列风景小品建筑设计，大胆整合现代主义美学和民居风格以及地方材料，探索了新的形式语言。其设计的芦笛岩接待中心，地处山坡之上，建筑采用不对称的布局，结合底层架空，灵活适应地形，形成了轻盈、通透的空间意向，也展现了建筑师对场所和自然的尊重。在尚廓的主持下，桂林市建筑设计室完成了一系列的探索性作品。直到1982年《桂林风景建筑》一书的出版，建筑界才广泛接触到他们的精彩设计——此书是以集体的名义编著出版，在书的最后一页才出现个人署名及其分工。[7]

对于一些重大项目，人们通过杂志报道和历史钩沉有机会知道杰出建筑师的领军角色，但是，设计院生产的大部分建筑都是以集体的名义来展示的，个人的贡献很少被提及——在一些出版的作品集里，建筑师的名字很少提及。在计划经济时代，设计院内部一度存在平均主义的分配现象——干多干少一个样，对个人收入没有影响。在 20 世纪 80 年代，设计院管理体制改革的一个中心议题是激发个人的主动性，建筑师的个人待遇开始和其在设计市场的表现挂钩，鼓励建筑师勇于参与市场竞争，在竞争中获得设计项目。这种对个人首创精神的鼓励与大的社会背景息息相关，也反映了个人价值不再受到严重抑制，开始强调其作用和贡献。

20 世纪 90 年代以来，社会主义市场经济逐步确立，民营企业和独立建筑师事务所开始出现并积极塑造新的学术话语（如实验建筑），与此同时，国外建筑师也积极地参与到中国的建筑设计市场并占据大量政府投资的高端公共项目。投资主体以及参与主体的多元化给设计院带来全新的挑战和竞争压力。为了应对这种挑战，设计院开始了大规模的改革。其中一个方面便是建立精英建筑师领衔的名人工作室，反映了设计院试图重塑自身的"大师"（或个人）标签。

崔愷工作室虽然是以个人命名，但依然采用小组集思广益的创作模式。一些项目是由主持建筑师的个人草图发展而成，但是多数项目依赖于集体讨论，以及团队成员的交流、碰撞、竞争与合作。他们的作品从形式语言上来看十分丰富多元，没有明显固定的个人风格和标签。实际上，工作室的思维模式或者说建筑师对待场地和文化的态度是连贯和完整的。朱剑飞认为，一种集体和个人互动、混合的动力存在于设计院的生产过程之中。在这些个人工作室中，大多数人均认可建筑服务社会和业主的重要性，而不是那些常见的个人表现至上的观念。[8]

实用主义与文化自觉

自成立伊始，设计院的首要使命是服务于新生的社会主义政权，满足社会主义工业化建设的需要。在实际操作中，这种对效率的追求是通过大规模地运用标准图集来完成的。1956 年 1 月 6 日，《人民日报》在"加快设计进度，提早供给图纸"的社论中指出，大量地采用标准设计和重复使用图纸，是加快设计速度的最有效最根本的措施。[9] 随后成立的国家建委标准设计院以及其编写出版的各类统一的构造大样、材料做法对提高施工速度、保证工程质量、节约资源、降低成本、促进行业技术进步发挥了不可替代的作用。

在意识形态上，官方提出了"经济、实用、在可能的条件下注意美观"指导方针，强调设计的实用主义，反对过度装饰所带来的资源浪费。虽然一些具有重要政治意义的楼堂馆所采用宫殿式的大屋顶，运用绚丽的色彩和名贵的材料，一如建筑师华揽洪所曾经批评的那样不合时宜，但是在计划经济时代修建的大多数建筑物如工厂、宿舍和住宅区等民用建筑均遵循官方指导原则，呈现出朴素的外观。

在满足政府对实用主义要求的同时，并不意味着建筑师没有艺术处理的空间。20 世纪 70

年代，广州的外贸工程项目更为直观地体现了实用主义与文化创新的高度融合。在开明地方官员的大力支持下，设计人员集体合作，在新建项目中大胆探索了现代主义建筑语言与岭南地方庭院文化有机结合的可能性。这批建筑造型简洁，结合亚热带湿热的气候特点，在高层建筑中开创性引入不同尺度的庭院空间，不但改善了建筑内部的微气候，而且强化了使用者的空间体验。

平衡经济效益和文化创新的努力同样体现在高校设计院的建筑实践中。20世纪50年代，高校设计院的创建目的是为本校的校舍建设提供设计和为学生提供实习基地。改革开放以来，高校设计院开始大力介入市场竞争，一方面为学校学院发展提供经费，另一方面也为学生提供科研和实习机会。高校设计院与建筑学院关系密切，很多教师既在学校任教，也在高校设计院承接项目，借此培养研究生。因此来说，产学研三结合的模式是高校设计院的典型特征。[10]

同时，高校也是人才聚集的地方。中国近现代史上许多杰出的建筑师都在高校任教，这些理论素养深厚、实践经验丰富的学者型建筑师是建筑文化创新的关键人物，这一点也是高校设计院区别于其他国家的一个特色之处。无论是1949年之前的梁思成、童寯、杨廷宝，还是1949年之后的夏昌世、冯纪忠，抑或近些年来的齐康、彭一刚、戴复东、何镜堂等人，他们在兼顾建筑创作、服务社会物质需求的同时，执着探索建筑的文化意义，展现了一种高度自觉的文化责任感。

另一种能够体现设计院的工具价值和文化生产的实践就是其援外、援内活动。20世纪50年代以来，援外建筑是我国对外经济援助的一种主要的且较为持久的活动方式，有效扩大了我国的外交、政治、经济和文化影响力。在改革开放之前的很多援外活动中，相关部门一般指定国家设计院承担这些项目。改革开放以后，设计院一般需要参加竞赛来赢得合同。从20世纪60年代到90年代，中国很多设计院的总建筑师都参与到援外设计之中，他们没有简单地把这种项目作为一种政治或经济行为进而草草应付了事。恰恰相反，大多数建筑师秉着强烈的政治荣誉感和崇高的社会责任感，在创作和建造的过程中竭尽全力寻求创新、探索适宜的地域文化。[11]最为突出的是20世纪60年代的北京工业设计院，如龚德顺、陈登鳌和戴念慈等人都在海外留下了现代主义作品。

除了对外援助，设计院还承担了大量的对内支援项目，特别是地震之后的灾区重建。较为典型的案例包括四川汶川震后重建、青海玉树的震后重建和为武汉疫情建设方舱医院。许多国家级和地方设计院响应政府的动员和号召，通常派出院内骨干设计人员奔赴前线。一般震后重建项目日程紧迫，任务量巨大，设计周期被大大压缩，效率是设计院（也是政府）的首要关注点。除了这些大规模、快速的震后重建任务外，一些建筑师也充分利用援建机遇，努力创造精品项目。2010年，中国建筑学会邀请一批大设计院总建筑师参与玉树地区的公共建筑设计，试图以集群设计的模式展示大院建筑师的智慧。而方舱医院也在医疗建筑和通风规范上做出科研贡献。[12]

嵌入体制与思想解放

嵌入是指个人服从或适应一定的规则和规范，强调个人在社会组织中的归属感；而解放是指专业人士努力跳出他们既定的角色，试图采取一种更加反思的立场来介入实践，并改变社会现状。[13] 前者暗示了组织制度影响或限制了建筑师的选择和机会；后者强调个人的能动性和自主性。这种社会结构和个人能动性之间有一种辩证的关联，充满了互动和相互作用。

20 世纪 50 年代初期，加入设计院的技术人员就成了体制内的国家公职人员，根据能力和职称来领取一定的薪水，享受一定的政治待遇和社会福利。设计院作为一个典型的国营单位，通常为员工提供住宿、医疗、孩子上学等服务。除了一部分离开大陆前往香港和台湾地区，大部分民国时期执业的设计精英都加入到了国营设计院（当然，这些人才也享有优越的待遇）。由于设计院的生产模式是基于高度集中的科层机制，为了完成既定的设计任务，设计人员需要服从体制的需要。在这个过程中，难免会出现一定的负面问题，就像原北京市建筑设计院的副总建筑师陈占祥指出的那样，设计院严格的层级管理体制和标准化的设计流程和统一的设计做法严重束缚了建筑师的创造性，无形之中建筑师成了建筑生产的机器（描图人员）。[14] 对此，周荣鑫进行了驳斥，认为设计院的模式有力激发了建筑师为人民服务的热情，不但快速提高了设计的效率和质量，而且为建筑创作提供了难得机遇。

虽然周荣鑫猛烈地回击了陈占祥的批评，但是困扰设计院的这些问题并没有自动消失，体制对建筑师个性的发挥始终有一定的掣肘。为了探索建筑设计体制改革，并鼓励创作中的个性表达，20 世纪 80 年代中期，一批中小型、集体所有制建筑事务所成立，试点在官方体制内部探索新的设计模式。这包括王天锡主持的北京建筑事务所，严星华领衔的中京建筑事务所以及戴念慈支持的建学与建筑工程事务所。这些事务所与建设部、中国建筑学会关系密切，项目来源大多也是官方机构。在事务所内部采用扁平化的管理模式，压缩非生产人员数量，同时，个人的设计积极性得到激发，完成了一系列的项目和方案。《建筑学报》对这些探索性机构的实践大力支持，为它们出版专刊，宣传它们的成就。

20 世纪 90 年代，注册建筑师制度开始实行，民营设计公司和事务所大量出现。加上设计市场的火爆，大批建筑师纷纷脱离体制，从设计院辞职创办或加盟私人设计企业。国有设计院面临着前所未有的危机。为了应对设计市场的变化，大型设计院开始改革内部管理模式，在保持国有控股的同时，允许成立个人主导的工作室，鼓励建筑师直面客户。在设计院提供的大平台上，个人工作室充分发挥主创建筑师的自主性，灵活应对市场需求。这种直属工作室制度类似于"大平台、小前端"的企业组织模式，有利于建筑师直接回应客户需求。[15] 依托设计院（平台，或孵化器）提供的标准化技术支持，工作室（前端）在发挥个性化设计思路的同时也能够保证设计的质量。与此同时，如何协调工作室的生产实践与设计院的企业文化也是新的挑战。

大设计院悠久的历史、深厚的技术积淀，以及它们与政府机构的密切联系为建筑师提供了独特的资源：大型项目较多、科技力量雄厚，官方授予的设计大师和院士头衔，项目申报政府奖项的优势。在当前的社会背景下，这些体制内的资源是民营设计企业难以获得的。同时，体制内部高度不均衡的资源分配模式和等级化的组织方式依然是管理者需要面对的难题。嵌入体制的同时，如何勇于突破体制的束缚，并尽可能地疏远财富、名望和时尚的诱惑，是大院建筑师需要应对的挑战。

法国社会学家皮埃尔·布迪厄（Pierre Bourdieu）曾经指出，艺术生产存在两种方式：大规模生产（large-scale production）和限制性生产（restricted production）：前者强调他律性和短期的经济资本积累，而后者追求自主性以及长期的文化和象征资本积累。[16] 有趣的是，这两种生产方式同时存在于设计院之内。大型设计院的稳定发展和良好的市场表现（保值增值）是国资委的首要要求，而创作富有中国文化特色的建筑作品是政府和社会的共同期待。因此，设计院承担着双重责任：空间的生产和文化的创新，前者强调大规模生产中的效率，后者重视创作中的文化革新。这种双重角色要求设计院在建筑实践中平衡物质性和精神性的对立统一，而建筑师平衡集体创作和个人探索、实用主义和文化自觉、嵌入体制和思想解放是实现这种对立统一的有效手段。设计院实践也在效率、实用、集体的生产与艺术、文化、个人的创作之间来回摇摆，因此呈现一种混合的状态。[17]

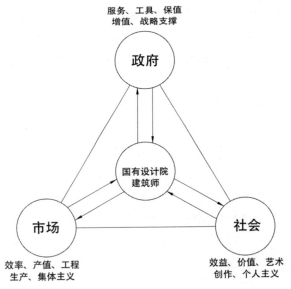

图 10.1　设计院与政府、市场、社会的三重关系
来源：丁光辉绘制

当前，设计院处于政府——市场——社会的三重关系网之中，其中，政府的要求往往是支配性的，市场的需求是主导性的，而社会的诉求相对处于弱势地位（图 10.1）。如何在平衡政府和市场因素，同时兼顾社会责任是设计院面临的挑战。从历史经验来看，解决这种挑战的有效手段，归根结底，在于不断改革内部生产机制，吸引和培养大量具有文化和社会责任的人才。这些创新型人才的表现在一定程度上决定了设计院在未来的竞争力。

注释

1　齐格蒙特·鲍曼.流动的现代性 [M].欧阳景根译.上海：上海三联书店，2002.

2　Helen Constas. Max Weber's Two Conceptions of Bureaucracy [J]. American Journal of Sociology，Vol. 63（4）1958：400-409.

3　David Harvey. Justice，Nature and the Geography of Difference[M]. Cambridge，Mass.：Blackwell Publishers，1996.

4　刘秀峰.创造中国的社会主义的建筑新风格 [J].建筑学报，1959（z1）：3-12.

5　梁思成.党引导我们走上正确的建筑教学方向 [J].建筑学报，1959（02）：1-2.

6　北京市建筑设计研究院有限公司编.北京市建筑设计研究院有限公司五十年代"八大总"[M].天津：天津大学出版社，2019.

7　桂林市建筑设计室编著.桂林风景建筑 [M].北京：中国建筑工业出版社，1982.

8　朱剑飞，设计院宣言 [G]// 西岸 2013 建筑与艺术双年展建筑分册.西岸 2013 建筑与艺术双年展组委会编.上海：同济大学出版社.2013：112-113.

9　社论.加快设计进度，提早供给图纸 [N].人民日报，1956 年 1 月 6 日。

10　薛求理.中国建筑实践 [M].北京：中国建筑工业出版社，2009.

11　Guanghui Ding，Charlie Xue. China's Architectural Aid：Exporting a Transformational Modernism[J]. Habitat International，Volume 47，1，2015：136-147.

12　中国建筑学会，《建筑学报》杂志社编著.玉树灾后重建重点工程建筑设计 [M].北京：中国建筑工业出版社，2016.

13　Thomas Lawrence，Roy Suddaby and Bernard Leca. Institutional Work：Refocusing Institutional Studies of Organization[J]. Journal of Management Inquiry，20，1（2011）：52-58.

14　陈占祥.建筑师还是描图机器 [J].建筑学报，1957（07）：42.

15　波士顿咨询，阿里研究院.未来平台化组织研究报告 [R]. 2016.

16　Pierre Bordieu. The Field of Cultural Production：Essays on Art and Literature[M]. New York：Columbia University Press，1984. 法兰克福学派理论家霍克海姆和阿多诺在《启蒙辩证法》中论述了两种文化或艺术类型：一种是大规模的生产，以利润追求为导向，回应大众的品位，另一种是自主性艺术，强调批判性或"乌托邦"式的创作，想象一个更美好的世界，并揭示而非掩盖当下社会的矛盾和挑战。

17　Patricia H. Thornton，Candace Jones，and Kenneth Kury. Institutional Logics and Institutional Change in Organizations：Transformation in Accounting，Architecture，and Publishing[J]. Research in the Sociology of Organizations，Volume 23，（2005）：127–172.

第 11 章
尾声：差异化流动

作为国家进行建筑资源生产、分配和消费的组织，设计院建构了一种"差异化流动"实践。它们试图用设计来解决各种（物质、人力、知识等）资源在空间、地理层面的不平等分布，但同时也加剧了差异，形成了新的不平等状况。人员、资本、商品、知识等各类要素的流动揭示了社会资源的差异化分布，有助于带动整个社会往前发展，但也导致新的问题不断产生。这个过程类似于美籍奥地利经济学家约瑟夫·熊彼特（Joseph A. Schumpeter）所描述的"创造性破坏"——企业家作为创新的主体，其作用在于创造性地破坏市场的均衡，寻找获利的机会。而差异化流动意味着设计资源的广泛（跨国境、跨地域、跨部门）流动，寻求政治承诺、经济发展和文化表达机会，从而创造性破坏现存设计资源的差异化分布，应对社会需求。

1. 流动是有益的。流动盘活了设计资源，而设计则承载了社会流动。国有设计院的诞生就是一个设计组织跨国境流动、设计人员跨地域重组的过程。为了应对"五年计划"大规模建设，中华人民共和国借鉴了苏联的设计院模式，吸收当时社会上现存的技术人员，按照计划经济的要求，在全国范围内进行技术力量调配，形成了 20 世纪 50 年代各大国有设计院的基本雏形。考虑到当时的历史背景—— 一个发展落后的农业社会要快速实现工业化，一个资源禀赋匮乏的经济体迫切面临发展压力，设计院这种基于集体主义（确保纪律）和科层制度（强调效率）的生产机构有力创造了必要的物质环境、促进了社会经济的快速发展。改革开放以来，设计院面临着新的历史发展局面，突出表现在，资本、人员、商品和服务在不同国家、不同地域、城市与乡村之间快速流动。以资本积累为驱动力的社会流动需要克服地理障碍、打破空间阻隔。在这一系列物质景观重塑的背后是设计院快节奏、高效率的生产实践。建筑设计为社会流动创造了物质载体。

2. 流动是受到控制的。由于设计资源有限、社会需求众多，这就面临如何分配的问题。在 20 世纪 50～70 年代，设计资源重点流向新兴工业城市、大城市行政机构和代表性居住建筑、三线建设、援外建筑和外贸、外交设施等。1980 年以来，设计资源重点流向城市扩张运动，包括诸多新区建设（中央商务区、各类文化设施、工业园区、大学城等）和旧城更新，其次是流向灾后重建、海外援助、首都功能疏解（通州新区、雄安新区）。前者注重城市扩张的经济拉动作用，后者凸显国家的政治社会责任。同时，这也带来了诸多矛盾现象。一方面，在行政与资本主导的快速城市化过程中，许多城市面貌焕然一新，灾后重建井然有序，展现了新的社会成就；另一方面，一些地方的公共项目缺乏严格的预算约束并导致惊人的物质浪费，必要的民生工程却是投资不足并进展缓慢。由此导致的是，部分超预算公共建设导致超额设计收费，而在一些社会住宅、公立学校和医院等民生工程难以看到优质的精心设计。设计资源的不均衡分布带来城市人居环境的巨大差异——奢华与丑陋可以并置共存，雅致与嘈杂有时一墙之隔。虽然设计院并不能决定设计资源的流向和去处，但是在这过程之中发挥了协同（共谋）角色。

3. 因差异而产生流动，流动同时加剧了差异。如果说液体的流动取决于地势差异（俗话说水往低处流），那么社会性流动也往往是由不同地方资源的差异性分布而引起。为了解决设计资源的不均衡分布，设计院既在市场经济的条件下，积极进行结构性改革，广泛参与市场竞争，又在政府指导下协助完成一定的政治任务，承担必要的社会责任。设计院通常具有集中力量办大事的优势，相应地，有限的资源倾注到某些特殊的任务、某些特定的地方，那么其他方面得到的资源相对较少，从而加剧了新的差距。当前，中国的设计组织机构存在三种类型：隶属于国有资产监督管理委员会旗下的大型国有设计院、广大中型设计企业（包括由原地方设计院改制而成的股份制有限公司、民营企业和外资企业），以及数量众多的小型个人工作室。这三种类型也反映了目前中国的经济结构。他们之间既有合作，也有竞争。很显然，大型设计院在运作中具有垄断性竞争优势：深厚的技术积淀、与机构业主的密切联系、官方授予的院士、大师等头衔，以及卓越的人力、品牌和作品推广（期刊媒介）资源。这一切都加剧了设计资源在行业内的不均衡分布。同样在设计院内部，由于等级制度的存在也导致设计资源存在不同程度的差异化流动。差异化流动，可以说不是设计院专属的特性，这种特征在科研、教育、医疗甚至扶贫等领域一样存在，在不远的将来也会持续存在，它是中国社会语境下的一个显著特点。

考虑到中国的国土面积、众多的人口、有限的资源以及不均衡的发展，如何用较少的投资、精心的设计来营造富有艺术美感的人居环境是众多建筑师（包括国有设计院）面临的持久挑战。在当今时代，媒体的影响无处不在。媒体的关注点常常在于新奇，其报道并非总是值得提倡的典范。在这种"泥沙俱下"的宣传中，许多人特别是年轻建筑师常常困惑，而那些真正值得反思的实践案例未必吸引人眼球。本书讨论的这些项目作品如果说有什么共同点，那便是它们均是各自时代的弄潮儿或叛逆者。在流动的视角下，它们反映了一种探索的力量，既有成功的经验，也潜藏了一定的教训。虽然这些案例展现了各自的特色，但是设计院生产的大多数项目与行业人士、人民群众对创新的期待还有差距，投入的资源与产出的效益不成正比，这一切都需要设计院不断进行深入改革，激发专业人士的创造力，与此同时，来自业界的独立批评和学术反思也不可或缺，这或许正是本书写作的一点期望。

参考文献

中文文献:

[1] （法）安德鲁著；唐柳，王恬译.安德鲁与国家大剧院 [M].北京：中国建筑工业出版社，2009.

[2] 北京市建筑设计研究院成立周年纪念集编委会编.北京市建筑设计研究院成立 50 周年纪念集 [M].北京：中国建筑工业出版社，1999.

[3] 北京市建筑设计研究院有限公司编.北京市建筑设计研究院有限公司五十年代"八大总"[M].天津：天津大学出版社，2019.

[4] 波士顿咨询，阿里研究院.未来平台化组织研究报告 [R].2016.

[5] 蔡德道."文革"中的广州外贸工程设计，1972-1976[J].羊城古今，2006（02）：23-28.

[6] 曹言行.苏联建筑工程发展的方向——设计标准化、材料工厂化、施工机械化 [J].科学通报，1953（09）：38-41.

[7] 柴裴义.站在建筑第一线 [J].城市环境设计，2013（10）：51.

[8] 陈晋编.毛泽东读书笔记精讲 [M].南宁：广西人民出版社，2017.

[9] 陈静，陈荣华.经典是怎样炼成的——记重庆市人民大礼堂光荣诞生 [J].重庆建筑，2019，18（10）：9-16.

[10] 陈明显.新中国五十年 [M].北京：北京理工大学出版社，1999.

[11] 陈世民.时代空间 [M].北京：中国建筑工业出版社，1995.

[12] 陈学金."结构"与"能动性"：人类学与社会学中的百年争论 [J].贵州社会科学，2013（11）：96-101.

[13] 陈一新.深圳福田中心区（CBD）城市规划建设三十年历史研究（1980-2010）[M].南京：东南大学出版社，2015.

[14] 陈占祥.建筑师还是描图机器 [J].建筑学报，1957（07）：42.

[15] 陈占祥.建筑师历史地位的演变 [J].建筑学报，1981（08）：28-31.

[16] 程泰宁，叶湘菡，蒋淑仙.理性与意象的复合——加纳国家剧场创作札记 [J].建筑学报，1990（11）：21-25.

[17] 程泰宁.从加纳国家剧院创作想起的——漫议建筑创作机制与体制 [J].新建筑，1996（01）：3-7.

[18] 程泰宁.程泰宁文集 [M].北京：中国建筑工业出版社，1997.

[19] 程泰宁，王大鹏.通感·意象·建构——浙江美术馆建筑创作后记 [J].建筑学报，2010（06）：66-69.

[20] 程泰宁.语言与境界 [M].北京：中国电力出版社，2016.

[21] 匆匆客.从苦难中重生，蕃瓜弄的变迁 [EB/OL].文学城，http://www.wenxuecity.com/blog/201510/68128/200216.html.[2016-8-28].

[22] 崔愷编著.工程报告 [M].北京：中国建筑工业出版社，2002.

[23] 崔愷.追随梁思成先生的足迹，在建筑本土化的道路上学步：在中国建筑学会 2007 年年会上

的发言 [M]// 本土设计 2. 北京：知识产权出版社，2016：267-268.

[24] 崔愷. 遗址博物馆设计浅谈 [J]. 建筑学报，2009（05）：45-47+36-44.

[25] 崔愷. 本土文化的重生 [J]. 建筑技艺，2010（Z2）：34-41.

[26] 崔愷. 关于北川新县城建设的点滴心得 [J]. 城市规划，2011，35（S2）：115-116.

[27] 崔愷. "嵌"——一种方法和态度 [J]. 城市环境设计，2012（Z1）：122-126.

[28] 崔愷. 建筑的"何"流 [J]. 城市环境设计，2013（10）：50-51.

[29] 崔愷. 民族形式还是本土文化 [M]// 本土设计 2. 北京：知识产权出版社 2016：254.

[30] 崔愷，曲雷，何勍. "城市"与"生活"共生："常德老西门综合片区改造设计"对谈 [J]. 建筑学报，2016（09）：4-9.

[31] 崔愷，张利，叶扬. 我所认识的孟建民 [J]. 世界建筑，2016（10）：26-30+136.

[32] 崔愷. 方案组的小忆与大叙 [J]. 城市环境设计，2017（04）：36-47.

[33] 崔愷，刘恒. 绿色建筑设计导则：建筑专业 [M]. 北京：中国建筑工业出版社，2021.

[34] 戴念慈. 中国美术馆设计介绍 [J]. 建筑学报，1962（08）：1-3.

[35] 戴念慈. 如何加大住房密度——住房建设的一个具有战略意义的问题 [J]. 建筑学报，1989（07）：2-7.

[36] 丁宝训. 关于 55-6 二区住宅定型设计的几个问题 [J]. 建筑学报，1955（02）：51-55.

[37] 丁光辉. 建筑批评的一朵浪花：实验性建筑 [M]. 北京：中国建筑工业出版社，2018.

[38] 东北人民政府工业部技术设计处编订. 东北人民政府工业部建筑物结构设计暂行标准 [M]. 东北工业出版社，1952.

[39] 董鉴泓. 第一个五年计划中关于城市建设工作的若干问题 [J]. 建筑学报，1955（03）：1-12.

[40] 董坤，许海云，崔斌. 知识流动研究述评 [J]. 情报学报，2020，39（10）：1120-1132.

[41] 董志凯，吴江. 新中国工业的奠基石——156 项建设研究（1950-2000）[M]. 广州：广东经济出版社，2004.

[42] 窦以德. 中国建筑设计及管理的现状与前瞻 [J]. 建筑学报，1997（03）：50-51+67.

[43] 方华，胡慧峰，董丹申. 技术逻辑和城市文脉的整合与平衡——金华市体育中心竣工回顾 [J]. 华中建筑，2018，36（01）：36-39.

[44] 费麟. 关于中外合作设计的回顾与思考 [J]. 世界建筑，1997（05）：18-22.

[45] 冯江. 建筑作为一种生涯——柳士英与夏昌世在喻家山麓的相遇 [J]. 新建筑，2013（01）：33-38.

[46] 冯江. 变脸：新中国的现代建筑与意识形态的空窗 [J]. 时代建筑，2015（05）：70-75.

[47]（美）傅高义著 凌可丰、丁安华译. 先行一步：改革中的广东 [M]. 广州：广东人民出版社，2008.

[48] 高虎城. 厚积薄发，亮点纷呈，中非经贸合作前景广阔 [EB/OL]. 商务部新闻办公室. http://www.mofcom.gov.cn/article/ae/ai/201405/20140500572361.shtml. [2015-02-21].

[49] 高越. 中国与马来西亚合作设计的尝试——记马建国际建筑设计顾问有限公司 [J]. 世界建筑，1996（04）：20-22.

[50] 龚德顺等. 繁荣建筑创作座谈会发言摘登 [J]. 建筑学报，1985（04）：2-21，82.

[51] 龚德顺，张孚佩，周平.深圳华厦艺术中心 [J].建筑学报，1993（02）：40-46.

[52] 谷牧.关于设计革命运动的报告（1965 年 3 月 16 日）// 中共中央文献研究室.建国以来重要文献选编 [A].北京：中央文献出版社，1998：271-272.

[53] 顾汇达.深圳城市规划的回顾与展望 [R].两岸营建事业学术交流研讨会，台北. http://www.upr.cn/news-thesis-i_18973.htm. [1997-04-12].

[54] 顾孟潮.一次有意义的会议 [J].世界建筑，1993（04）：58.

[55] 关肇邺.重要的是得体，不是豪华与新奇 [J].建筑学报，1992（01）：8-11.

[56] 关肇邺.尊重历史、尊重环境、为今人服务、为先贤增辉——清华大学图书馆新馆设计 [J].建筑学报，1985（07）：24-29，83-84.

[57] 桂林市建筑设计室编著.桂林风景建筑 [M].北京：中国建筑工业出版社，1982.

[58] 国家统计局.建筑业持续快速发展，城乡面貌显著改善——新中国成立 70 周年经济社会发展成就系列报告之十 [EB/OL]. http://www.stats.gov.cn/tjsj/zxfb/201907/t20190731_1683002.html. [2019-07-31].

[59] 国家统计局社会统计司.中国劳动工资统计资料 1949-1985[M].北京：中国统计出版社，1987.

[60] 国务院办公厅.关于大力发展装配式建筑的指导意见 发文字号：国办发〔2016〕71 号，2016年 9 月 27 日。

[61] 国务院发展研究中心，世界银行.中国：推进高效、包容、可持续的城镇化 [M].北京：中国发展出版社，2014.

[62] 国务院新闻办公室.《中国的对外援助》白皮书 [EB/OL]. http://www.scio.gov.cn/zxbd/tt, Document/1011345/1011345_1.htm. [2014-4-21].

[63] （美）大卫·哈维著.巴黎城记：现代性之都的诞生 [M].桂林：广西师范大学出版社，2010.

[64] 韩佳纹.当代中国建筑师职业意识和轨迹的复杂性解析 [J].新建筑，2020（03）：96-99.

[65] 何镜堂，李绮霞.造型·功能·空间与格调——谈深圳科学馆的设计特色 [J].建筑学报，1988（07）：10-15.

[66] 何镜堂，倪阳，刘宇波.突出遗址主题：营造纪念场所——侵华日军南京大屠杀遇难同胞纪念馆扩建工程设计体会 [J].建筑学报，2008（03）：10-17.

[67] 何镜堂.当代大学校园规划理论与设计实践 [M].北京：中国建筑工业出版社，2009.

[68] 何镜堂，郭卫宏，郑少鹏，黄沛宁.一组岭南历史建筑的更新改造——何镜堂建筑创作工作室设计思考 [J].建筑学报，2012（08）：56-57.

[69] 何镜堂，郑少鹏，郭卫宏.大地的纪念：映秀·汶川大地震震中纪念地 [J].时代建筑，2012（02）：106-111.

[70] 何镜堂.华南理工大学建筑学科产学研一体化教育模式探析 [J].南方建筑，2012（05）：4-6.

[71] 何镜堂工作室 [J].城市环境设计，2019（09）：92.

[72] 胡德君.创作新设想方案的己见 [J].建筑学报，1984（12）：16-18.

[73] 胡德鹿.建筑结构设计规范六十二年简介 [J].工程建设标准化，2015（07）：84-91.

[74] 胡建新，张杰，张冰冰.传统手工业城市文化复兴策略和技术实践——景德镇“陶溪川”工

业遗产展示区博物馆、美术馆保护与更新设计 [J]. 建筑学报，2018（05）：26-27.

[75] 胡建中，李俊杰. 上海博物馆新馆设计方案刍论 [J]. 建筑师，1993（53）：14-57.

[76] 胡荣国. 与境外设计公司合作设计的经验 [J]. 建筑科学，2007（05）：65-69.

[77] 华北行政委员会建筑工程局编. 建筑设计试行规范 [M]. 华北行政委员会建筑工程局，1954.

[78] 华揽洪，吴良镛. 国际建筑师协会执行委员波兰建筑师海伦娜·锡尔库斯教授关于标准设计的报告 [J]. 建筑学报，1955（02）：56-68.

[79] 华揽洪. 关于北京右安门实验性住宅设计经验介绍 [J]. 建筑学报，1955（03）：24-34.

[80] 华揽洪. 关于住宅标准设计方案的分析 [J]. 建筑学报，1956（03）：103-112.

[81] 华揽洪. 北京幸福村街坊设计 [J]. 建筑学报，1957（03）：16-35.

[82] 华揽洪. 一个念头的实现——忆幸福村规划 [G]// 杨永生编. 建筑百家回忆录. 北京：中国建筑工业出版社，2000.

[83] 华霞虹，郑时龄. 同济大学建筑设计院 60 年 [M]. 上海：同济大学出版社，2018.

[84] 黄昉苨. 建成非盟总部大楼的中国人 [N]. 青年参考（A08），2012-04-11.

[85] 黄少宏，于伟，慕野，马聘，孙青林. 北川新县城安居工程规划与设计回顾 [J]. 城市规划，2011，35（S2）：87-91.

[86] 黄元昭. 当代建筑师访谈录 [M]. 北京：中国建筑工业出版社，2014.

[87] 黄镇. 周恩来冒险访问加纳让中国形象在非洲大增光辉 [EB/OL]. 人民网，http：//zhouenlai. people.cn/n1/2018/0420/c409117-29940150.html. [2018-04-20].

[88] 黄正骊. 中国建造在非洲：专访马维胜 [J]. 城市中国，2014（63）：74-79.

[89] 吉伯德著. 市镇设计 [M]. 程里尧译. 北京：中国建筑工业出版社，1983.

[90] 季聪. 金茂大厦的施工图设计与管理 [J]. 建筑施工，1997（05）：35-36.

[91] 贾东东，吴耀东. 总结经验，提出问题，找出差距，促进发展——第二次中外建筑师合作设计研讨会召开 [J]. 世界建筑，1997（05）：7-8.

[92] 贾璐. 高校建筑学院教授工作室发展研究 [D]. 天津大学，2012.

[93] 《建筑创作》杂志社、天津大学出版社编著. 建筑中国六十年—机构卷 [M]. 天津：天津大学出版社，2009.

[94] 建筑工程部建筑科学研究院编. 建筑气候分区讨论会议报告集 [C]. 北京：建筑工程部建筑科学研究院，1958.

[95] 建筑设计资料集编委会. 建筑设计资料集 [M]. 第二版. 北京：中国建筑工业出版社，1994.

[96] 江宏. 坦桑尼亚国家体育场 [J]. 建筑创作，2007（01）：50-55.

[97] 金瓯卜. 全国第一家国营建筑设计院成立情况——庆贺华东建筑设计院成立五十周年 // 杨永生. 建筑百家回忆录 [M]. 北京：中国建筑工业出版社，2003：107-110.

[98] 凯文·林奇著. 城市意象 [M]. 项秉仁译. 北京：中国建筑工业出版社，1990.

[99] 孔祥祯. 国家建设委员会孔祥祯副主任的讲话 [J]. 建筑学报，1957（03）：1-5，13.

[100] （法）布鲁诺·拉图尔著；刘文旋，郑开译. 科学在行动 怎样在社会中跟随科学家和工程师 [M]. 北京：东方出版社，2005.

[101] 赖德霖，王浩娱，袁雪平，司春娟．近代哲匠录：中国近代重要建筑师、建筑事务所名录 [M]．北京：中国水利水电出版社，知识产权出版社，2006．

[102] 赖德林．中国近代建筑师研究 [J]．北京：清华大学出版社，2007．

[103] 李百浩，王玮．深圳城市规划发展及其范型的历史研究 [J]．城市规划，2007（02）：70-76．

[104] 李春舫．形式之外——太原南站建筑创作实践 [J]．新建筑，2018（01）：44-48．

[105] 李椿龄．降低标准后的二区住宅定型设计介绍 [J]．建筑学报，1955（01）：95-100．

[106] 李华，葛明．"知识构成"——一种现代性的考查方法：以 1992-2001 中国建筑为例 [J]．建筑学报，2015（11）：4-8．

[107] 李华，董苏华．张钦楠先生谈个人经历与中国建筑的改革开放 [G]// 陈伯超，刘思铎．中国建筑口述史文库 抢救记忆中的历史．上海：同济大学出版社，2018：8-19．

[108] 李克主编；郑州市郑东新区管理委员会，郑州市城市规划局编著．郑州市郑东新区城市规划与建筑设计（2001-2009）全 5 册 [M]．北京：中国建筑工业出版社，2010．

[109] 李敏．"赶农民上楼"荒唐在何处 [N]．腾讯新闻．http：//view.news.qq.com/original/intouchtoday/n3290.html. [2015-09-22]．

[110] 李姝，彭一刚，蔡镇钰，崔愷，姜维，赵小钧，柳冠中．中国建筑师 VS 境外建筑师——由国家大剧院引发的思考 [J]．城市环境设计，2004（01）：56-60．

[111] 李兴钢．第一见证："鸟巢"的诞生、理念、技术和时代决定性 [D]．天津大学，2012．

[112] 李兴钢．静谧与喧嚣 [M]．北京：中国建筑工业出版社，2015．

[113] 李颖春．"新村"一个建筑历史研究的观察视角 [J]．时代建筑，2017（02）：16-20．

[114] 李宗泽．建筑：历史·文化·空间 [J]．建筑学报，1991（03）：33-39．

[115] 梁思成．党引导我们走上正确的建筑教学方向 [J]．建筑学报，1959（02）：1-2．

[116] 梁应添，崔愷．历史文化与现代化结合的探求：西安阿房宫宾馆建筑创作介绍 [J]．建筑学报，1991（02）：42-47．

[117] 林克明，世纪回顾：林克明回忆录 [M]．广州市政协文史资料委员会，1995．

[118] 林乐义．谈谈我们建筑师这一行 [J]．建筑师，1979（01）：7-9．

[119] 刘嘉纬，华霞虹．时代语境中的"形式"变迁——上海华东电力大楼的 30 年争论 [J]．时代建筑，2018（06）：54-57．

[120] 刘山在，黄啸．刘山在：缺钱少技术，金茂如何建成的 [J]．浦东开发，2020（04）：23-26．

[121] 刘秀峰．创造中国的社会主义的建筑新风格 [J]．建筑学报，1959（z1）：3-12．

[122] 刘亦师．《建筑学报》创刊始末 [J]．建筑学报，2014（Z1）：69-73．

[123] 刘亦师．中国建筑学会 60 年史略——从机构史视角看中国现代建筑的发展 [J]．新建筑，2015（02）：142-147．

[124] 刘玉奎，袁镜身等编著．刘秀峰风雨春秋 [M]．北京：中国建筑工业出版社，2002．

[125] 娄承浩，薛顺生．历史环境保护的理论与实践——上海百年建筑师和营造师 [M]．上海：同济大学出版社，2011．

[126] 娄承浩，陶玮珺．陈植：世纪人生 [M]．北京：中国建筑工业出版社，2013．

[127] 芦原义信. 外部空间设计 [M]. 尹培桐译. 北京：中国建筑工业出版社，1985.

[128] 吕俊华. 台阶式花园住宅系列设计 [J]. 建筑学报，1984（12）：14-15.

[129] 绿色奥运建筑研究课题组. 绿色奥运建筑评估体系 [M]. 北京：中国建筑工业出版社，2003.

[130] 马国馨. 近代中外建筑交流的回顾及其他 [J]. 世界建筑，1993（04）：9-14.

[131] 马立诚. 大突破：新中国私营经济风云录 [M]. 北京：中华工商联合出版社，2006.

[132] 毛泽东. 毛泽东选集，第三卷 [M]. 北京：人民出版社，1953.

[133] 毛泽东. 毛泽东选集，第四卷 [M]. 北京：人民出版社，1960.

[134] 毛泽东. 毛泽东选集，第五卷 [M]. 北京：人民出版社，1977.

[135] 梅季魁. 大型体育馆的形式，采光及视觉质量问题 [J]. 建筑学报，1959（12）：16-21.

[136] 梅季魁. 吉林冰上运动中心设计回顾 [J]. 建筑学报，1987（07）：40-45.

[137] 梅季魁口述. 往事琐谈：我与体育建筑的一世情缘 [M]. 孙一民，侯叶访谈与编辑. 北京：中国建筑工业出版社，2018.

[138] 孟建民，徐昀超，邢立华，招国健，冯咏刚，韩庆. 纪念之前，重建之后——关于玉树地震遗址纪念馆的未完成记录 [J]. 建筑技艺，2015（05）：75-81.

[139] 《民间影像》编. 文远楼和她的时代 [M]. 上海：同济大学出版社，2017.

[140] 莫伯治. 白云珠海寄深情：忆广州市副市长林西同志 [J]. 南方建筑，2000（03）：60-61.

[141] 莫伯治. 中国庭园空间组合浅说 // 莫伯治文集 [M]. 曾昭奋编. 北京：中国建筑工业出版社，2008：166-170.

[142] 南京市规划局编. 侵华日军南京大屠杀遇难同胞纪念馆规划设计扩建工程概念方案国际征集作品集 [M]. 北京：中国建筑工业出版社，2007.

[143] 彭培根. 成长中的"大地" [J]. 建筑学报，1987（07）：3.

[144] 彭一刚，屈浩然. 在住宅标准设计中对于采用外廊式小面积居室方案的一个建议 [J]. 建筑学报，1956（06）：39-48.

[145] 彭一刚. 建筑空间组合论 [M]. 北京：中国建筑工业出版社，1983.

[146] 彭一刚. 苏州古典园林分析 [M]. 北京：中国建筑工业出版社，1986.

[147] 齐格蒙特·鲍曼. 流动的现代性 [M]. 欧阳景根译. 上海：上海三联书店，2002.

[148] 齐嘉川，符永贤，于长江. 雄安市民服务中心党工委管委会及雄安集团办公楼设计——本原设计之雄安实践 [J]. 建筑学报，2018（08）：20-22.

[149] 齐康. 构思的钥匙——记南京大屠杀纪念馆方案的创作 [J]. 新建筑，1986（02）：3-7，2.

[150] 秦亚洲，刘金辉. 直接损失600多亿元，"惠农工程"成烂尾——河南部分新型农村社区建设调查 [EB/OL]. 新华社，http://news.xinhuanet.com/politics/2016-12-29/c_1120215918.htm. [2016-12-29].

[151] 区自，朱振辉. 深圳国际贸易中心 [J]. 建筑学报，1986（08）：62-67，84.

[152] 曲万林. 1949—1959年国庆工程及经验启示 [G]// 张星星主编. 当代中国成功发展的历史经验：第五届国史学术年会论文集. 北京：当代中国出版社，2007：280-289.

[153] 任力之，张丽萍，吴杰. 矗立非洲——非盟会议中心设计 [J]. 时代建筑，2012（03）：94-101.

[154] 任祖华，陈谋朦. 一种新的建筑模式的探索——雄安市民服务中心企业临时办公区设计 [J].

建筑学报，2018（08）：10-13.

[155]　尚廓. 建筑创作与表现：风景建筑设计 [M]. 哈尔滨：黑龙江科学技术出版社，2003.

[156]　邵韦平，王鹏. 审慎的尊重和理性的思考——国际明星建筑师及其作品给中国建筑师带来了什么?[J]. 时代建筑，2003（04）：66-69.

[157]　邵韦平. 首都机场 T3 航站楼设计 [J]. 建筑学报，2008（05）：1-13.

[158]　社论. 加快设计进度，提早供给图纸 [N]. 人民日报，1956 年 1 月 6 日。

[159]　沈勃，戴念慈. 德意志民主共和国建筑师协会第二次全国代表大会的情况 [J]. 建筑学报，1955（02）：90-95.

[160]　沈勃. 回忆建筑设计院创建岁月 [G]//《建筑创作》杂志社编. 建筑中国六十年 1949-2009. 事件卷. 天津：天津大学出版社，2009：351-358.

[161]　深圳市规划和国土资源委员会，《时代建筑》杂志编著. 2000-2015 深圳当代建筑 [M]. 上海：同济大学出版社，2016.

[162]　沈志华. 苏联专家在中国 [M]. 北京：新华出版社，2009.

[163]　华东建筑设计研究总院.《时代建筑》杂志编辑部. 悠远的回声——汉口路 151 号 [M]. 上海：同济大学出版社，2016.

[164]　师哲口述. 在历史巨人身边：师哲回忆录 [M]. 北京：九州出版社，2015.

[165]　石林. 当代中国的对外经济合作 [M]. 北京：中国社会科学出版社，1989.

[166]　宋融，刘开济. 关于小面积住宅设计的探讨 [J]. 建筑学报，1957（08）：34-44.

[167]　宋融，刘开济. 关于小面积住宅的探讨（下）[J]. 建筑学报，1957（09）：93-108.

[168]　孙瑞鸢. 三反五反运动 [M]. 北京：新华出版社，1991.

[169]　苏联电站部装修工程生产技术管理局制订；刘瑞菜译. 有承重钢筋构架的钢筋混凝土结构设计规范 [M]. 北京：燃料工业出版社，1954.

[170]　苏联工业建筑中央科学研究院撰；杨春禄译. 钢筋混凝土结构设计标准及技术规范 [M]. 东北工业出版社，1952.

[171]　苏联中央建筑科学研究院砖石结构试验室撰；东北人民政府工业部设计处翻译科译. 砖石及钢筋砖石结构设计规范合册 [M]. 东北工业出版社，1952.

[172]　苏联重工业企业建筑部编；中央纺织工业部设计公司翻译组译. 地震区建筑规范 [M]. 北京：纺织工业出版社，1954.

[173]　上海建筑设计研究院编. 建筑大家汪定曾 [M]. 天津：天津大学出版社，2017.

[174]　苏童，郭泾杉，王珊珊. 专访苏童：乡建是一种信仰 [J]. 小城镇建设，2017（03）：32-36.

[175]　孙骅声. 他山之石，可以攻玉——深圳市城市规划与设计中的涉外经历 [J]. 世界建筑导报，1999（05）：3-5.

[176]　孙平主编. 上海城市规划志 [M]. 上海：上海社会科学出版社，1999.

[177]　孙彤，殷会良，朱子瑜. 北川新县城总体规划及设计理念 [J]. 建设科技，2009（09）：26-30.

[178]　谭志民. 桂林十余年中外设计合作回顾 [J]. 世界建筑，1993（04）：14-17.

[179]　陶德坚. 设计体制改革的先锋：访"中京建筑事务所"总经理严星华 [J]. 新建筑，1986（03）：

9-11.

[180] （英）汤姆·米勒著;李雪顺译.中国十亿城民 人类历史上最大规模人口流动背后的故事 [M]. 厦门：鹭江出版社，2014.

[181] 陶宗震口述，王凡整理.天安门广场规划和人民大会堂设计方案是怎样诞生的 [G].// 王兆成 主编.历史学家茶座 2 第 5-8 辑合订本.济南：山东人民出版社，2010：89-101.

[182] 天津大学建筑学院编.徐中先生百年诞辰纪念文集 [M].沈阳：辽宁科学技术出版社，2013.

[183] 同济大学都江堰壹街区项目组.齐心戮力，彰显个性：都江堰壹街区项目建筑设计体验 [J]. 时代建筑，2011（06）：40-49.

[184] 同济大学建筑与城市规划学院编.吴景祥纪念文集 [M].北京：中国建筑工业出版社，2012.

[185] 汪定曾.上海曹杨新村住宅区的规划设计 [J].建筑学报，1956（02）：1-15.

[186] 上海建筑设计研究院编.建筑大家汪定曾 [M].天津：天津大学出版社，2017.

[187] 汪恒.激荡与超越——关于中外合作设计的几点思考 [J].世界建筑，1997（05）：27-29.

[188] 王栋岑.北京建筑十年 [J].建筑学报，1959（Z1）：13-17.

[189] 王弗，刘志先.新中国建筑业纪事（1949-1989）[M].北京：中国建筑工业出版社，1989，32.

[190] 王华彬.我们对东北某厂居住区规划设计功过的检查 [J].建筑学报，1955（02）：20-23.

[191] 王晖，陈帆.写意与几何——对比浙江美术馆和苏州博物馆 [J].建筑学报，2010（06）：70-73.

[192] 王金森主编.中国建筑设计研究院成立五十周年纪念丛书 1952-2002 历程篇 [M].北京：清华 大学出版社，2002.

[193] 王俊，赵基达，胡宗羽.我国建筑工业化发展现状与思考 [J].土木工程学报，2016，49（05）： 1-8.

[194] 王俊杰.中国城市单元式住宅的兴起：苏联影响下的住宅标准设计，1949-1957[J].建筑学报， 2018（01）：97-101.

[195] 王平.宋朝李诚编修《营造法式》对古代建筑标准化的贡献 [J].标准科学，2009（01）：13-17.

[196] 王天锡.建筑审美的几何特性 [M].哈尔滨：黑龙江科学技术出版社，1999.

[197] 王天锡.新路初探：关于建设部北京建筑设计事务所 [J].建筑学报，1986（08）：2-5.

[198] 王天锡.瓦努阿图议会大厦 [J].建筑学报，1992（04）：63.

[199] 王文.“海外和港台建筑师在大陆作品研讨会”在佛山市召开 [J].华中建筑，1993（04）：38.

[200] 王小东.新疆友谊宾馆三号楼设计简介 [J].建筑学报，1985（11）：61-65+85-86.

[201] 王兴田，杨宇，戴春.话语流变与群体更迭：当代中国建筑创作论坛 30 年 [J].时代建筑， 2015（01）：160-163.

[202] 王元舜.口述历史：杨家闻先生的回忆 [J].建筑技艺，2013（01）：250-253.

[203] 王元舜.大行政区制度背景下董大酉在西北建筑设计公司建筑实践初探与思考 [J].时代建筑， 2018（05）：34-37.

[204] 韦拉，刘伯英.从“一汽”“一拖”看从美国向苏联再向中国的工业技术转移.工业建筑， 2018，48（08）：23-31.

[205] 韦拉，刘伯英. 从"一汽""一拖"看苏联向中国工业住宅区标准设计的技术转移. 工业建筑，2019（07）：30-39.

[206] 巫加都. 建筑师巫敬桓、张琦云 [M]. 北京：中国建筑工业出版社，2015.

[207] 吴景祥. 边教学边生产是理论联系实际的好办法 [J]. 建筑学报，1958（07）：39.

[208] 吴良镛. 广义建筑学 [M]. 北京：清华大学出版社，1990.

[209] 吴良镛. 北京旧城菊儿胡同 [M]. 北京：中国建筑工业出版社，1994.

[210] 吴良镛. 人居环境科学导论 [M]. 北京：中国建筑工业出版社，2001.

[211] 吴涛. 中国建筑业年鉴—2015（总第 26 卷）[M].《中国建筑业年鉴》杂志有限公司，2016.

[212] 吴长福，汤朔宁，谢振宇. 建筑创作产学研协同发展之路 同济大学建筑设计研究院（集团）有限公司都市建筑设计院十年历程 [J]. 时代建筑，2015（06）：150-159.

[213] 夏行时. 建筑工程中要力求节约木材 [N]. 人民日报，第二版. 1951 年 1 月 9 日。

[214] 肖毅强，陈智. 华南理工大学建筑设计研究院发展历程评析 [J]. 南方建筑，2009（05）：10-14.

[215] 谢守穆，胡璘.《建筑气候区划标准》简介 // 中国建筑学会建筑物理学术委员会编. 第六届建筑物理学术会议论文选集 [C]. 北京：中国建筑工业出版社，1993：320-323.

[216] 谢宇新，陈小鹏，林和平. 忆林西：献给向绿色生态追梦的前辈 [M]. 广州：广东人民出版社，2016.

[217] 邢同和，徐拓. 上海博物馆：天圆地方"讲述"上下五千年 [G]// 口述上海重大工程. 上海：上海教育出版社，2009：310-318.

[218] 邢同和，滕典. 上海博物馆新馆设计 [J]. 建筑学报，1994（05）：9-15.

[219] 邢同和. 跨越时空的中外建筑设计合作 [J]. 世界建筑，1997（05）：15-18.

[220] 邢同和. 城市品位的标志——谈金茂大厦建筑设计 [J]. 建筑创作，2001（03）：8-18.

[221] 熊丙奇. 科研项目应取消"纵向"和"横向"分类 [N]. 中国科学报，2013 年 1 月 10 日。

[222] 许懋彦，董笑笑. 清华大学 1950 年代的校园规划与东扩 [J]. 建筑史，2019（02）：165-180.

[223] 徐尚志. 在肯尼亚的日日夜夜 [G]// 杨永生主编. 建筑百家回忆录续编. 北京：知识产权出版社，中国水利水电出版社，2003：247-258.

[224] 徐维平. 务实·专注·理性：让创新走得更远——"武汉中心"超高层设计实践 [J]. 建筑学报，2019（03）：24-27.

[225] 徐之江. 关于"降低标准后的二区住宅定型设计介绍"的讨论 [J]. 建筑学报，1955（03）：89-93.

[226] 徐之江. 对"关于北京右安门实验性住宅设计经验介绍"的一些意见 [J]. 建筑学报，1956（01）：118-123.

[227] 许晓东. 六十岁真正起步的建筑人生——访华南理工大学建筑学院院长兼设计院院长、总建筑师何镜堂 [J]. 设计家，2010（01）：24-31.

[228] 徐宗武，顾工. 基于文化自觉的建筑设计——福州海峡文化艺术中心创作与实践 [J]. 建筑学报，2019（10）：70-73.

[229] 薛求理 . 评说邢同和 . 邢同和：中国著名建筑师 [M]. 北京：中国建筑工业出版社，1999：350-353.

[230] 薛求理 . 中国特色的建筑设计院 [J]. 时代建筑，2004（01）：27-31.

[231] 薛求理 . 中国建筑实践 [M]. 北京：中国建筑工业出版社，2009.

[232] 薛求理 . 世界建筑在中国 [M]. 香港：三联书店（香港）有限公司，2010.

[233] 薛求理 . 立足江南，怀抱世界：再读程泰宁 [J]. 城市 - 环境 - 设计，2011（04）：46-51.

[234] 薛求理 . 营山造海——香港建筑 1945-2015 [M]. 上海：同济大学出版社，2015.

[235] 严星华 . 只有改革，才有生命力：中京建筑事务所简况 [J]. 建筑学报，1987（10）：2-3.

[236] 杨秉德等 . 中国近代城市与建筑 [M]. 北京：中国建筑工业出版社，1993.

[237] 杨辰 . 从模范社区到纪念地—— 一个工人新村的变迁史 [M]. 上海：同济大学出版社，2019.

[238] 杨苗丽，周艳红 . 留得清绿在人间：林西 [M]. 广州：广东人民出版社，2016.

[239] 杨廷宝 . 国际建筑师协会第四届大会情况报道 [J]. 建筑学报，1955（02）：69-82.

[240] 杨永生 . 中国四代建筑师 [M]. 中国建筑工业出版社，2002.

[241] 杨宇振 . 超越东西之间：当代中国建筑史的写法 [J]. 建筑与文化，2011（07）：41-43.

[242] 杨宇振 . 树木与森林：当代中国建筑文化研究初议：兼谈建筑教育与建成环境 [C]//2009 全国建筑教育学术研讨会论文集，北京：中国建筑工业出版社，2009：33-38.

[243] 叶如棠 . 中国建筑学会四十年的回顾与展望 [J]. 建筑学报，1994（01）：8-13.

[244] 叶湘蔼，中西教我为人诚实，做事踏实 [G]// 陈瑾瑜 . 回忆中西女中 1949-1952. 上海：同济大学出版社，2016：80-82.

[245] 伊利尔·沙里宁 . 城市：它的发展、衰败与未来 [M]. 顾启源译 . 北京：中国建筑工业出版社，1986.

[246] 由宝贤 . 忆班达拉奈克国际会议大厦的设计 [G]// 中国建筑设计研究院 . 建筑设计札记 . 北京：清华大学出版社，2007：290-295.

[247] 于冰 . 第一届中国建筑传媒奖最佳建筑奖提名语 [EB/OL]. http：//www.ikuku.cn/project/zhongguo-shiyou-daxia. [2020-3-21].

[248] 余畯南 . 低造价能否做出高质量的设计？友谊剧院建筑设计 [J]. 建筑学报，1980（03）：16-19.

[249] 余畯南 . 林西：岭南建筑的巨人 [J]. 南方建筑，1996（1）：58.

[250] 袁镜身 . 建筑漫记 [M]. 北京：中国建筑工业出版社，1991.

[251] 曾昭奋，张在元主编 . 当代中国建筑师 [M]. 北京：中国建筑工业出版社，1988.

[252] 曾昭奋 . 阳关道与独木桥 [J]. 建筑师，1989（36）：1-25.

[253] 曾昭奋 . 争气与泄气——中日青年交流中心琐记 [J]. 世界建筑，1992（01）：22-29.

[254] 翟大陆 . 中建部设计总局编制新的民用建筑标准设计 [J]. 建筑学报，1955（02）：96.

[255] 张镈 . 我的建筑创作道路 [M]. 北京：中国建筑工业出版社，1994.

[256] 张镈 . 我的建筑创作道路 [M]. 杨永生主编，天津：天津大学出版社，2011.

[257] 张复合 . 中国第一代大会堂建筑——清末资政院大厦和民国国会议场 [J]. 建筑学报，1995（5）：45-48.

[258] 张爵扬，张相勇，张春水，陈华周，夏远哲，赵云龙．石家庄国际会展中心施工模拟分析及应用研究 [J]．建筑结构，2020，50（23）：37-42，23．

[259] 张开济．"多层、高密度"大有可为——介绍两个住宅组群设计方案 [J]．建筑学报，1989（07）：6-10．

[260] 张伶伶，李辰琦，黄勇，高学松．辽东湾体育中心 [J]．建筑学报，2013（10）：72-76．

[261] 张路峰．观胜景几何有感 [G]// 建筑评论文集．上海：同济大学出版社，2015：505-507．

[262] 张男，崔愷．殷墟博物馆 [J]．建筑学报，2007（01）：34-39．

[263] 张钦楠．念慈同志晚年的一些创作观点及作品 [J]．建筑学报，1992（03）：8-11．

[264] 张钦楠．从小做起——从建学建筑与工程设计所的几项实践中看建筑创作 [J]．建筑学报，2002（01）：C₂，C₃，C₄，17．

[265] 张钦楠．五十年沧桑：回顾国家建筑设计院的历史 [G]// 杨永生主编．建筑百家回忆录续编．北京：知识产权出版社，2003：100-106．

[266] 张秀国，刘锦标．合作·汲取·升华：国家大剧院合作设计心得 [J]．建筑创作，2007（10）：74-78．

[267] 张一，闫晓萌．雄安市民服务中心总体规划以及规划展示中心、政务服务中心、会议培训中心设计 [J]．建筑学报，2018（08）：2-3．

[268] 张一莉主编．建设成果篇 改革开放40年深圳建设成就巡礼 [M]．北京：中国建筑工业出版社，2018．

[269] 张一莉主编．城市设计篇 改革开放40年深圳建设成就巡礼 [M]．北京：中国建筑工业出版社，2018．

[270] 张郁慧．中国对外援助研究（1950—2010）[M]．北京：九州出版社，2012．

[271] 赵钿．郭公庄一期公共租赁住房社区规划设计 [J]．建筑设计管理，2016，33（01）：7-12．

[272] 赵光．技术规格书在工程项目中的应用 [J]．绿色建筑，2012，4（01）：66-68；

[273] 赵元超．天地之间：张锦秋建筑思想集成研究 [M]．北京：中国建筑工业出版社，2016．

[274] 政务院财政经济委员会总建筑处编著．建筑设计规范初稿 [M]．财务员财政经济委员会总建筑处，1952．

[275] 中国工程院编著．中国当代建筑设计发展战略 [M]．北京：高等教育出版社，2014．

[276] 中国建筑学会、国家建委建筑研究院．旅馆建筑 [M]．北京：中国建筑学会，1979．

[277] 中国建筑学会、《建筑学报》杂志社编著．玉树灾后重建重点工程建筑设计 [M]．北京：中国建筑工业出版社，2016．

[278] 中华人民共和国建筑工程部编．钢混凝土结构设计暂行规范 规结 -6-55[M]．北京：建筑工程出版社，1955．

[279] 中华人民共和国建筑工程部编．建筑设计规范 [M]．北京：建筑工程出版社，1955．

[280] 中华人民共和国外交部．中共中央文献研究室．周恩来外交文选 [M]．北京：中央文献出版社，1990．

[281] 中建总公司设计联合体，赵小钧，王敏，商宏．"水立方"之设计构思 [J]．北京规划建设，

2003（05）：116-120.

[282] 中央文献研究室.建国以后重要文件选编（第一册）[M].北京：中央文献出版社，1992.

[283] 周莉华.何镜堂建筑人生 [M].广州：华南理工大学出版社，2010.

[284] 周荣鑫.深入开展建筑界的反右派斗争 [J].建筑学报，1957（09）：1-4.

[285] 朱恒谱、张毓科、王元敢、冯焕、马韵玉.《建筑设计资料集》编辑记事——总类组始末 [G]//《岁月·情怀：原建工部北京工业建筑设计院同仁回忆》编委会编.岁月、情怀——原建工部北京工业建筑设计院同仁回忆.上海：同济大学出版社，2015：174-180.

[286] 朱剑飞，设计院宣言 [G]// 西岸 2013 建筑与艺术双年展组委会编.西岸 2013 建筑与艺术双年展建筑分册.上海：同济大学出版社.2013：112-113.

[287] 朱剑飞.形式与政治：建筑研究的一种方法 二十年工作回顾，1994-2014 [M].上海：同济大学出版社，2018.

[288] 朱剑飞，张璐，孙成.王澍与隈研吾——东亚建筑师写作策略微观个案研究 [J].时代建筑，2020（02）：144-153.

[289] 朱涛.大跃进中的人民大会堂 [J].建筑文化研究，2012（01）：92-152.

[290] 朱晓明，吴杨杰.独立与外援 柬埔寨新高棉建筑及总建筑师凡·莫利万作品研究 [J].时代建筑，2018（06）：131-135.

[291] 朱晓明，吴杨杰.自主性的历史坐标：中国三线建设时期《湿陷性黄土地区建筑规范》（BJG20-66）的编制研究 [J].时代建筑，2019（06）：58-63.

[292] 朱晓明.20 世纪六七十年代几个工程技术问题与我国三线建设工业建筑设计 [J].城市建筑，2019，16（10）：102-105.

[293] 朱阳，郭永钧主编.毛泽东的社会主义观 [M].北京：人民出版社，1994：242-244.

[294] 朱亦民.后激进时代的建筑笔记 [M].上海：同济大学出版社，2018.

[295] 朱子瑜，崔愷主编.建筑新北川 [M].中国建筑工业出版社，2011.

[296] 庄惟敏主编.清华大学建筑设计研究院纪念文集 [C].北京：清华大学出版社，2008.

[297] 庄惟敏，章宇贲，王禹.人性化、标准化、生态化的居住空间——雄安市民服务中心周转及生活服务用房设计 [J].建筑学报，2018（08）：26-28.

[298] 邹德侬.中国现代建筑史 [M].天津：天津科学技术出版社，2001.

[299] 邹德侬.中国现代建筑二十讲 [M].北京：商务印书馆，2015.

未知作者：

[1] 发刊词 [J].建筑学报，1954（01）：1.

[2] 东北基本建设部门将普遍推广建筑物标准设计 [J].新华社新闻稿，1952（925-955）：159-160.

[3] 佛山：海外和港台建筑师在大陆作品研讨会 [J].世界建筑，1993（04）：8.

[4] 国家计划委员会，对外经济贸易部发布，中外合作设计工程项目暂行规定，1986 年 6 月 5 日.

[5] 合作与交流——"第二次中外建筑师合作设计研讨会"综合报道 [J].时代建筑，1997（03）：4-7.

[6] 坚决降低非生产性建筑的标准 [N].人民日报，1955 年 6 月 19 日。

[7] 建筑：混凝土工程建筑规范（第十二卷第一、二期）[J]. 中华工程师学会会报，1925（第 3-4 期）：53-65.

[8] 建筑：基础工程建筑规范（译美国建筑杂志）[J]. 中华工程师学会会报，1924（第 9-10 期）：1-10.

[9] 深圳经济特区总体规划简介 [J]. 城市规划，1986（06）：9-14.

[10] 陶溪川文化创意园区 [J]. 建筑创作，2018（03）：26-69.

[11] 问：标准、规范、规程有何区别与联系？ [J]. 工程建设标准化，2007（05）：36.

[12] 在我国经济建设事业中苏联先进经验和先进技术发挥重大作用 [N]. 人民日报，第二版 . 1952 年 11 月 9 日。

[13] 中共中央关于精简建造队伍的决定，北京市政档案，1961.

[14] 中国建筑业年鉴 [M]. 北京：中国建筑工业出版社，2012.

[15] 中国人民政治协商会议第一届全体会议 . 中国人民政治协商会议共同纲领 [M]. 北京：人民出版社，1952.

俄语文献：

И.А. Казусь. Советская архитектура 1920-х годов：организация проектирования. - М.：Прогресс-Традиция，2009. [I.A. Kazus. Soviet Architecture of the 1920s：Design Organization. Moscow：Progress-Tradition，2009.]

英文文献：

[1] Peter Adey，David Bissell，Kevin Hannam et. al.：The Routledge Handbook of Mobilities[M]. London；New York，Routledge，2014.

[2] Stanley Allen and G. B. Piranesi. Piranesi's "Campo Marzio"：An Experimental Design[J]. Assemblage，No. 10（Dec.，1989），70-109.

[3] Anders Aman. Architecture and Ideology in Eastern Europe during the Stalin Era：An Aspect of Cold War History[M]. Cambridge，MA.：MIT Press，1993.

[4] Anonymous. China in Africa：Never too Late to Scramble[J]. The Economist，2006（10）：53-56.

[5] Nick Beech. Humdrum Tasks of the Salaried Men：Edwin Williams，A London County Council at War[J]. Footprint—Delft Architecture Theory Journal，2015（9）：9-26.

[6] Walter Benjamin. The Author as Producer[M]// Michael W. Jennings et al. eds. Selected Writings，volume 2：1927-1934，Cambridge，Mass.；London：Belknap Press of Harvard University Press，1999，768-782.

[7] Pierre Bordieu. The Field of Cultural Production：Essays on Art and Literature[M]. New York：Columbia University Press，1984.

[8] Pierre Bourdieu. The Forms of Capital[M]// J. G. Richardson. Handbook for Theory and Research for the Sociology of Education. New York：Greenwood Publishing Group，1986，241-258.

[9] David Bray. Social Space and Governance in Urban China[M]. Stanford：Stanford University Press，2005.

[10] Richard Burdett, Richard Rogers Partnership, Works and Projects[M]. New York: The Monacelli Press, 1996.

[11] Cong Cao, China's Scientific Elite[M]. London and New York: Routledge, 2004.

[12] Mario Carpo, Architecture in the Age of Printing: Orality, Writing, Typography, and Printed Images in the History of Architectural Theory[M]. Translated by Sarah Benson. Cambridge, Mass.: MIT Press, 2001.

[13] Greg Castillo. Cold War on the Home Front: The Soft Power of Midcentury Design[M]. Minneapolis: University of Minnesota Press, 2010.

[14] Aaron Cayer, Peggy Deamer, Sben Korsh, Eric Peterson and Manuel Shvartzberg, eds., Asymmetric Labors: The Economy of Architecture in Theory and Practice[M]. New York: The Architecture Lobby, 2016.

[15] David Chappell, Michael H. Dunn. The Architect in Practice[M]. Hoboken, New Jersey: Wiley-Blackwell, 2005.

[16] Ronald Coase and Ning Wang. How China Became Capitalist [M]. New York: Palgrave Macmillan, 2012.

[17] Jeffery W. Cody. Exporting American Architecture, 1870-2000[M]. London and New York: Routledge, 2003.

[18] Helen Constas. Max Weber's Two Conceptions of Bureaucracy [J]. American Journal of Sociology, Vol. 63 (4)1958: 400-409.

[19] Tim Cresswell. Towards a Politics of Mobility[J]. Environment and Planning D: Society and Space, 28, 1 (2010): 17-31.

[20] Layla Dawson. China's New Dawn: An Architectural Transformation[M]. Munich and London: Prestel, 2005.

[21] Edward Denison, Guangyu Ren. Ultra-Modernism: Architecture and Modernity in Manchuria[M]. Hong Kong: Hong Kong University Press, 2016.

[22] Frank Dikötter, Mao's Great Famine: The History of China's Most Devastating Catastrophe, 1958-62[M]. London, Berlin and New York: Bloomsbury, 2010.

[23] Guanghui Ding, Charlie Xue. China's Architectural Aid: Exporting a Transformational Modernism[J]. Habitat International, 47, 1 (2015): 136-147.

[24] Mary Ann O'Donnell, Winnie Wong, and Jonathan Bach, eds., Learning from Shenzhen: China's Post-Mao Experiment from Special Zone to Model City[M]. Chicago: University of Chicago Press, 2017.

[25] Alexander Eckstein. China's Economic Development: The Interplay of Scarcity and Ideology[M]. Ann Arbor: The University of Michigan Press, 1976.

[26] John King Fairbank J K.Republican China, 1912-1949[M]. Cambridge University Press, 2007.

[27] Jiren Feng. Chinese Architecture and Metaphor: Song Culture in the Yingzao Fashi Building

Manual[M]. University of Hawai'i Press, Honolulu; Hong Kong: Hong Kong University Press, 2012.

[28] Francis D. K. Ching, Architecture: Form, Space and Order[M]. New York: VNR, 1996.

[29] Bill Gates. Have You Hugged a Concrete Pillar Today?[EB/OL]. Gatesnotes: The Blog of Bill Gates. https://www.gatesnotes.com/Books/Making-the-Modern-World. [2014-6-12].

[30] Piper Gaubatz. Globalization and the Development of New Central Business Districts in Beijing, Shanghai, and Guangzhou[G]// Fulong Wu and Laurence Ma, eds. Restructuring the Chinese City: Changing Society, Economy and Space. New York and Oxford: Routledge, 2005, 98-121.

[31] Vittorio Gregotti. Address to the New York Architectural League[J]. Section A, 1: 1 (1983): 8.

[32] Linda N. Groat and David Wang, Architectural Research Methods[M]. 2nd edition. New Jersey: Wiley, 2013.

[33] Michael Guggenheim and Ola Söderström. Re-shaping Cities: How Global Mobility Transforms Architecture and Urban Form[M]. London and New York: Routledge, 2010.

[34] Jianwen Han. Socialism and the Market: Reshaping China's Architecture in a Globalizing World[M]. London and New York: Routledge, 2018.

[35] David Harvey. Justice, Nature and the Geography of Difference[M]. Cambridge, Mass.: Blackwell Publishers, 1996.

[36] David Harvey. Globalization and the "Spatial Fix" [J].Geographische Revue, 2, (2001): 23-30.

[37] Henry-Russell Hitchcock. The Architecture of Bureaucracy and the Architecture of Genius[J]. Architectural Review, 101 (1947): 4-6.

[38] Geert Hofstede. Culture's Consequences: Comparing Values, Behaviors, Institutions, and Organizations across Nations[M]. Thousand Oaks, CA: Sage Publications, 2001.

[39] Hu Xiao. Reorienting the Profession: Chinese Architectural Transformation between 1949 and 1959[D]. Lincoln: University of Nebraska, 2009.

[40] Hughes T., Luard D. The Economic Development of Communist China 1948-1958[M]. London, New York and Toronto: Oxford University Press, 1959.

[41] Hung Chang-tai, Mao's New World: Political Culture in the Early People's Republic[M]. Ithaca, N.Y.: Cornell University Press, 2011.

[42] Mary Anne Hunting, Edward Durell Stone: Modernism's Populist Architect[M]. New York: W.W. Norton and Company, 2012.

[43] Jiang Yiqiang. The Appropriate Technologies and Practical: Case Study on Green Retrofitting the Residential Dwellings in Severe Cold Climate Zone in China//The World Sustainable Built Environment Conference[C], Hong Kong, June 5-7, 2017.

[44] Ian Johnson. China's Great Uprooting: Moving 250 Million into Cities[EB/OL]. The New York Times, http://www.nytimes.com/2013/06/16/world/asia/chinas-great-uprooting-moving-250-million-into-cities.html?pagewanted=all. [2013-6-15].

[45] Michael Kubo. The Concept of the Architectural Corporation[G]//Gilabert E F I, Lawrence A R, Miljački A, et al. OfficeUS Agenda. Zürich: Lars Müller Publishers, 2014: 37-45.

[46] Y.Y. Kueh, China's New Industrialization Strategy: Was Chairman Mao Really Necessary? Cheltenham and Northampton, MA: Edward Elgar, 2008.

[47] Vladimir Kulić. The Self-managing Architect: The Modes of Professional Engagement in Socialist Yugoslavia//Design Institutes: Building a Transnational History[C], University of Hong Kong, 2017.

[48] Thomas Kvan, Bingkun Liu, Yunyan Jia. The Emergence of a Profession: Development of the Profession of Architecture in China[J]. Journal of Architectural and Planning Research, 25, 3 (2008): 203-220.

[49] Thomas Lawrence, Roy Suddaby and Bernard Leca. Institutional Work: Refocusing Institutional Studies of Organization[J]. Journal of Management Inquiry, 20, 1 (2011): 52-58.

[50] Neil Leach, ed. Architecture and Revolution: Contemporary Perspectives on Central and Eastern Europe[M]. London and New York: Routledge, 1999.

[51] Leung Mei-yee, From Shelter to Home: 45 Years of Public Housing Development in Hong Kong[M]. Hong Kong Housing Authority, 1999.

[52] Cheng Li. China's Communist Party-State: The Structure and Dynamics of Power[G]// William A. ed. Joseph. Politics in China: An Introduction. New York: Oxford University Press, 2010, 165-191.

[53] Li Feng. "Critical" Practice in State-owned Design Institutes in Post-Mao China (1976-2000s): A Case Study of CAG (China Architecture Design and Research Group) [D]. The University of Melbourne, 2010.

[54] Li Shiqiao. Understanding the Chinese Cities[M]. Los Angeles: Sage, 2014.

[55] Li Shiqiao. The Design Institutes and the Chinese State//Design Institutes: Building a Transnational History[C]. University of Hong Kong, 2017.

[56] Liu Yingkai. Educational Utilitarianism: Where Goes Higher Education?[G]//M. Agelasto and B. Adamson.eds. Higher Education in Post-Mao China. Hong Kong: Hong Kong University Press, 1998, 121-140.

[57] J.C. Loeffler. The Architecture of Diplomacy: Building America's Embassies[M]. New York: Princeton Architectural Press, 2011.

[58] Duanfang Lu. Architecture and Global Imagination in China[J]. The Journal of Architecture, 2 (2007): 127-145.

[59] Duanfang Lu, ed. Third World Modernity: Architecture, Development and History[M]. New York: Routledge, 2011.

[60] Shu-Yun Ma. Shareholding System Reform: The Chinese Way of Privatization[J]. Communist Economies and Economic Transformation, 7: 2 (1995): 159-174.

[61]　Geoffrey Makstuti. Architecture: An Introduction[M]. London: Laurence King Publishing Ltd, 2010.

[62]　Karl Marx, Friedrich Engels. The Communist Manifesto[M]. New York: W. W. Norton, 1988.

[63]　Donald McNeill, The Global Architect: Firms, Fame and Urban Form[M]. New York: Routledge, 2009.

[64]　Mekdes Mezgebu. The African Union Headquarters: A Symbol of Contradictions. [EB/OL]（2013）http://genius.com/Mekdes-mezgebu-the-african-union-headquarters-a-symbol-of-contradictions-annotated. [2015-3-12].

[65]　Jamie Monson. Africa's Freedom Railway: How a Chinese Development Project Changed Lives and Livelihoods in Tanzania[M]. Bloomington: Indiana University Press, 2009.

[66]　Mee Kam Ng and Wing-Shing Tang. The Role of Planning in the Development of Shenzhen, China: Rhetoric and Realities[J]. Eurasian Geography and Economies, 45, 3（2004）: 190-211.

[67]　Mary L. Pratt. Arts of the Contact Zone[J]. Profession,（1991）: 33-40.

[68]　Cole Roskam. Non-aligned Architecture: China's Design on and in Ghana and Guinea 1955-92 [J]. Architectural History, 58（2015）: 261-291.

[69]　Cole Roskam. Practicing Reform: Experiments in Post-Revolutionary Chinese Architectural Production, 1973–1989[J]. Journal of Architectural Education, 69, 1（2015）: 28-39.

[70]　Peter Rowe, Kuan Seng. Architectural Encounters with Essence and Form in Modern China[M]. Cambridge, MA: MIT Press, 2002.

[71]　Peter Rowe, Wang Bing. Formation and Re-formation of the Architecture Profession in China: Episodes, Underlying Aspects, and Present Needs[G]//Alford W P, Kirby W, Winston K. Prospects for the Professions in China. Oxford: Routledge, 2011: 257-282.

[72]　Mimi Sheller and John Urry. The New Mobilities Paradigm[J]. Environment and Planning A. 38, 2（2006）: 207–226.

[73]　Shen Hong and Zhao Nong. China's State-owned Enterprises: Nature, Performance and Reform [M]. Singapore; London; Hackensack, NJ: World Scientific, 2013.

[74]　Vaclav Smil. Making the Modern World: Materials and Dematerialization[M]. John Wiley & Sons, Ltd., 2014.

[75]　Ke Song. Modernism in Late-Mao China: A Critical Analysis on State-sponsored Buildings in Beijing, Guangzhou and Overseas, 1969–1976[D]. The University of Melbourne, 2017.

[76]　Lukasz Stanek. Introduction: the "Second World's" Architecture and Planning in the "Third World" [J]. The Journal of Architecture, 3（2012）: 299-307.

[77]　Lukasz Stanek. Architecture in Global Socialism: Eastern Europe, West African, and the Middle East in the Cold War[M]. New York: Princeton University Press, 2020.

[78]　Gangyi Tan, Yizhuo Gao, Charlie Xue and Liquan Xu. "Third Front" Construction in China: Socialist Industrial Mining Bases（1964-1980）[J]. Planning Perspectives,（2021）, DOI:

10.1080/02665433.2021.1910553.

[79] Ian Taylor. China's New Role in Africa[M]. Colorado: LynneRienner Pub, 2010.

[80] Manfredo Tafuri, "There is No Criticism, Only History," an interview conducted in Italian by Richard Ingersoll and translated by him into English, Design Book Review, 9 (Spring 1986), 8-11. https://www.readingdesign.org/there-is-no-criticism.

[81] Katie Lloyd Thomas. Specifications: Writing Materials in Architecture and Philosophy[J]. Architectural Research Quarterly, 8, (2004): 277283.

[82] Patricia H. Thornton, Candace Jones, and Kenneth Kury. Institutional Logics and Institutional Change in Organizations: Transformation in Accounting, Architecture, and Publishing[J]. Research in the Sociology of Organizations, Volume 23, (2005): 127–172.

[83] Shannon Tiezzi. If China bugged AU headquarters, What African Countries Should be Worried?[EB/OL]. The Diplomat, https://thediplomat.com/2018/01/if-china-bugged-the-au-headquarters-what-african-countries-should-be-worried/ [2018--31].

[84] Jeremy Till. What Is Architectural Research? Three Myths and One Model[EB/OL]. London, RIBA, 2007. http://www.architecture.com/Files/RIBAProfessionalServices/ResearchAndDevelopment/WhatisArchitecturalResearch.pdf. [2018-2-22].

[85] John Urry. Sociology Beyond Societies: Mobilities for the Twenty-first Century[M]. London and New York: Routledge, 2000.

[86] Ezra F. Vogel. One Step Ahead in China: Guangdong under Reform[M]. Cambridge: Harvard University Press, 1990.

[87] Wang Haoyu. Mainland architects in Hong Kong after 1949: A Bifurcated History of Modern Chinese Architecture[D]. The University of Hong Kong, 2008.

[88] Max Weber. Bureaucracy[M]//Guenther Roth and Claus Wittich eds. Economy and Society: An Outline of Interpretive Sociology. New York: Bedminster Press, 1968: 956-1005.

[89] Rachel Will. China's Stadium Diplomacy[J]. World Policy Journal, Summer 2012.

[90] Weiping Wu. Building Research Universities for Knowledge Transfer: The Case of China[G]//Shahid Yusuf and Kaoru Nabeshima eds. How Universities Promote Economic Growth. World Bank Directions in Development Series, Washington, DC: the World Bank, 2007, 185-197.

[91] Ruan Xing. New China Architecture[M]. Singapore: Periplus, 2006.

[92] Charlie Xue. Building a Revolution: Chinese Architecture since 1980[M]. Hong Kong: Hong Kong University Press, 2006.

[93] Charlie Xue and Guanghui Ding. A History of Design Institutes in China: From Mao to Market [M]. London and New York: Routledge, 2018.

[94] Charlie Xue, Guanghui Ding, Wei Chang and Yan Wan. Architecture of "Stadium diplomacy" – China-aid sport buildings in Africa, Habitat International, Volume 90, Aug 2019. 1-11, https://doi.org/10.1016/j.habitatint.2019.05.004.

[95]   Charlie Xue, Lesley L. Sun and Luther Tsai. The Architectural Legacies of Kisho Kurokawa in China[J]. The Journal of Architecture, 16, 3（2011）: 453-480.

[96]   Charlie Xue, Hailin Zhai and Brian Mitchenere. Shaping Lujiazui: The Formation and Building of the CBD in Pudong, Shanghai[J]. Journal of Urban Design, 16, 2（2011）: 209-232.

[97]   Charlie Xue, Ying Wang and Luther Tsai. Building New Towns in China: A Case Study of Zhengdong New District[J]. Cities, 30, 2（2013）: 223-232.

[98]   Charlie Xue, Jing Xiao. Japanese Modernity Deviated: Its Importation and Legacy in the Southeast Asian Architecture since the 1970s[J]. Habitat International, 2014（44）: 227-236.

[99]   Charlie Xue. Hong Kong Architecture 1945-2015: From Colonial to Global[M]. Singapore: Springer, 2016.

[100]   Yang Jianrong. Green Design and Facility Management Systems in Shanghai Tower//The World Sustainable Built Environment Conference[C], Hong Kong, June 5-7, 2017.

[101]   Kimberly Zarecor. Manufacturing a Socialist Modernity: Housing in Czechoslovakia, 1945-1960[M]. Pittsburg: Pittsburg University Press, 2011.

[102]   Zhang Bolun. In Pursuit of Excellence: Sustainable High-performance Skyscrapers//The World Sustainable Built Environment Conference[C], Hong Kong, June 5-7, 2017.

[103]   Heran Zheng, Xin Wang, and Shixiong Cao. The Land Finance Model Jeopardizes China's Sustainable Development[J]. Habitat International, 44（2014）: 130–136.

[104]   Jianfei Zhu. Architecture of Modern China: A Historical Critique[M]. London and New York: Routledge, 2009.